现代数学基础丛书·典藏版　69

集值分析

李　雷　吴从炘　著

科学出版社
北　京

内 容 简 介

本书主要介绍了集值映射的连续性、连续选择与连续逼近，樊畿不等式与不动点定理，Ekeland 变分原理，切锥与集值映射的导数，集值映射的可测性与积分，集值测度，模糊集值分析等.内容既包括集值分析的基础理论，也包括国内外学者及作者在这一领域的研究成果.

本书读者对象为数学专业高年级学生、研究生、教师及有关专业科技工作者.

图书在版编目(CIP)数据

集值分析/李雷，吴从炘著.—北京：科学出版社，2003
(现代数学基础丛书·典藏版；69)
ISBN 978-7-03-011176-0

Ⅰ.集… Ⅱ.①李…②吴… Ⅲ.集值映射 Ⅳ.O189

中国版本图书馆 CIP 数据核字(2003)第 009598 号

责任编辑：林 鹏 毕 颖／责任校对：柏连海
责任印制：徐晓晨／封面设计：王 浩

科学出版社出版
北京东黄城根北街 16 号
邮政编码：100717
http://www.sciencep.com
北京厚诚则铭印刷科技有限公司印刷
科学出版社发行 各地新华书店经销
*
2003 年 8 月第 一 版 开本：720×1000 1/16
2024 年 4 月 印 刷 印张：12
字数：208 000
定价：76.00 元
(如有印装质量问题，我社负责调换)

前　　言

集值分析是20世纪40年代以后蓬勃发展起来的一个现代数学分支. 作为建立非线性问题数学模型、解决非线性问题的数学理论和有力工具，它已经成为非线性分析的重要组成部分，在控制论和微分对策、数理经济学和决策论、非线性最优化、生物数学、物理以及拓扑学、泛函分析、变分学、逼近论、凸分析与非光滑分析、微分方程与微分包含等众多领域内有着广泛应用. 它的思想方法也已渗透到许多社会科学、自然科学以及技术领域的研究之中. 现在关于集值分析理论和应用的研究方兴未艾、生机勃勃. 国外关于集值分析及其应用方面的专著已相继出现，国内在集值分析应用领域的专著中也含有关于集值分析相关内容的介绍，但作为一本既包含集值分析基本内容又反映国内在这一领域某些方面研究成果，同时还适应有意从事集值分析研究和应用的读者需要的集值分析方面的专门著作，国内尚未多见. 因此，作者愿作抛砖引玉之尝试.

简单地说，集值分析是在拓扑学、泛函分析、抽象代数等现代数学学科基础上研究集值映射的极限、连续、可微、可测、可积等分析性质及其应用的一个现代数学领域. 本书力求在一定程度上做到一方面对集值分析知识尽量做较完备的介绍，一方面又使篇幅不大，使读者不耗费太多时间、不花费太大精力、不需要太深的基础知识就可对集值分析有较全面的基本了解和掌握. 所以在写作过程中我们的指导思想始终是：一、内容的选取侧重于基本概念、基本理论、基本思想和基本方法，保证重点，削枝强干，同时兼顾最新进展；二、内容顺序的安排既参照经典微积分的体裁，又体现集值分析内容的内在联系，同时还顾及到各部分内容可独立自成体系；三、思想方法上不把集值映射作为到值域的幂集上的单值函数和利用超空间拓扑来论述，而直接利用极限和一般拓扑，并将集值映射与其图像视为一体，通过图像讨论映射性质，通过选择将集值问题转化为单值问题；四、内容处理上注意横向之间的联系和纵向的历史与发展的关系，同时尽量做到论述思路简捷、方法简便. 据此，本书主要内容安排大致如下：

第一章，集值映射的连续性是全书的基础. 主要介绍集的极限、集值映射的连续性，包括近十几年引入的多种连续性以及作为线性算子推广的闭凸过程的开映射定理和闭图像定理等. 第二章，集值映射的连续选择与连续逼近. 主要介绍Michael连续选择理论和Cellina连续逼近理论，包括近几年关于连续选择存在性的特征刻画，Cellina定理对局部凸空间的推广，上半连续映射的连续选择的存在性以及在不动点理论方面的应用等内容．第三章，均衡的存在性与稳定性．主要介绍集值分析中的两个非常重要的原理和工具：樊畿（Fan Ky）不等式和 Ekeland 变分原理及其应用．第四章，切锥与集值映射的导数．主要介绍切锥、集值映射的导数以及实函数的上导数理论，包括近十几年关于集值映射的导数的某些结果．第五章，集值映射的可测性与积分．主要介绍集值映射的可测性和集值映射的积分以及集值测度等理论，包括近十几年在这一方面的若干最新成果．第六章，模糊集值分析初步．主要介绍近十几年发展起来的模糊集值分析的一些成果，包括模糊集值映射的微分、积分、可测性等方面内容．第一章、第二章、第五章和第六章的内容包括了作者新近的研究成果以及国内学者在这些方面的工作．第三章和第四章则参考了 Aubin J. P. 和 Frankowska H. 1990年出版的专著 Set-valued Analysis，也包括国内学者的成果．

作者在从事集值分析研究和本书写作过程中得到国家自然科学基金（19971019，10271035）和安徽省高校自然科学基金（重点项目 2002kj252ZD）资助．本书的出版又获得淮北煤炭师范学院学术著作出版基金的支持．科学出版社林鹏副总编、本书责任编辑毕颖老师则为本书的正式出版提供了大量的具体帮助．在此一并表示衷心感谢．

由于作者的学识和水平所限，书中一定有不少欠妥和不足之处，敬请读者不吝赐教．

作　者

2003 年 4 月

目　录

第一章　集值映射的连续性

本章主要介绍拓扑空间中集网和度量空间中集列的收敛性，集值映射的连续性，以及赋范空间之间线性算子的集值模拟——闭凸过程(closed convex processes)的性质.

§1.1　集的极限

1.1.1　拓扑空间中集网的收敛性

设 X 为拓扑空间，$p(X)$表示 X 的所有子集构成的族，$p_0(X)=p(X)-\{\varnothing\}$. 设 D 为非空集，$(D,\geqslant)$表示定向集是指(i) $\forall n\in D, n\geqslant n$；(ii)若 $n\geqslant m$, $m\geqslant l$, $n,m,l\in D$，则 $n\geqslant l$；(iii) $\forall n,m\in D$, $\exists l\in D$ 使得 $l\geqslant n$, $l\geqslant m$. 每个从 D 到 X 的映射称为 X 中的一个网，记为$\{x_n, n\in D\}$；每个从 D 到 $p(X)$的映射称为 X 的一个集网，记为$\{A_n, n\in D\}$.

定义 1.1.1　设$\{x_n, n\in D\}$为 X 中的网，$x\in X$.

(1) 若对 x 的每个邻域 U, $\exists n\in D$ 使得 $\forall m\in D$, $m\geqslant n$ 时 $x_m\in U$，则称 x 为$\{x_n, n\in D\}$的一个极限点.

(2) 若 $\forall n\in D$ 和 x 的每个邻域 U, $\exists m\in D$, $m\geqslant n$, $x_m\in U$，则称 x 为$\{x_n, n\in D\}$的一个聚点.

定义 1.1.2　设$\{A_n, n\in D\}$为 X 的集网. 则

(1) 点 $x\in X$ 称为$\{A_n, n\in D\}$的极限点是指对 x 的每个邻域 U, $\exists n\in D$ 使得 $\forall m\in D$, $m\geqslant n$ 时 $A_m\cap U\neq\varnothing$；

(2) 点 $x\in X$ 称为$\{A_n, n\in D\}$的聚点是指对 x 的每个邻域 U 和 $\forall n\in D$, $\exists m\in D$, $m\geqslant n$, $A_m\cap U\neq\varnothing$；

(3) 称集 $\liminf A_n=\{x\in X \mid x$ 为$\{A_n, n\in D\}$的极限点$\}$为$\{A_n, n\in D\}$的下极限；

(4) 称集 $\limsup A_n=\{x\in X \mid x$ 为$\{A_n, n\in D\}$的聚点$\}$为$\{A_n, n\in D\}$的上极限；

(5) 若 $\limsup A_n=\liminf A_n=A$，则称 A 为$\{A_n, n\in D\}$的极限，或称网$\{A_n, n\in D\}$收敛于 A，记为 $\lim A_n=A$. 此时又称$\{A_n, n\in D\}$收敛.

显然，对集网$\{A_n, n\in D\}$有 $\liminf A_n\subset\limsup A_n$，且 $X\setminus\limsup A_n\subset$

$\lim\inf(X\setminus A_n)$.

命题 1.1.3　设$\{A_n, n\in D\}$为 X 的集网.则

(1) $\lim\inf A_n=\{x\mid x$ 为$\{x_n, n\in D\}$的极限点, $\forall n\in D, x_n\in A_n\}$;

(2) $\lim\sup A_n=\{x\mid x$ 为$\{x_n, n\in D\}$的聚点, $\forall n\in D, x_n\in A_n\}$.

证明　可直接由定义得.

命题 1.1.4　设$\{A_n, n\in D\}$, $\{B_n, n\in D\}$为 X 的集网.则

(1) $\lim\sup(A_n\cup B_n)=\lim\sup A_n\cup\lim\sup B_n$;

(2) $\lim\inf(A_n\cap B_n)\subset\lim\inf A_n\cap\lim\inf B_n$;

(3) $\lim\inf(A_n\cup B_n)\supset\lim\inf A_n\cup\lim\inf B_n$;

(4) $\lim\inf(A_n\cup B_n)\subset\lim\inf A_n\cup\lim\inf B_n\cup(\lim\sup A_n\cap\lim\sup B_n)$.

证明　(1) 显然, $\lim\sup(A_n\cup B_n)\supset\lim\sup A_n\cup\lim\sup B_n$. 设 $x_0\in\lim\sup(A_n\cup B_n)$, 若 $x_0\notin\lim\sup A_n$, 则有 x_0 的邻域 U_0, 且 $\exists n_0\in D$ 使得 $\forall n\in D, n\geqslant n_0$ 时, $U_0\cap A_n=\varnothing$. 现设 U 为 x_0 的任一邻域, $\forall n\in D$, 则存在 x_0 的邻域 $U_1\subset U_0\cap U$, 及 $n'\in D$, 使 $n'\geqslant n_0$, 且 $n'\geqslant n$. 由 $x_0\in\lim\sup(A_n\cup B_n)$, 知 $\exists m\in D, m\geqslant n'$, $U_1\cap(A_m\cup B_m)\neq\varnothing$. 而 $m\geqslant n_0$, $U_1\subset U_0$, 所以 $U_1\cap A_m=\varnothing$, 故 $U_1\cap B_m\neq\varnothing$. 又由 $m\geqslant n$, $U\supset U_1$ 知 $U\cap B_m\neq\varnothing$. 即 $x_0\in\lim\sup B_n$. 所以 $\lim\sup(A_n\cup B_n)\subset\lim\sup A_n\cup\lim\sup B_n$.

(2) 和(3)可直接由定义得.

(4) 由 $\lim\inf A_n\subset\lim\sup A_n$ 及 $\lim\inf B_n\subset\lim\sup B_n$ 知(4)式右端等于 $(\lim\inf A_n\cup\lim\sup B_n)\cap(\lim\sup A_n\cup\lim\inf B_n)$.

由对称性, 只须证 $\lim\inf(A_n\cup B_n)\subset\lim\inf A_n\cup\lim\sup B_n$. $\forall x_0\in\lim\inf(A_n\cup B_n)$, 若 $x_0\notin\lim\sup B_n$, 则有 x_0 的邻域 U_0 且 $\exists n_0\in D$ 使得 $\forall m\in D, m\geqslant n_0$, $B_m\cap U_0=\varnothing$. 现对 x_0 的任一邻域 U, 则 $U\cap U_0$ 为 x_0 的邻域, 所以 $\exists n_1\in D$ 使得 $\forall n\in D, n\geqslant n_1$ 时 $(A_n\cup B_n)\cap(U\cap U_0)\neq\varnothing$. 取 $n_2\in D$ 使 $n_2\geqslant n_0$, 且 $n_2\geqslant n_1$, 则 $\forall n\in D, n\geqslant n_2$ 时 $B_n\cap U_0=\varnothing$, 且 $(A_n\cup B_n)\cap(U\cap U_0)\neq\varnothing$, 所以 $A_n\cap U\cap U_0\neq\varnothing$, 即 $A_n\cap U\neq\varnothing$. 故 $x_0\in\lim\inf A_n$. 证毕.

命题 1.1.5　设$\{A_n, n\in D\}$为 X 的集网.则

(1) $\lim\sup A_n=\bigcap\limits_{n\in D}\left(\overline{\bigcup\limits_{m\geqslant n}A_m}\right)$;

(2) $\lim\inf A_n=\bigcap\limits_{H}\left(\overline{\bigcup\limits_{m\in H}A_m}\right)$, 其中 H 表示 D 的任意共尾子集(即 $\forall n\in D$, $\exists m\in H, m\geqslant n$).

证明　(1) $\forall x_0\in\lim\sup A_n$, 则对 x_0 的每个邻域 U 和 $\forall n\in D$, $\exists m\in D$, $m\geqslant n$ 使得 $A_m\cap U\neq\varnothing$. 所以$\left(\bigcup\limits_{m\geqslant n}A_m\right)\cap U\neq\varnothing$, 即 $x_0\in\left(\overline{\bigcup\limits_{m\geqslant n}A_m}\right)$. 由 $n\in D$ 的任意性知 $x_0\in\bigcap\limits_{n\in D}\left(\overline{\bigcup\limits_{m\geqslant n}A_m}\right)$. 反之, $\forall x_0\in\bigcap\limits_{n\in D}\left(\overline{\bigcup\limits_{m\geqslant n}A_m}\right)$, 则 $\forall n\in D, x_0\in\left(\overline{\bigcup\limits_{m\geqslant n}A_m}\right)$. 所

以,对 x_0 的每个邻域 U,$(\bigcup\limits_{m\geqslant n}A_m)\cap U\neq\varnothing$. 故 $\exists\, m\geqslant n$, $U\cap A_m\neq\varnothing$,即 $x_0\in\limsup A_n$.

(2) $\forall\, x_0\in\liminf A_n$,则对 x_0 的每个邻域 U, $\exists\, n_0\in D$ 使得 $\forall\, n\in D$, $n\geqslant n_0$, $A_n\cap U\neq\varnothing$. 现设 H 为 D 的任一共尾子集,则对 $n_0\in D$, $\exists\, m\in H$, $m\geqslant n_0$. $A_m\cap U\neq\varnothing$,从而 $(\bigcup\limits_{m\in H}A_m)\cap U\neq\varnothing$. 所以,$x_0\in(\overline{\bigcup\limits_{m\in H}A_m})$,故 $x_0\in\bigcap\limits_{H}(\overline{\bigcup\limits_{m\in H}A_m})$. 反之,若 $x_0\notin\liminf A_n$,则有 x_0 的一个邻域 U_0 使得 $\forall\, n\in D$, $\exists\, m_n\in D$, $m_n\geqslant n$, $A_{m_n}\cap U_0=\varnothing$. 记 $H_0=\{m_n\mid n\in D\}\subset D$,则 H_0 为 D 的共尾子集,且满足 $(\bigcup\limits_{m_n\in H_0}A_{m_n})\cap U_0=\varnothing$. 所以,$x_0\notin(\overline{\bigcup\limits_{m\in H_0}A_m})$. 证毕.

推论 1.1.6 设 $\{A_n, n\in D\}$ 为 X 的集网,则 $\liminf A_n$ 与 $\limsup A_n$ 为 X 的闭子集.

证明 这是命题 1.1.5 的直接推论.

推论 1.1.7 设 $\{A_n, n\in D\}$ 为 X 的集网,则 $\liminf\overline{A_n}=\liminf A_n$,且 $\limsup\overline{A}_n=\limsup A_n$.

证明 这也是命题 1.1.5 的直接推论. 只要注意到对 D 的任一子集 D', $\overline{\bigcup\limits_{m\in D'}A_m}=\overline{\bigcup\limits_{m\in D'}\overline{A}_m}$ 即可. 其实,右包含左显然,又左边为包含 A_m 的闭集当然也包含 $\overline{A}_m$,由 $m\in D'$ 任意知左包含右. 证毕.

1.1.2 度量空间中集列的收敛性

现设 (X,d) 为度量空间,$A\subset X$,记

$$d_A(x)=d(x,A)=\inf_{y\in A}d(x,y)$$

为 x 到 A 的距离,记 $d(x,\varnothing)=+\infty$. $\forall\,\varepsilon>0$,记

$$B(A,\varepsilon)=B_\varepsilon(A)=\{x\in X\mid d(x,A)<\varepsilon\}$$

称为 A 的 ε-邻域. 记

$$C(A,\varepsilon)=C_\varepsilon(A)=\{x\in X\mid d(x,A)\leqslant\varepsilon\}$$

称为 A 的 ε-球. 若 X 为 Banach 空间,单位球为 C,则 $C_\varepsilon(A)=\overline{A+\varepsilon C}$. 当 A 为单点集时,$B(A,\varepsilon)$ 与 $C(A,\varepsilon)$ 分别为以 A 为心的开、闭球. 设 $M,N\subset X$,记

$$d(M,N)=\sup\{d(x,N)\mid x\in M\},\ D(M,N)=\max(d(M,N),d(N,M)).$$

设 $\{A_n, n\in\boldsymbol{N}\}=\{A_n\}_{n\in\boldsymbol{N}}$ 为 (X,d) 中的集列,当然也为 X 的集网,所以定义 1.1.2 各条对 $\{A_n, x\in\boldsymbol{N}\}$ 也适用,并有如下结论:

命题 1.1.8 设 $\{A_n\}_{n\in\boldsymbol{N}}$ 为 (X,d) 中的集列. 则

(1) 点 $x\in X$ 为 $\{A_n\}_{n\in\boldsymbol{N}}$ 的极限点 $\Leftrightarrow\lim\limits_{n\to\infty}d(x,A_n)=0$;

(2) 点 $x\in X$ 为 $\{A_n\}_{n\in\mathbf{N}}$ 的聚点 $\Leftrightarrow \liminf\limits_{n\to\infty} d(x,A_n)=0$;

(3) $\liminf A_n=\{x\in X\mid \lim\limits_{n\to\infty} d(x,A_n)=0\}$;

(4) $\limsup A_n=\{x\in X\mid \liminf\limits_{n\to\infty} d(x,A_n)=0\}$.

证明　(1) 设 x 为 $\{A_n\}_{n\in\mathbf{N}}$ 的极限点,则 $\forall\,\varepsilon>0,\exists N,\forall\,n>N,B(x,\varepsilon)\cap A_n\neq\varnothing$. 故 $\exists\,y\in A_n$ 使 $d(x,y)<\varepsilon$,所以 $d(x,A_n)<\varepsilon$,即 $\lim\limits_{n\to\infty} d(x,A_n)=0$. 反之,设 $\lim\limits_{n\to\infty} d(x,A_n)=0$,则 $\forall\,\varepsilon>0,\exists\,N,\forall\,n>N,d(x,A_n)<\varepsilon$. 故 $\exists\,y\in A_n$, $d(x,y)<\varepsilon$,即 $y\in B(x,\varepsilon)$. 所以 $B(x,\varepsilon)\cap A_n\neq\varnothing$,即 x 为 $\{A_n\}_{n\in\mathbf{N}}$ 的极限点.

(2) 设 x 为 $\{A_n\}_{n\in\mathbf{N}}$ 的聚点,则 $\forall\,\varepsilon>0,\forall\,n\in\mathbf{N},\exists\,n_0>n,B(x,\varepsilon)\cap A_{n_0}\neq\varnothing$. 故 $\exists\,y\in A_{n_0},d(x,y)<\varepsilon$. 所以 $d(x,A_{n_0})<\varepsilon$,即 $\liminf\limits_{n\to\infty} d(x,A_n)=0$. 反之,设 $\liminf\limits_{n\to\infty} d(x,A_n)=0$,则 $\forall\,\varepsilon>0,\forall\,k\in\mathbf{N},\exists\,n_k\in\mathbf{N},n_k\geqslant k,d(x,A_{n_k})<\varepsilon$. 故 $\exists\,y\in A_{n_k},d(y,x)<\varepsilon$,即 $y\in B(x,\varepsilon)$. 所以 $B(x,\varepsilon)\cap A_n\neq\varnothing$,即 x 为列 $\{A_n\}_{n\in\mathbf{N}}$ 的聚点.

(3) 与(4)分别由(1)与(2)可知. 证毕.

命题 1.1.9　设 $\{A_n\}_{n\in\mathbf{N}}$ 为 (X,d) 的集列,则

(1) $\limsup A_n=\bigcap\limits_{n=1}^{\infty}\overline{\bigcup\limits_{m\geqslant n}A_m}=\bigcap\limits_{\varepsilon>0}\bigcap\limits_{n=1}^{\infty}\bigcup\limits_{m\geqslant n}B(A_m,\varepsilon)=\bigcap\limits_{\varepsilon>0}\bigcap\limits_{n=1}^{\infty}\bigcup\limits_{m\geqslant n}C(A_m,\varepsilon)$;

(2) $\liminf A_n=\bigcap\limits_{\varepsilon>0}\bigcup\limits_{n=1}^{\infty}\bigcap\limits_{m\geqslant n}B(A_m,\varepsilon)=\bigcap\limits_{\varepsilon>0}\bigcup\limits_{n=1}^{\infty}\bigcap\limits_{m\geqslant n}C(A_m,\varepsilon)$.

证明　(1) $\limsup=\bigcap\limits_{n=1}^{\infty}\overline{\bigcup\limits_{m\geqslant n}A_m}$ 由命题 1.1.5(1)可知. 现设 $x\in\bigcap\limits_{n=1}^{\infty}\overline{\bigcup\limits_{m\geqslant n}A_m}$, $\forall\,n\in\mathbf{N}$,有 $x\in\overline{\bigcup\limits_{m\geqslant n}A_m}$,所以 $\forall\,\varepsilon>0,B(x,\varepsilon)\cap(\bigcup\limits_{m\geqslant n}A_m)\neq\varnothing$,即 $\exists\,y\in\bigcup\limits_{m\geqslant n}A_m$, $d(x,y)<\varepsilon$,亦即 $\exists\,m\geqslant n,y\in A_m,d(x,y)<\varepsilon$,所以 $x\in B(A_m,\varepsilon)$. 这表明 $\forall\,n\in\mathbf{N},\forall\,\varepsilon>0,\exists\,m\geqslant n,x\in B(A_m,\varepsilon)$. 故 $x\in\bigcap\limits_{\varepsilon>0}\bigcap\limits_{n=1}^{\infty}\bigcup\limits_{m\geqslant n}B(A_m,\varepsilon)$. 反之,逆推上述过程可知

$$\bigcap_{n=1}^{\infty}\overline{\bigcup_{m\geqslant n}A_m}\supset\bigcap_{\varepsilon>0}\bigcap_{n=1}^{\infty}\bigcup_{m\geqslant n}B(A_m,\varepsilon).$$

最后,对上述证明中的 $B(x,\varepsilon)$ 与 $B(A_m,\varepsilon)$ 分别换成 $C(x,\varepsilon),C(A_m,\varepsilon)$ 仍成立. 故(1)得证.

(2) 设 $x\in\liminf A_n$,即 $\lim\limits_{n\to\infty} d(x,A_n)=0$,则 $\forall\,\varepsilon>0,\exists\,n_0\in\mathbf{N},\forall\,m\geqslant n_0$, $d(x,A_m)<\varepsilon$,所以 $x\in B(A_m,\varepsilon)$. 故 $x\in\bigcap\limits_{\varepsilon>0}\bigcup\limits_{n=1}^{\infty}\bigcap\limits_{m\geqslant n}B(A_m,\varepsilon)$. 反之,逆推上述过程可知 $\liminf A_n\supset\bigcap\limits_{\varepsilon>0}\bigcup\limits_{n=1}^{\infty}\bigcap\limits_{m\geqslant n}B(A_m,\varepsilon)$. 最后,对上述证明中的 $B(A_m,\varepsilon)$ 与 $d(x,A_m)<\varepsilon$ 分别换成 $C(A_m,\varepsilon)$ 与 $d(x,A_m)\leqslant\varepsilon$ 仍成立. 故(2)得证.

定理 1.1.10 (Bolzano -Weierstrass-Zarankiewicz 紧性定理)　可分度量空间 X

的每个集列$\{A_n\}_{n\in\boldsymbol{N}}$必有一个收敛子列(极限可能为空集).

证明 因为 X 可分,所以 X 有一个可数开集族$\{U_m \mid m\in\boldsymbol{N}\}$满足性质:对每个开集 U 和$\forall x\in U$, $\exists U_m$ 使得$x\in U_m\subset U$.

设$\{A_n\}_{n\in\boldsymbol{N}}$为$X$ 的集列, $\forall n$,我们用归纳法构造子列$\{A_n^{(m)}\}$. 对 $m=0$ 取 $A_n^{(0)}=A_n$. 假设前 $m-1$ 项 $A_n^{(p)}$, $0\leqslant p\leqslant m-1$ 已经构造. 现对 U_m,若对每一个子列$\{n_j\}$, $U_m\cap(\limsup A_{n_j}^{(m-1)})\neq\varnothing$,我们取 $A_j^{(m)}=A_j^{(m-1)}$. 若存在子列$\{n_j\}$使得 $U_m\cap(\limsup A_{n_j}^{(m-1)})=\varnothing$,我们取 $A_j^{(m)}=A_{n_j}^{(m-1)}$. 这样我们对每个 $n\in\boldsymbol{N}$ 都构造了$\{A_n\}$的一个子列$\{A_n^{(m)}\}$,即有

$A_1^{(0)},A_1^{(1)},A_1^{(2)},\cdots,A_1^{(m)},\cdots$

$A_2^{(0)},A_2^{(1)},A_2^{(2)},\cdots,A_2^{(m)},\cdots$

…………

$A_n^{(0)},A_n^{(1)},A_n^{(2)},\cdots,A_n^{(m)},\cdots$

…………

我们取其对角线子列 $D_n=A_n^{(n)}$,则$\{D_n\}$为$\{A_n\}$的收敛子列. 否则, $\exists x_0\in\limsup D_n$,但 $x_0\notin\liminf D_n$. 由命题 1.1.9(2), $\exists\varepsilon>0$, 及子列$\{D_{n_j}\}$使得 $B(x_0,\varepsilon)\cap D_{n_j}=\varnothing$, $\forall j\in\boldsymbol{N}$. 取 U_m 满足$x_0\in U_m\subset B(x_0,\varepsilon)$,则我们可得

$$U_m\cap(\limsup D_{n_j})=\varnothing.$$

因为对 $n_j\geqslant m$,有 $D_{n_j}=A_{n_j}^{(n_j)}=A_{p_j}^{(m-1)}$对某个 p_j,所以 D_{n_j}为$\{A_n^{(m-1)}\}$的子列,且 $U_m\cap(\limsup A_n^{(m-1)})=\varnothing$.

由$\{A_n^{(m)}\}_{n>0}$的构造,我们知 $A_j^{(m)}=A_{p_j}^{(m-1)}$. 所以有

$$U_m\cap(\limsup A_j^{(m)})=U_m\cap(\limsup A_{p_j}^{(m-1)})=\varnothing.$$

又 $D_n=A_n^{(n)}=A_{p_n}^{(m)}$对某个 $p_n(n\geqslant m)$,所以$\{D_n\}_{n\geqslant m}$为$\{A_j^{(m)}\}_{j>0}$的子列. 故有 $x_0\in\limsup D_n\subset\limsup A_j^{(m)}\subset X\setminus U_m$. 此与 $x_0\in U_m$ 矛盾. 故知$\{D_n\}$收敛. 证毕.

关于集族$\{A_h\}_{h>0}$在 $h\to0^+$的收敛性理论,读者可自己建立.

§1.2 集值映射

定义 1.2.1 设 X,Y 为非空集,称映射 $F:X\to p(Y)$为从 X 到 Y 的一个集值映射. $\forall x\in X$, $F(x)$称为 F 在x 点的值或像. $\mathrm{Dom}(F)=\{x\in X \mid F(x)\neq\varnothing\}$称为 F 的定义域. $\mathrm{Im}(F)=\bigcup\{F(x)\mid x\in X\}$称为 F 的值域. 又记

$$\mathrm{Graph}(F)=\{(x,y)\in X\times Y \mid y\in F(x)\}$$

称为 F 的图像.

若 $\forall x\in X, F(x)\neq\varnothing$,即 $\mathrm{Dom}(F)=X$,则称 F 是严格的.本书总设集值映射 F 是严格的,记为 $F:X\to p_0(Y)$.

定义 1.2.2 设 $F:X\to p_0(Y)$.(1) 若 $\forall x\in X, F(x)$为闭(凸、有界、紧等)集,则称 F 为闭值(凸值、有界值、紧值等)映射.(2) 若 $\mathrm{Graph}(F)$为闭(凸、闭凸等)集,则称 F 是闭(凸、闭凸等)映射.

定义 1.2.3 设 $F:X\to p_0(Y), G:X\to p_0(Y)$.分别定义并映射 $F\cup G$,交映射 $F\cap G$,闭包映射 $\overline{F}$,凸包映射 $\mathrm{co}(F)$,闭凸包映射$\overline{\mathrm{co}}(F)$如下($\forall x\in X$):

(1) $(F\cup G)(x)=F(x)\cup G(x)$;

(2) $(F\cap G)(x)=F(x)\cap G(x)$;

(3) $\overline{F}(x)=\overline{F(x)}$;

(4) $\mathrm{co}(F)(x)=\mathrm{co}(F(x))$;

(5) $\overline{\mathrm{co}}(F)(x)=\overline{\mathrm{co}}(F(x))$.

定义 1.2.4 设 $F:X\to p_0(Y), G:Y\to p_0(Z)$.定义复合映射 $G\circ F:X\to p_0(Z)$如下:$\forall x\in X, (G\circ F)(x)=\bigcup\limits_{y\in F(x)}G(y)$.

定义 1.2.5 设 $F:X\to p_0(Y), B\in p_0(Y)$.记

(1) $F^{-1}(B)=\{x\in X\,|\,F(x)\cap B\neq\varnothing\}$;

(2) $F^{+1}(B)=\{x\in X\,|\,F(x)\subset B\}$.

分别称为 B 关于F 的原像与核(强原像).

对 $F:X\to p_0(Y)$,若$\forall x\in X, F(x)$为单点集,则 F 为单值映射.集值映射有许多与单值映射相同的性质,更有许多特殊的性质.

命题 1.2.6 设 $F:X\to p_0(Y), A, A_1, A_2\subset X, B\subset Y, \{B_i\,|\,i\in I\}\subset p_0(Y)$,则

(1) $F(A_1\cup A_2)=F(A_1)\cup F(A_2)$;

(2) $F(A_1\cap A_2)\subset F(A_1)\cap F(A_2)$;

(3) $F(X\setminus A)\supset Im(F)\setminus F(A)$;

(4) $A_1\subset A_2\Rightarrow F(A_1)\subset F(A_2)$.

其中 $F(A)=\bigcup\limits_{x\in A}F(x)$等.

(5) $F^{-1}(\bigcup\limits_{i\in I}B_i)=\bigcup\limits_{i\in I}F^{-1}(B_i)$;

(6) $F^{-1}(\bigcap\limits_{i\in I}B_i)\subset\bigcap\limits_{i\in I}F^{-1}(B_i)$;

(7) $F^{+1}(\bigcup\limits_{i\in I}B_i)\supset\bigcup\limits_{i\in I}F^{+1}(B_i)$;

(8) $F^{+1}(\bigcap\limits_{i\in I}B_i)=\bigcap\limits_{i\in I}F^{+1}(B_i)$;

(9) $F^{-1}(Y-B)=X-F^{+1}(B)$;

(10) $F^{+1}(Y-B)=X-F^{-1}(B)$.

证明　由定义可直接得到.

命题 1.2.7　设 $F:X\to p_0(Y)$, $G:X\to p_0(Y)$, $B\subset Y$. 则

(1) $(F\cup G)^{-1}(B)=F^{-1}(B)\cup G^{-1}(B)$;

(2) $(F\cap G)^{-1}(B)\subset F^{-1}(B)\cap G^{-1}(B)$;

(3) $(F\cup G)^{+1}(B)=F^{+1}(B)\cap F^{+1}(B)$;

(4) $(F\cap G)^{+1}(B)\supset F^{+1}(B)\cup F^{+1}(B)$.

证明　由定义 1.2.3(1)、(2)及定义 1.2.5 可直接得到.

命题 1.2.8　设 $F:X\to p_0(Y)$, $G:Y\to p_0(Z)$, $C\subset Z$. 则

(1) $(G\circ F)^{-1}(C)=F^{-1}(G^{-1}(C))$;

(2) $(G\circ F)^{+1}(C)=F^{+1}(G^{+1}(C))$.

证明　(1)
$$\begin{aligned}(G\circ F)^{-1}(C)&=\{x\mid (G\circ F)(x)\cap C\neq\varnothing\}\\&=\{x\mid \exists y\in F(x), G(y)\cap C\neq\varnothing\}\\&=\{x\mid F(x)\cap G^{-1}(C)\neq\varnothing\}\\&=F^{-1}(G^{-1}(C)).\end{aligned}$$

(2)
$$\begin{aligned}(G\circ F)^{+1}(C)&=\{x\mid (G\circ F)(x)\subset C\}\\&=\{x\mid \forall y\in F(x), G(y)\subset C\}\\&=\{x\mid F(x)\subset G^{+1}(C)\}\\&=F^{+1}(G^{+1}(C)).\end{aligned}$$

命题 1.2.9　设 X,Y 为拓扑空间, $F:X\to p_0(Y)$. 若 F 是闭的, 则 F 是闭值映射.

证明　$\forall x\in X$, 设 y 为 $F(x)$ 的接触点, $U\times V$ 为 (x,y) 的任一邻域, 则 V 为 y 的邻域, 有 $V\cap F(x)\neq\varnothing$. 所以 $(U\times V)\cap \mathrm{Graph}(F)\neq\varnothing$. 故 (x,y) 为 $\mathrm{Graph}(F)$ 的接触点. 由 $\mathrm{Graph}(F)$ 闭知 $(x,y)\in\mathrm{Graph}(F)$. 所以, 有 $y\in F(x)$. 故 $F(x)$ 为闭集. 证毕.

一般地, 命题 1.2.9 的逆是不成立的.

例 1.2.10　设 $X=Y=\boldsymbol{R}$, $F:X\to p_0(Y)$ 定义为
$$F(x)=\begin{cases}[0,1], & x\text{ 为有理数},\\ [-1,0], & x\text{ 为无理数}.\end{cases}$$
则 F 为闭值映射, 但 $\mathrm{Graph}(F)$ 不是闭集, F 不是闭的.

§1.3　集值映射的连续性

众所周知, 对于单值映射的连续性有两种特征性描述: 一种是用邻域的语言, 一种是用收敛性语言, 这两种语言对连续性的特征描述, 为讨论连续性质提供了便

利的工具.但是,对于集值映射这两种语言描述的连续性不再等价,从而使集值映射连续性的讨论复杂化.

1.3.1 连续性的基本概念

定义 1.3.1 设 X,Y 为拓扑空间,$F:X\to p_0(Y)$,$x_0\in X$.我们说 F 在 x_0 点是上半连续的(usc),若对包含 $F(x_0)$ 的任一开集 U,存在 x_0 的邻域 V 使得 $F(V)\subset U$.

若 F 在任一点 $x\in X$ 处 usc,则称 F 是上半连续的(usc).

定义 1.3.2 设 X,Y 为拓扑空间,$F:X\to p_0(Y)$,$x_0\in X$.我们说 F 在 x_0 点是下半连续的(lsc),若 $\forall\, y\in F(x_0)$ 和对 X 中收敛于 x_0 的一个网 $\{x_n, n\in D\}$,存在网 $\{y_n, n\in D\}$ 满足 $\forall\, n\in D, y_n\in F(x_n)$,且 $\{y_n\}$ 收敛于 y.

若 F 在任一点 $x\in X$ 处 lsc,则称 F 是下半连续的(lsc).

例 1.3.3 设 $F_1:\boldsymbol{R}\to p_0(\boldsymbol{R})$ 定义为

$$F_1(x)=\begin{cases}[-1,+1], & x=0\\ \{0\}, & x\neq 0.\end{cases}$$

则 F_1 在 0 点 usc,但是非 lsc.

设 $F_2:\boldsymbol{R}\to p_0(\boldsymbol{R})$ 定义为

$$F_2(x)=\begin{cases}\{0\}, & x=0,\\ [-1,+1], & x\neq 0.\end{cases}$$

则 F_2 在 0 点 lsc,但是非 usc.

这个例子表明,当我们将单值映射连续性的邻域语言描述和网收敛语言描述推广到集值映射时,得到两种不同的连续性,所以我们称之为半连续,而对同时满足两种半连续性的情形称为连续性.即

定义 1.3.4 称 F 在 x 点是连续的,若 F 在 x 点既上半连续又下半连续.称 F 为连续映射,若 F 在任一点都连续.

不过,我们仍有关于 usc 的网收敛语言的特征和关于 lsc 的邻域语言的特征,并可用原像语言描述上半连续性和下半连续性.

定理 1.3.5 设 X,Y 为拓扑空间,$F:X\to p_0(Y)$,则下列条件等价:

(1) F 为上半连续映射;

(2) 对 Y 的任一个开集 U,$F^{+1}(U)$ 为 X 的开集;

(3) 对 Y 的任一闭集 G,$F^{-1}(G)$ 为 X 的闭集;

(4) $\forall\, x\in X$,对 X 中每个收敛于 x 的网 $\{x_n, n\in D\}$,以及对 Y 中每个包含 $F(x)$ 的开集 U,$\exists\, n_0\in D$,$\forall\, n\in D, n\geqslant n_0$,$F(x_n)\subset U$.

证明 (2)与(3)的等价性可由命题 1.2.6(9)与(10)知.

(1)⇒(2). 设 F 为 usc, U 为 Y 的开集, $x\in F^{+1}(U)$, 即 $F(x)\subset U$. 由(1), 存在 x 的邻域 V 使 $F(V)\subset U$, 故 $V\subset F^{+1}(U)$. 这表明 $F^{+1}(U)$ 为其任一点的邻域, 所以 $F^{+1}(U)$ 为 X 的开集.

(2)⇒(4). 设(2)成立, $\forall x\in X$, 设 $\{x_n, n\in D\}$ 为 X 中收敛于 x 的网, U 为 Y 中包含 $F(x)$ 的开集. 由(2) $F^{+1}(U)$ 为开集, $x\in F^{+1}(U)$, 故 $\exists n_0\in D$, $\forall n\in D$, $n\geqslant n_0$, $x_n\in F^{+1}(U)$, 所以 $F(x_n)\subset U$.

(4)⇒(1). 设(4)成立, 若 $\exists x_0\in X$, F 在 x_0 非 usc, 则存在 Y 中包含 $F(x_0)$ 的开集 U, 对 x_0 的任一个邻域 V, $\exists x_V\in V$, 使 $F(x_V)\not\subset U$. 记 D 为 x_0 的所有邻域关于包含关系作成的定向集, 则得到 X 中网 $\{x_V, V\in D\}$ 显然收敛于 x_0, 但 $F(x_V)\not\subset U$. 与(4)矛盾. 故 F 为 usc 映射. 证毕.

定理 1.3.6 设 X, Y 为拓扑空间, $F: X\to p_0(Y)$. 则下列条件等价:

(1) F 为下半连续映射;

(2) $\forall x\in X$, $\forall y\in F(x)$ 以及对 y 的每个邻域 U, 存在 x 的邻域 V 使 $\forall x'\in V$, $F(x')\cap U\neq\varnothing$, 即 $V\subset F^{-1}(U)$;

(3) 对 Y 的每一个开集 U, $F^{-1}(U)$ 为 X 的开集;

(4) 对 Y 的每一个闭集 G, $F^{+1}(G)$ 为 X 的闭集;

(5) $\forall x\in X$, 对 X 中每个收敛于 x_0 的网 $\{x_n, n\in D\}$, 以及对 Y 的开集 U, 若 $U\cap F(x)\neq\varnothing$, 则 $\exists n_0\in D$, $\forall n\in D$, $n\geqslant n_0$, $F(x_n)\cap U\neq\varnothing$.

证明 (3)与(4)等价性可由命题 1.2.6(9)、(10)知.

(1)⇒(2). 设 F 为 lsc 映射, 若 $\exists x_0\in X$, $\exists y_0\in F(x_0)$, 且存在 y_0 的邻域 U, 使得对 x 的任一邻域 V 都存在 $x_V\in V$ 满足 $F(x_V)\cap U=\varnothing$. 记 D 为 x 的所有邻域按包含关系作成的定向集, 则 $\{x_V, V\in D\}$ 收敛于 x_0, 但 $\forall V\in D$, $\forall y_V\in F(x_V)$, $y_V\notin U$. 故 $\{y_V, V\in D\}$ 不收敛于 y_0. 与 F 在 x_0 点 lsc 相矛盾. 故(2)成立.

(2)⇒(3). 设(2)成立. 对 Y 的开集 U, $\forall x\in F^{-1}(U)$, 有 $F(x)\cap U\neq\varnothing$. 所以 $\exists y\in F(x)\cap U$, U 为 y 的邻域. 由(2)存在 x 的邻域 $V\subset F^{-1}(U)$. 故 $F^{-1}(U)$ 为 x 的邻域. 所以 $F^{-1}(U)$ 为开集.

(3)⇒(5). 设(3)成立. $\forall x\in X$, $\{x_n, n\in D\}$ 为收敛于 x 的网. 设 Y 的开集 U 满足 $F(x)\cap U\neq\varnothing$, 即 $x\in F^{-1}(U)$. 由(3) $F^{-1}(U)$ 为开集, 所以为 x 的邻域, 从而 $\exists n_0\in D$, $\forall n\in D$, $n\geqslant n_0$, $x_n\in F^{-1}(U)$, 故 $F(x_n)\cap U\neq\varnothing$.

(5)⇒(1). 设(5)成立. $\forall x\in X$, $\forall y\in F(x)$ 和 X 中收敛于 x 的网 $\{x_n, n\in D\}$. 由(5), 对 y 的每一个开邻域 U, 即 $y\in F(x)\cap U$, $\exists n_U\in D$, $\forall n\in D$, $n\geqslant n_U$ 有 $F(x_n)\cap U\neq\varnothing$, 取 $y_n\in F(x_n)\cap U$. 我们约定, 对 y 的满足 $V\subset U$ 的两个开邻域, $\forall n\geqslant n_V$, $n\geqslant n_U$, 取 $y_n\in V$, 则 $\{y_n, n\in D\}$ 收敛于 y. 故知 F 为 lsc 映射. 证毕.

推论 1.3.7　设 X,Y 为拓扑空间，$F:X\to p_0(Y)$，则下列条件等价：

(1) F 为连续映射；

(2) 对 Y 的任一开集 U，$F^{-1}(U)$ 与 $F^{+1}(U)$ 均为 X 的开集；

(3) 对 Y 的任一闭集 G，$F^{-1}(G)$ 与 $F^{+1}(G)$ 均为 X 的闭集.

证明　由定理 1.3.5 和定理 1.3.6 可知.

定理 1.3.8　设 X 为拓扑空间，Y 为度量空间，则映射 $F:X\to p_0(Y)$ 下半连续当且仅当 $\forall x_0\in X$，$\forall \varepsilon>0$ 和 $\forall y\in F(x_0)$，存在 x_0 的邻域 U 使得

$$y\in\bigcap\{B_\varepsilon(F(x))\mid x\in U\}.$$

证明　设 F 为 lsc 映射，即 $\forall x_0\in X$，F 在 x_0 点下半连续. 由定理 1.3.6(2)，$\forall y\in F(x_0)$，$\forall \varepsilon>0$，存在 x_0 的邻域 U，使得 $\forall x\in U$，$F(x)\cap B_\varepsilon(y)\neq\varnothing$. 所以 $\exists x'\in F(x)$，$d(x',y)<\varepsilon$. 从而知 $d(y,F(x))<\varepsilon$，$y\in B_\varepsilon(F(x))$.

反之，设条件成立. $\forall x_0\in X$，$\forall y\in F(x_0)$，设 V 为 y 的任一邻域，则 $\exists \varepsilon>0$，$B(y,\varepsilon)\in V$. 由条件存在 x_0 的邻域 U，使 $\forall x\in U$，$y\in B_\varepsilon(F(x))$. 所以 $\exists x'\in F(x)$，$d(x',y)<\varepsilon$，即 $F(x)\cap B(y,\varepsilon)\neq\varnothing$. 故 $F(x)\cap V\neq\varnothing$. 由定理 1.3.6(2) 知 F 为 lsc 映射. 证毕.

定义 1.3.9　设 X,Y 为度量空间，$F:X\to p_0(Y)$. 我们说 F 为局部 Lipschitz 映射，若 $\forall x_0\in X$，存在 x_0 的邻域 U 及常数 $L\geqslant 0$(称为 Lipschitz 常数)使得 $\forall x$，$x'\in U$，$F(x)\subset B(F(x'),Ld(x,x'))$.

称 F 为 Lipschitz 映射，若存在常数 $L\geqslant 0$ 使得

$$F(x)\subset B(F(x'),Ld(x,x')),\ \forall x,x'\in X.$$

称 F 在 $(x_0,y_0)\in\mathrm{Graph}(F)$ 周围是伪- Lipschitz 的，若 $\exists l>0$ 及 x_0 的邻域 U，y_0 的邻域 V，使得

$$F(x_1)\cap V\subset B(F(x_2),ld(x_1,x_2)),\ \forall x_1,x_2\in U.$$

若把定义 1.3.9 中的开球 B 换成闭球 C 来定义，则两种定义是等价的.

1.3.2　连续映射的基本运算性质

命题 1.3.10　$F:X\to p_0(Y)$ 为下半连续映射当且仅当 $\overline{F}$ 为下半连续映射.

证明　其实对 Y 的任一个开集 U 和任一子集 A，若 $A\cap U\neq\varnothing$，则 $\overline{A}\cap U\neq\varnothing$. 反之，若 $\overline{A}\cap U\neq\varnothing$，即 $\exists x\in\overline{A}$，U 为 x 的邻域，故 $A\cap U\neq\varnothing$. 所以，对 Y 的任一开集 U，$F^{-1}(U)=\overline{F}^{-1}(U)$. 由定理 1.3.6(3) 知命题为真. 证毕.

命题 1.3.11　设 Y 为正规空间，$F:X\to p_0(Y)$ 为上半连续映射，则 $\overline{F}$ 也为上半连续映射.

证明　设 U 为 Y 的任一开集，$\forall x\in\overline{F}^{+1}(U)$，即 $\overline{F}(x)=\overline{F(x)}\subset U$. 由 Y 的正规性知存在开集 G 满足

$$F(x) \subset \overline{F(x)} \subset G \subset \bar{G} \subset U.$$

由 F 为上半连续映射知 $F^{+1}(G)$ 为开集. 由命题 1.2.6(7)、(8)知

$$F^{+1}(G) \subset F^{+1}(\bar{G}), \quad \bar{F}^{+1}(\bar{G}) \subset \bar{F}^{+1}(U).$$

又 $\bar{G}$ 为闭集, 则 $\forall x' \in F^{+1}(\bar{G})$, 即 $F(x') \subset \bar{G}$ 有 $\bar{F}(x') \subset \bar{G}$, $x' \in \bar{F}^{+1}(\bar{G})$. 又 $\bar{F}^{+1}(\bar{G}) \subset F^{+1}(\bar{G})$ 显然. 故 $F^{+1}(\bar{G}) = \bar{F}^{+1}(\bar{G})$. 所以

$$x \in F^{+1}(G) \subset F^{+1}(\bar{G}) \subset \bar{F}^{+1}(U).$$

故 $\bar{F}^{+1}(U)$ 为开集. 由定理 1.3.5(2)知 $\bar{F}$ 上半连续. 证毕.

注 1.3.12 命题 1.3.11 的逆一般不真, 且命题 1.3.11 中的正规性不可少.

例 1.3.13 设 $X = Y = \mathbf{R}$, $F: X \to p_0(Y)$ 定义为 $F(x) = (x-1, x+1)$, 则 $\bar{F}$ 上半连续, 但 F 不上半连续.

例 1.3.14 设 $X = \mathbf{R}$, $Y = \{1,2,3\}$, Y 上的拓扑为 $\{\varnothing, Y, \{1,3\}, \{2,3\}, \{3\}\}$. $F: X \to p_0(Y)$ 定义为

$$F(x) = \begin{cases} \{1\}, & x \leqslant 0, \\ \{1,3\}, & x > 0. \end{cases}$$

则 $\bar{F}: X \to p_0(Y)$ 为

$$\bar{F}(x) = \begin{cases} \{1\}, & x \leqslant 0, \\ Y, & x > 0. \end{cases}$$

显然, F 上半连续, 但 $\bar{F}$ 不上半连续.

命题 1.3.15 设 X, Y 为拓扑空间, F, G 为从 X 到 Y 的集值映射.

(1) 若 F, G 都上半连续, 则 $F \cup G$ 也上半连续;

(2) 若 F, G 都下半连续, 则 $F \cup G$ 也下半连续.

证明 (1)由命题 1.2.7(3)及定理 1.3.5(2)知. (2)由命题 1.2.7(1)及定理 1.3.6(3)知.

命题 1.3.16 设 X, Y 为拓扑空间, F, G 为从 X 到 Y 的集值映射, 且 $\forall x \in X$, $F(x) \cap G(x) \neq \varnothing$.

(1) 若 Y 为正规空间且 F, G 为闭值上半连续映射, 则 $F \cap G$ 也为闭值上半连续映射.

(2) 若 Y 为度量空间且 G 定义为 $G(x) = B(f(x), \varepsilon)$, 其中 $f: X \to Y$ 为连续单值映射, 又 F 下半连续, 则 $F \cap G$ 也下半连续.

证明 (1) $\forall x \in X$, 设 U 为 Y 的开集满足 $F(x) \cap G(x) \subset U$. 考虑不交闭集 $F(x)$ 与 $G(x) \setminus U$, 若 $G(x) \setminus U \neq \varnothing$, 则由 Y 的正规性知存在开集 U_1 和 U_2 使得

$$F(x) \subset U_1, \quad G(x) \setminus U \subset U_2, \quad 且\ U_1 \cap U_2 = \varnothing.$$

记 $U_0 = U \cup U_2$, 则 $G(x) \subset U_0$. 由 F 及 G 的上半连续性知存在 x 的开邻域 V_1 和 V_2 使得

$$\forall x' \in V_1, \quad F(x') \subset U_1 \quad \text{和} \quad \forall x' \in V_2, G(x') \subset U_0.$$

记 $V = V_1 \cap U_2$，则 $\forall x' \in V$ 有

$$F(x') \cap G(x') \subset U_1 \cap U_0 \subset (Y \setminus U_2) \cap (U \cup U_2) \subset U.$$

若 $G(x) \setminus U = \varnothing$，即 $G(x) \subset U$，从而存在 x 的邻域 V，使 $\forall x' \in V$ 有 $F(x') \cap G(x') \subset G(x') \subset U$. 故由定义 1.3.1 知 $F \cap G$ 上半连续.

(2) 设 U 为 Y 的开集，$\forall x_0 \in (F \cap G)^{-1}(U)$，有 $F(x_0) \cap G(x_0) \cap U \neq \varnothing$. 设 $y_0 \in F(x_0) \cap G(x_0) \cap U$. 则 $\exists \eta > 0$ 使 $B(y_0, 2\eta) \subset G(x_0) \cap U$. 由 f 的连续性，存在 x_0 的邻域 V_1 使得 $\forall x' \in V_1$ 有 $d(f(x_0), f(x')) < \eta$，从而有 $B(y_0, \eta) \subset G(x') \cap U$. 又 $F(x_0) \cap B(y_0, \eta) \neq \varnothing$，且 F 下半连续，所以存在 x_0 的邻域 V_2 使得 $\forall x' \in V_2$ 有 $F(x') \cap B(y_0, \eta) \neq \varnothing$. 记 $V = V_1 \cap V_2$，则 $\forall x' \in V$ 有 $F(x') \cap G(x') \cap U \neq \varnothing$，即 $x_0 \in V \subset (F \cap G)^{-1}(U)$. 所以 $(F \cap G)^{-1}(U)$ 为开集. 由定理 1.3.6(3) 知 $F \cap G$ 下半连续. 证毕.

命题 1.3.17 设 X, Y 和 Z 为拓扑空间，$F: X \to p_0(Y)$, $G: Y \to p_0(Z)$.

(1) 若 F 和 G 都下半连续，则 $G \circ F$ 也下半连续；

(2) 若 F 和 G 都上半连续，则 $G \circ F$ 也上半连续.

证明 (1) 由定理 1.3.6(3) 和命题 1.2.8(1) 可知. (2) 由定理 1.3.5(2) 和命题 1.2.8(2) 可知.

命题 1.3.18 设 X 为拓扑空间，Y 为赋范空间，$F: X \to p_0(Y)$，

(1) 若 F 是下半连续映射，则 $\mathrm{co}F: X \to p_0(Y)$ ($\mathrm{co}F(x) = \mathrm{co}(F(x))$, $\forall x \in X$) 也下半连续.

(2) 若 F 是紧值上半连续映射，且 Y 为 Banach 空间，则 $\mathrm{co}F$ 也为紧值上半连续映射.

(3) 若 X 为度量空间，且 F 为 Lipschitz 映射，则 $\overline{\mathrm{co}}F$ 也为 Lipschitz 映射且与 F 有相同的 Lipschitz 常数 L.

证明 (1) 设 U 为 Y 的开集，$\forall x \in (\mathrm{co}F)^{-1}(U)$，$\mathrm{co}F(x) \cap U \neq \varnothing$. 所以 $\exists a_1, \cdots, a_n \in F(x)$ 和 $\lambda_1, \cdots, \lambda_n \in [0,1]$ 满足 $\sum_{i=1}^{n} \lambda_i = 1$，且 $y = \sum_{i=1}^{n} \lambda_i a_i \in U$. 从而知 $\exists \varepsilon > 0$ 使得 $B(y, \varepsilon) \subset U$. 现以 $a_1, \cdots, a_n$ 为心做球 $B(a_i, \varepsilon)$，则由 F 的下半连续性可知 $F^{-1}(B(a_i, \varepsilon))$ $(i = 1, \cdots, n)$ 均为开集. 又 $\forall i = 1, \cdots, n$, $x \in F^{-1}(B(a_i, \varepsilon))$. 故存在 x 的邻域 V 使得 $\forall i = 1, \cdots, n$, $V \subset F^{-1}(B(a_i, \varepsilon))$. 所以，$\forall x' \in V$, $F(x') \cap B(a_i, \varepsilon) \neq \varnothing$, $i = 1, \cdots, n$，即 $\exists a_i' \in F(x')$，使 $\| a_i' - a_i \| < \varepsilon$, $i = 1, \cdots, n$. 所以

$$\left\| \sum_{i=1}^{n} \lambda_i a_i' - \sum_{i=1}^{n} \lambda_i a_i \right\| \leqslant \sum_{i=1}^{n} \lambda_i \| a_i' - a_i \| < \varepsilon.$$

即 $\sum_{i=1}^{n}\lambda_i a_i' \in B(y,\varepsilon)\subset U$. 故 $\mathrm{co}F(x')\cap U\neq\varnothing$. $x'\in(\mathrm{co}F)^{-1}(U)$,即有 $V\subset(\mathrm{co}F)^{-1}(U)$. 所以$(\mathrm{co}F)^{-1}(U)$为开集. 故 $\mathrm{co}F$ 下半连续.

(2) 首先由 Y 完备知 $\mathrm{co}F$ 为紧凸值映射显然(参见 Dunford 和 Schwartz, 1958, p.416). 现设 U 为 Y 的开集, $\forall x\in(\mathrm{co}F)^{+1}(U)$, $\mathrm{co}F(x)\subset U$. 当然 $F(x)\subset U$. 因为 $\mathrm{co}F(x)$ 及 $F(x)$ 为紧集, 所以 $d(F(x),X\setminus U)=\varepsilon_1>0$, $d(\mathrm{co}F(x),X\setminus U)=\varepsilon_2>0$. 从而知$B\left(F(x),\frac{\varepsilon_1}{3}\right)\subset U$, $B\left(\mathrm{co}F(x),\frac{\varepsilon_2}{3}\right)\subset U$. 取正数 $\varepsilon<\min\left\{\frac{\varepsilon_1}{3},\frac{\varepsilon_2}{3}\right\}$,则由$F(x)\subset B(F(x),\varepsilon)$, $B(F(x),\varepsilon)$为开集且 F 上半连续知, $\exists x$ 的邻域 V, 使 $\forall x'\in V$, $F(x')\subset B(F(x),\varepsilon)$. 设 $a_i\in F(x')$, $\lambda_i\in[0,1]$, $i=1,\cdots,n$, $\sum_{i=1}^{n}\lambda_i=1$, 则 $\exists b_i\in F(x)$,使 $\|a_i-b_i\|<\varepsilon$, $i=1,\cdots,n$. 所以有

$$\left\|\sum_{i=1}^{n}\lambda_i a_i-\sum_{i=1}^{n}\lambda_i b_i\right\|\leqslant\sum_{i=1}^{n}\lambda_i\|a_i-b_i\|<\varepsilon.$$

这表明 $\mathrm{co}F(x')\subset B(\mathrm{co}F(x),\varepsilon)$,故有

$$\mathrm{co}F(x')\subset B\left(\mathrm{co}F(x),\frac{\varepsilon_2}{3}\right)\subset U.$$

这就证明了 $\mathrm{co}F$ 的上半连续性.

(3) 在 X 中固定 x,x',对 $y\in\overline{\mathrm{co}}(F(x))$和 $\varepsilon>0$,存在 $y_i\in F(x)$及 $\lambda_i\in[0,1]$, $i=1,\cdots,n$, $\sum_{i=1}^{n}\lambda_i=1$, 使得 $\left\|y-\sum_{i=1}^{n}\lambda_i y_i\right\|<\varepsilon$. 又对每个 i,存在 $y_i'\in F(x')$,使

$$\|y_i-y_i'\|\leqslant D(F(x),F(x'))+\varepsilon.$$

所以

$$\begin{aligned}\left\|y-\sum_{i=1}^{n}\lambda_i y_i'\right\|&\leqslant\varepsilon+\left\|\sum\lambda_i(y_i-y_i')\right\|\leqslant\varepsilon+\sum\lambda_i(D(F(x),F(x'))+\varepsilon)\\&\leqslant \mathrm{Ld}(x,x')+2\varepsilon.\end{aligned}$$

由 ε 的任意性, $y\in B(\overline{\mathrm{co}}(F(x')),\mathrm{Ld}(x,x'))$,即

$$\overline{\mathrm{co}}(F(x))\subset B(\overline{\mathrm{co}}(F(x'),\mathrm{Ld}(x,x')),$$

故知$\overline{\mathrm{co}}(F)$为 Lipschitz 映射. 证毕.

我们在这一节最后,给出关于集值映射连续的"一般性定理". 度量空间上的由可数个稠密开集的交组成的集称为 X 的一个剩余集,显然可数个剩余的交为剩余集,剩余集是 G_δ 稠密集. 一个在剩余集上点点成立的性质称为一般性质.

定理 1.3.19 (Kuratowski-Choguet-Shi Shuzhong 一般连续性定理) 设 X 为

完备度量空间, Y 为可分完备度量空间, $F:X\to p_0(Y)$.

(1) 若 F 上半连续,则在一个剩余集上连续(F 有一般连续性);

(2) 若 F 为紧值下半连续的,则 F 有一般连续性;

(3) 若 F 为闭值下半连续的,则存在 X 的剩余集 R 使得

$$\forall x\in R, F(x)=\limsup_{x'\to x}F(x')=\{y\in Y\mid \liminf_{x'\to x}d(y,F(x'))=0\}$$

$$=\bigcap_{\alpha>0}\overline{\bigcup_{x'\in B(x,\alpha)}F(x')}=\bigcap_{\varepsilon>0}\bigcap_{\alpha>0}\bigcup_{x'\in B(x,\alpha)}B(F(x'),\varepsilon).$$

证明 因为 Y 为可分度量空间,所以存在 Y 的开集列 $\{U_n\}$ 使得对 Y 的任一个开集 U, $\forall y\in U$, $\exists n$, 使 $y\in U_n\subset U$.

(1) 设 F 上半连续,记

$$G_n=F^{-1}(\overline{U}_n)=\{x\in X\mid F(x)\cap\overline{U}_n\neq\varnothing\},\quad n=1,2,\cdots$$

则 G_n 为闭集,且 $X=\bigcup_{n=1}^{\infty}G_n$, $\mathrm{Int}(\partial G_n)=\varnothing$, $n=1,2,\cdots$. 因此 $\mathrm{Int}(\bigcup_{n=1}^{\infty}\partial G_n)=\varnothing$. 而 $X\setminus\partial G_n$ 为开稠密集,故 $G=\bigcap_{n=1}^{\infty}(X\setminus\partial G_n)$ 为一个剩余集. 现 $\forall x\in G$, 则对 Y 的任一个开集 U, $F(x)\cap U\neq\varnothing$, 则存在 n 使

$$y\in F(x)\cap\overline{U}_n\subset F(x)\cap U.$$

所以 $x\in G_n$, 但 $x\notin\partial G_n$, 故 $x\in\mathrm{Int}G_n$. 所以存在 x 的邻域 V 使

$$V\subset\mathrm{Int}G_n\subset G_n\subset F^{-1}(U).$$

故 F 在 x 点下半连续,即 F 在 G 上连续.

(2) 设 F 下半连续,记 $I=\{(p_1,\cdots,p_n)\mid p_i$ 为自然数, $i=1,\cdots,n, n\geqslant 1\}$, 则 I 为可数集. 又 $\forall p\in I$, 记 $\overline{U}_p=\bigcup_{i=1}^{n}\overline{U}_{p_i}$, 则 $\{\overline{U}_p\mid p\in I\}$ 可数. 记

$$H_p=F^{+1}(\overline{U}_p)=\{x\in X\mid F(x)\subset\overline{U}_p\},\quad\forall p\in I$$

H_p 为闭集. $\forall x\in F(x)$, 由 $F(x)$ 紧可知 $\exists p\in I$ 使 $F(x)\in\overline{U}_p$, 即 $x\in H_p$. 故 $X=\bigcup_{p\in I}H_p$. 又记 $H=\bigcap_{p\in I}(X\setminus\mathrm{Int}(\partial H_p))$, 则由 $\mathrm{Int}(\partial H_p)=\varnothing$ 知 H 为剩余集. $\forall x\in H$, U 为 Y 的开集, $F(x)\subset U$, 则 $\forall y\in F(x)$, $\exists U_{n_y}$ 使得

$$y\in U_{n_y}\subset\overline{U_{n_y}}\subset U,$$

从而由 $F(x)$ 紧知 $\exists n_j=n_{y_j}$, $j=1,\cdots,m$, 使 $\bigcup_{j=1}^{m}U_{n_j}\supset F(x)$, $\bigcup_{j=1}^{m}\overline{U_{n_j}}\subset U$. 记 $p=(n_1,\cdots,n_m)$, 则知 $x\in H_p$. 但 $x\notin\partial H_p$, 故 $x\in\mathrm{Int}H_p$, 从而存在 x 的邻域 V, 使 $V\subset\mathrm{Int}H_p\subset H_p\subset F^{+}(U)$, 故 F 上半连续,从而知 F 在 H 上连续.

(3) 因为 Y 可分完备,故 Y 同胚于一紧度量空间 Z 的子空间 Z_0. 设 $\varphi:Y\to Z_0$ 为同胚,则

$$G_0=\varphi\circ F: X\to p_0(Z_0),$$

$$G=\overline{G}_0: X\to p_0(Z)\quad\text{(闭包在 } Z \text{ 中取)}.$$

均由 F 的下半连续性知也下半连续. 从而由(Z)知存在 X 的剩余集 R 使 G 在 R 上连续,当然上半连续. 故 $\forall\, \varepsilon>0, \exists\, \eta>0, \forall\, x'\in B(x,\eta)$

$$G_0(x')\subset G(x')\subset B(G(x),\varepsilon)=B(G_0(x),\varepsilon).$$

因为 $G_0(x)$在 Z_0 中闭,所以有 $G_0(x)=G(x)\cap Z_0$. 故

$$\lim_{x\to x'}\sup G_0(x')=G_0(x),\quad \forall\, x\in R.$$

而 φ 为同胚,故

$$\lim_{x'\to x}\sup F(x')=F(x).$$

证毕.

§1.4 集值映射的几种下半连续性

这一节我们主要讨论在近 20 年中人们引进的几种下半连续性概念及其关系,这主要包括 1983 年 Deutsch 和 Kenderov 的几乎下半连续性,1985 年 De Blasi 和 Myjak 的弱 Hausdorff 下半连续性,1987 年 Gutev 和 1990 年 Przeslawski 和 Rybinski 的弱下半连续性,以及 1997 年李雷和吴从炘的拟下半连续性、拟 Hausdorff 下半连续性等.

1.4.1 拟下半连续性

定义 1.4.1 设 X,Y 为拓扑空间,$F:X\to p_0(Y)$称为在点 $x_0\in X$ 是拟下半连续的(plsc). 若对 x_0 的任一邻域 V,存在点 $x'\in V$,使得 $\forall\, y\in F(x')$和 y 的每个邻域 U,存在 x_0 的邻域 $U_y\subset V$ 满足

$$F(x)\cap U\neq\varnothing,\quad \forall\, x\in U_y.$$

若 F 在 X 上点点 plsc,则称 F 为 plsc 映射.

命题 1.4.2 设集值映射 $F:X\to p_0(Y), x_0\in X$,则下列条件等价.

(1) F 在 x_0 点 plsc;

(2) 对 x_0 的每个邻域 V,存在 $x'\in V$ 使得对 Y 的任一开集 U,只要 $F(x')\cap U\neq\varnothing$,就存在 x_0 的邻域 $W\subset V$ 满足

$$F(x)\cap V\neq\varnothing,\quad \forall\, x\in W.$$

当 Y 为度量空间时,与下条件等价:

(3) 对 x_0 的每个邻域 V,存在 $x'\in V$ 使得对任意 $\varepsilon>0$ 和 $\forall\, y\in F(x')$存在 x_0 的邻域 $U_y\subset V$ 满足

$$y\in\bigcap\{B_\varepsilon(F(x))\mid x\in U_y\}.$$

证明 (1)⇒(2). 设 F 在 x_0 点 plsc,由定义 1.4.1, $\exists\, x'\in V$. 现对 Y 的任一

开集U,若$F(x')\cap U\neq\varnothing$,则$\exists\, y\in F(x')$,$U$为$y$的邻域.用定义1.4.1取$W=U_y$,则$W$为$x_0$的邻域且$\forall\, x\in W$,$F(x)\cap U\neq\varnothing$.

(2)⇒(1).设F在x_0点满足(2),这时对每个$y\in F(x')$和y的每个邻域U,取$U_1\subset U$为y的开邻域,则$U_1\cap F(x')\neq\varnothing$.取$x_0$的邻域$U_y=W$,则$\forall\, x\in W$,$F(x)\cap U\supset F(x)\cap U_1\neq\varnothing$.故$F$在$x_0$点plsc.

(1)⇒(3).设F在x_0点plsc,记d为Y中的度量.由(1),对x_0的邻域V存在$x'\in V$,$\forall\, y\in F(x')$和$\forall\,\varepsilon>0$,有$B_\varepsilon(y)=\{z\in Y\mid d(y,z)<\varepsilon\}$为$y$的邻域,从而有$x_0$的邻域$U_y\subset V$满足$\forall\, x\in U_y$,$F(x)\cap B_\varepsilon(y)\neq\varnothing$,即$\exists\, z\in F(x)$,$d(y,z)<\varepsilon$.故$d(y,F(x))\leqslant d(y,z)<\varepsilon$.所以$\forall\, x\in U_y$,$y\in B_\varepsilon(F(x))$,即

$$y\in\bigcap\{B_\varepsilon(F(x))\mid x\in U_y\}.$$

(3)⇒(1).设(3)成立,$\forall\, y\in F(x')$,U为y的任一邻域,则$\exists\,\varepsilon>0$,使$B_\varepsilon(y)\subset U$,故有$x_0$的邻域$U_y\subset V$使得$y\in\bigcap\{B_\varepsilon(F(x))\mid x\in U_y\}$.所以$\forall\, x\in U_y$,$\exists\, z\in F(x)$,使$z\in B_\varepsilon(y)$,即有$F(x)\cap U\supset F(x)\cap B_\varepsilon(y)\neq\varnothing$.故$F$在$x_0$点是plsc.证毕.

命题 1.4.3 若$F:X\to p_0(Y)$在x_0点lsc,则在x_0点plsc.

例 1.4.4 命题1.4.3的逆不真.设$X=[-1,1]$,$Y=\boldsymbol{R}$,$F:X\to p_0(Y)$定义为

$$F(x)=\begin{cases}[-1,+\infty), & x=\dfrac{-1}{n},n=1,2,\cdots,\\(-\infty,n], & x=\dfrac{1}{n},n=1,2,\cdots,\\\boldsymbol{R}, & \text{对其他 } x\in X.\end{cases}$$

因为$\{x\in X\mid F(x)\cap(-\infty,-1)\neq\varnothing\}=[-1,1]-\left\{-\dfrac{1}{n}\,\middle|\, n=1,2,\cdots\right\}$不是$X$的开集,由定理1.3.6知$F$在0点不是lsc的.

现对0点的任一邻域V,取点$x'=-\dfrac{1}{n_0}\in V$,$\forall\,\varepsilon>0$,$\forall\, y\in F(x')=[-1,+\infty)$.取$n_y>y$,则得0点的邻域$U_y=\left(-\dfrac{1}{n_0},\dfrac{1}{n_y}\right)$,且可使$\dfrac{1}{n_y}\in V$,即$U_y\subset V$.$\forall\, x\in U_y$,有

$$B_\varepsilon(F(x))=\begin{cases}(-\varepsilon-1,+\infty), & x=-\dfrac{1}{k}\in U_y,\\(-\infty,k+\varepsilon), & x=\dfrac{1}{k}\in U_y,\\\boldsymbol{R}, & \text{对其他 } x\in U_y.\end{cases}$$

所以$\bigcap\{B_\varepsilon(F(x))\mid x\in U_y\}=(-\varepsilon-1,n_y+1+\varepsilon)$.从而知$y\in\bigcap\{B_\varepsilon(F(x))\mid x\in U_y\}$,故$F$在0点plsc.

1.4.2 度量空间中的几种下半连续性

定义 1.4.5 设 X 为拓扑空间，Y 为度量空间，$F:X\to p_0(Y)$，$x_0\in X$.

(1) 称 F 在 x_0 点 Hausdorff 下半连续(Hlsc)，若 $\forall\,\varepsilon>0$，存在 x_0 的邻域 U 使得

$$F(x_0)\subset\bigcap\{B_\varepsilon(F(x))\mid x\in U\}.$$

(2) 称 F 在 x_0 点拟 Hausdorff 下半连续(pHlsc)，若对 x_0 的每个邻域 V，存在点 $x'\in V$ 使得 $\forall\,\varepsilon>0$，有 x_0 的邻域 $U\subset V$ 满足 $F(x')\subset\bigcap\{B_\varepsilon(F(x))\mid x\in U\}$.

(3) 称 F 在 x_0 点弱 Hausdorff 下半连续(wHlsc)，若对 x_0 的每个邻域 V，$\forall\,\varepsilon>0$，存在点 $x'\in V$ 及 x_0 的邻域 $U\subset V$ 使得 $F(x')\subset\bigcap\{B_\varepsilon(F(x))\mid x\in U\}$.

(4) 称 F 在 x_0 点弱下半连续(wlsc)，若对 x_0 的任一邻域 V，$\forall\,\varepsilon>0$，存在点 $x'\in V$ 使得 $\forall\,y\in F(x')$，存在 x_0 的邻域 $U_y\subset V$ 满足

$$y\in\bigcap\{B_\varepsilon(F(x))\mid x\in U_y\}.$$

(5) 称 F 在 x_0 点几乎下半连续(alsc)，若 $\forall\,\varepsilon>0$，存在 x_0 的邻域 U 使得

$$\bigcap\{B_\varepsilon(F(x))\mid x\in U\}\neq\varnothing.$$

若 F 在 X 上点点 Hlsc(pHlsc, wHlsc, wlsc, alsc)，则称 F 为 Hlsc(pHlsc, wHlsc, wlsc, alsc)映射.

由定义，显然有如下蕴含关系：

定理 1.4.6 设 $F:X\to p_0(Y)$，Y 为度量空间，$x_0\in X$，F 在 x_0 点的各种下半连续性间有如下蕴含关系：

$$\begin{array}{ccccccc}
\text{Hlsc} & \to & \text{pHlsc} & \to & \text{wHlsc} & & \\
\downarrow & & \downarrow & & \downarrow & & \\
\text{lsc} & \to & \text{plsc} & \to & \text{wlsc} & \to & \text{alsc}
\end{array}$$

注 1.4.7 在上图中任一箭头不可逆，且不再有其他蕴含关系，见下例：

例 1.4.8 (1)设 $X=\boldsymbol{R}$，$Y=\boldsymbol{R}^2$，$F:X\to p_0(Y)$定义为

$$F(x)=\{(t,xt)\mid t\in(-\infty,+\infty)\},\quad\forall\,x\in\boldsymbol{R}.$$

则 F 是 lsc，但非 wHlsc. 所以 F 是 plsc, wlsc, alsc，但非 pHlsc, Hlsc.

(2) 设 $X=[-1,1]$，$Y=\boldsymbol{R}$，$F:X\to p_0(Y)$定义为

$$F(x)=\begin{cases}[-1,n], & x=-\dfrac{1}{n},\quad n=1,2,\cdots,\\[2mm] [-n,n], & x=\dfrac{1}{n},\quad n=1,2,\cdots,\\[2mm] \boldsymbol{R}, & \text{对其他 } x\in X.\end{cases}$$

F 在 0 点非 lsc，当然非 Hlsc，但在 0 点是 pHlsc，当然亦 wHlsc, plsc, wlsc.

(3) 设 $X=Y=\boldsymbol{R}$，$F:X\to p_0(Y)$定义为

$$F(x)=\begin{cases}[0,\frac{1}{n}], & x=q2^{-n}, \quad q\text{ 为奇数}, \quad n=1,2,\cdots,\\ [0,1], & \text{对其他 } x\in X.\end{cases}$$

则 F 在 X 上 wHlsc,当然 wlsc.但在任一点都不 plsc,当然非 pHlsc.

(4) 设 $X=Y=\boldsymbol{R}$, $F:X\rightarrow p_0(Y)$ 定义为

$$F(x)=\begin{cases}[0,1], & x\text{ 为有理数},\\ [-1,0], & x\text{ 为无理数}.\end{cases}$$

则 F 是 alsc,非 wlsc.

由定义 1.4.5,可得如下结论:

命题 1.4.9 设 Y 为度量空间,$F:X\rightarrow p_0(Y)$ 满足 $\forall x\in X, F(x)$ 为紧集,则

(1) F 为 lsc 当且仅当 F 为 Hlsc;

(2) F 为 plsc 当且仅当 F 为 pHlsc;

(3) F 为 wlsc 当且仅当 F 为 wHlsc.

§1.5 上半连续性与 h-上半连续性

关于上半连续(usc)集值映射的基本性质已在§1.3 中讨论.本节讨论上半连续闭值映射的一些性质,引入 h-上半连续的概念,讨论两种上半连续性之间的关系等.

1.5.1 上半连续与闭图像

命题 1.5.1 设 $F:X\rightarrow p_0(Y)$ 为闭集值上半连续映射,则 F 为闭映射,即 Graph(F)为闭集.

证明 设$\{(x_n,y_n)\}$为 Graph(F)中的点列,收敛于$(x,y)\in X\times Y$.由上半连续性,对包含$F(x)$的任一开集 U, $\exists n_0$, $\forall n>n_0$,有 $y_n\in U$.故 y 属于包含$F(x)$的任一开集,故 $y\in F(x)$.所以Graph(F)是闭的.证毕.

定理 1.5.2 设 $F,G:X\rightarrow p_0(Y)$, $\forall x\in X, F(x)\cap G(x)\neq\varnothing$,若

(1) F 在 x_0 点 usc;

(2) $F(x_0)$紧;

(3) G 是闭映射.

则 $F\cap G$ 在 x_0 点 usc.

证明 设 U 为包含 $F(x_0)\cap G(x_0)$的开集.我们求 x_0 的邻域 V 使得

$$F(x)\cap G(x)\subset U, \forall x\in V.$$

若 $F(x_0)\subset U$,则由(1)知显然. 若 $F(x_0)\not\subset U$,记 $K=F(x_0)\setminus U$ 为紧集,记 $P=\mathrm{Graph}(G)$为闭集. 现$\forall y\in K$, $y\notin G(x_0)$,故$(x_0,y)\notin P$,从而有 x_0 的开邻域 V_y 及 y 的邻域 U_y 使$P\cap(V_y\times U_y)=\varnothing$. 所以

$$G(x)\cap U_y=\varnothing,\quad \forall x\in V_y.$$

又因为 K 紧,故$\exists y_1,\cdots,y_n\in K$,使得$\{U_{y_1},\cdots,U_{y_n}\}$为 K 的覆盖. 记 $U_0=\bigcup\limits_{i=1}^{n}U_{y_i}$,则 $U_0\cup U\supset F(x_0)$. 由 F 在x_0 点 usc 知,存在 x_0 的邻域 V_0 使得$\forall x\in V_0$, $F(x)\subset U_0\cup U$. 记

$$V=V_0\cap(\bigcap_{i=1}^{n}V_{y_i}),$$

则 V 为x_0 的邻域. $\forall x\in V$,有

$$F(x)\subset U_0\cup U,\quad G(x)\cap U_0=\varnothing.$$

故有 $F(x)\cap G(x)\subset U$. 即知 $F\cap G$ 在x_0 点 usc. 证毕.

推论 1.5.3 设 Y 为紧空间,$G:X\to p_0(Y)$是闭映射. 则 G 为上半连续映射.

证明 在定理 1.5.2 中取 $F(x)=Y$, $\forall x\in X$,即可知 G 的上半连续性. 证毕.

推论给我们提供了一个验证 usc 映射的重要工具,但 Y 的紧性是不可少的. 例如 $F:\boldsymbol{R}\to\boldsymbol{R}^2$, $F(t)=\{(x,y)\mid y=tx\}$, $\forall t\in\boldsymbol{R}$,则 F 是闭的,F 在 0 点非上半连续.

命题 1.5.4 设 $F:X\to F_0(Y)$是紧集值上半连续映射. X 为紧空间,则 $F(X)$为 Y 的紧集.

证明是平凡的.

1.5.2 两个重要例子:参数化问题与极大化问题

本小节给出两个上半连续映射的例子. 首先引入单值扩充实函数半连续的概念.

定义 1.5.5 设 $f:X\to\boldsymbol{R}\cup\{+\infty\}$. 若$\forall x_0\in X$,

$$\liminf_{x\to x_0}f(x)\geqslant f(x_0),$$

则称 f 下半连续.

若$\forall x_0\in X$,

$$\limsup_{x\to x_0}f(x)\leqslant f(x_0),$$

则称 f 上半连续.

若 f 即上半连续又下半连续,则 f 为连续映射.

控制论提供了一个参数化集值映射,设 U,X,Y 为集合,

$$f: X\times U\to Y$$

为一个映射,参数化集值映射 $F:X\to p_0(Y)$ 为

$$F(x)=\{f(x,u)\mid u\in U\}.$$

命题 1.5.6 设 X,Y 为 Hausdorff 拓扑空间.

(1) 若 $\forall u\in U$,映射 $x\longmapsto f(x,u)$ 连续,则 F 是 lsc 集值映射;

(2) 若 U 为紧拓扑空间,$f:X\times U\to Y$ 连续,则 F 是 usc 集值映射.

证明 (1) 证明显然.

(2) 设 $x_0\in X$,G 为 Y 的开集,$F(x_0)\subset G$. $\forall u\in U$,G 为 $f(x_0,u)$ 的邻域. f 连续表明存在 x_0 的邻域 V_u 及 u 的邻域 W_u,使得 $\forall x\in V_u$,$v\in W_u$,$f(x,v)\in G$. 由 U 紧知存在 $u_1,\cdots,u_n$ 使 $\{W_{u_1},\cdots,W_{u_n}\}$ 为 U 的开覆盖. 记

$$V=\bigcap_{i=1}^{n}V_{u_i}$$

为 x_0 的邻域,$\forall x\in V$,$\forall v\in U$,$\exists u_i$ 使得 $v\in W_{u_i}$,$x\in V_{u_i}$,有 $f(x,v)\in G$,故 $F(x)\subset G$. 所以知 F 在 x_0 上半连续. 证毕.

我们的另一个例子来自于最优化问题的稳定性,即极大化问题. 设 X,Y 为拓扑空间,$G:Y\to p_0(X)$,$W:X\times Y\to \boldsymbol{R}$. 记

$$V(y)=\sup_{x\in G(y)}W(x,y)$$

它依赖于参数 y,称 V 为边际函数. 极大化问题 $V(y)$ 的解集

$$M(y)=\{x\in G(y)\mid V(y)=W(x,y)\}.$$

依赖于参数 y,称为边际映射.

命题 1.5.7 (1) 若 W 下半连续,G 在 y_0 下半连续,则 V 在 y_0 下半连续;

(2) 若 W 上半连续,$G(y_0)$ 紧且 G 在 y_0 上半连续,则 V 在 y_0 上半连续;

(3) 若 W 连续,G 为紧值连续映射,则 V 连续,M 是上半连续映射.

证明 (1) $\forall\varepsilon>0$,取 $x_0\in G(y_0)$ 使得 $V(y_0)-\dfrac{\varepsilon}{2}\leqslant W(x_0,y_0)$. 由 W 下半连续,存在 x_0 邻域 V_{x_0} 及 y_0 邻域 U_1 使 $\forall x\in V_{x_0}$,$y\in U$,$W(x_0,y_0)-\dfrac{\varepsilon}{2}\leqslant W(x,y)$. 又 G 在 y_0 下半连续,所以存在 y_0 的邻域 U_2 使得 $\forall y\in U_2$ 有 $G(y)\cap V\neq\varnothing$,记 $U=U_1\cap U_2$,则 $\forall y\in U$,$\exists x\in G(y)$ 使得

$$W(x,y)\geqslant W(x_0,y_0)-\frac{1}{2}\geqslant V(y_0)-\varepsilon,$$

即 $V(y)\geqslant V(y_0)-\varepsilon$. 故 V 在 y_0 下半连续.

(2) 我们证明 $\forall\varepsilon>0$,存在 y_0 的邻域 U 使得 $\forall y\in U$ 有

$$V(y)\leqslant V(y_0)+\varepsilon.$$

因为 W 上半连续,故 $\forall x\in X$,存在 x 的邻域 $U(x)$,y_0 的邻域 U_x 使得

$$\forall x' \in U(x), \quad \forall y \in U_x, \quad W(x',y) \leqslant W(x,y_0) + \varepsilon.$$

又 $G(y_0)$是紧的,故存在 $x_1,\cdots,x_n$ 使得$\{U(x_1),\cdots,U(x_n)\}$为 $G(y_0)$的覆盖.又 G 在y_0 上半连续,故存在 y_0 的邻域 U_0 使得

$$\forall y \in U_0, \quad G(y) \subset \bigcup_{i=1}^{n} U(x_i).$$

记

$$U = U_0 \cap \left(\bigcap_{i=1}^{n} U_{x_i}\right)$$

为 y_0 的邻域,$\forall y \in U, \forall x \in G(y), \exists i$ 使得$x \in U(x_i)$.所以

$$W(x,y) \leqslant W(x_0,y_0) + \varepsilon \leqslant V(y_0) + \varepsilon,$$

所以 $V(y) \leqslant V(y_0) + \varepsilon$,故 V 在y_0 上半连续.

(3) 由(1)和(2)知 V 是连续的.记

$$K(y) = \{x \in X \mid V(y) = W(x,y)\},$$

则由 V,W 连续知 Graph(K)是闭的.又显然

$$M(y) = K(y) \cap G(y) \neq \varnothing,$$

由 G 上半连续性,用定理 1.5.2 知 M 也上半连续.证毕.

其实,我们还可由 W 与G 的 Lipschitz 性质知 V 也具有 Lipschitz 性质.

1.5.3 h-上半连续性

本节设 X 为 Hausdorff 空间,Y 为 Hausdorff 局部凸拓扑线性空间,对集值映射 $F: X \to p_0(Y)$.定义函数 $\sigma: X \times Y^* \to \boldsymbol{R}$ 为

$$\sigma(x,p) = \sigma(F(x),p) = \sup_{y \in F(x)} \langle p, y \rangle, \quad \forall x \in X, \quad \forall p \in Y^*.$$

称为 F 的支撑函数.

定义 1.5.8 若$\forall p \in Y^*, x \longmapsto \sigma(F(x),p)$在 x_0 点上半连续,则称 F 在 x_0 点 h-上半连续(husc).若 F 在其定义域上 X 点点 husc,则称 F 为h 上半连续映射.

命题 1.5.9 设 F 关于 Y 上的弱拓扑在x_0 点 usc,则 F 在x_0 点 husc.

证明 设 $p \in Y^*, p \neq 0, \varepsilon > 0$.记 $B_p(\varepsilon) = \{y \in Y \mid \langle p, y \rangle \leqslant \varepsilon\}$为 Y 中 0 关于弱拓扑的一个邻域.由 F 在x_0 点 usc 知存在 x_0 点的邻域 V,使得

$$F(x) \subset F(x_0) + B_p(\varepsilon), \quad \forall x \in V.$$

故由支撑函数的定义,有

$$\sigma(F(x),p) \leqslant \sigma(F(x_0),p) + \varepsilon, \quad \forall x \in V.$$

即知 $x \longmapsto \sigma(F(x),p)$在 x_0 点上半连续,故 F 在 x_0 点 husc.证毕.

注 1.5.10 命题 1.5.9 的逆一般不成立,设 $F: \boldsymbol{R} \to \boldsymbol{R}^2$ 为

$$F(t)=\{(x,y)\mid y\geqslant(1+t)x\},\quad \forall t\in\boldsymbol{R}.$$

则 F 在 0 点 husc. 其实，对 $p=(p_1,p_2)\in\boldsymbol{R}^{2*}=\boldsymbol{R}^2$，当 $p_2>0$ 时，$\sigma(F(0),p)=+\infty$，F 在 0 点 husc 无需证明. $p_2<0$ 时，$\sigma(F(t),p)=\dfrac{3}{4}p_1^2[p_2(1+t)]^{-1}$ 在 0 点连续，当然 F 在 0 点 husc. 但 F 在 0 不是 usc 的.

但我们有如下的逆定理：

定理 1.5.11　设 $F:X\to p_0(Y)$ 为 husc 映射，若 $F(x_0)$ 为凸弱紧集，则 F 在 x_0 点 usc.

证明　设 U 为 Y 中包含 $F(x_0)$ 的开集，我们需要证明存在有限个二元对 $(p_i,\varepsilon_i)(i=1,\cdots,m)$ 使得

$$W=\{y\mid\langle p_i,y\rangle\leqslant\sigma(F(x_0),p_i)+\varepsilon_i,i=1,\cdots,m\}\subset U.$$

这时由 F 在 x_0 点 husc 知，存在 x_0 的邻域 V，使得 $\forall x\in V$，有 $F(x)\subset W$. 故 $F(x)\subset U$，所以 F 在 x_0 点 usc.

首先对 $Y=\boldsymbol{R}^n$ 证明. 因为 $F(x_0)$ 是紧集，所以我们可用 $F(x_0)+B(0,1)$ 代替 U，记 $K=\overline{F(x_0)+B(0,2)}\setminus U$，则 K 为紧集. 现在

$$\forall p\in Y^*,\quad\|p\|=1,\quad\varepsilon\in(0,1).$$

记

$$K(p,\varepsilon)=\{y\mid\langle p,y\rangle\leqslant\sigma(F(x_0),p)+\varepsilon\}\cap K$$

为非空紧集.

假设要证结论不成立，则 $\{K(p,\varepsilon)\}$ 为具有有限变性质的集族，即无论哪有限个 $(p_i,\varepsilon_i),i=1,\cdots,m$ 都有

$$\bigcap_{i=1}^m K(p_i,\varepsilon_i)\neq\varnothing.$$

又 K 紧，故 $\bigcap\limits_{\substack{p\in Y^*\\ \varepsilon>0}}K(p,\varepsilon)\neq\varnothing$，取 $\xi\in\bigcap K(p,\varepsilon)$，由分离定理(定理 1.5.15)，必存在 $\bar{p},\bar{\varepsilon}$ 使 $\langle\bar{p},\xi\rangle>\sigma(F(x_0),\bar{p})+\bar{\varepsilon}$，这一矛盾表明要证结论成立.

其次，证明一般情况. $\forall y\in F(x_0)$，记 $(P,E)_y$ 为满足如下性质的有限二元对 $(p_i,\varepsilon_i):y+N(P,E)_y\subset U$，其中

$$N(P,E)_y=\{z\mid|\langle p_i,z\rangle|<\varepsilon_i,\text{对所有 }i\}.$$

由 $F(x_0)$ 紧，则有有限个 y_j 使 $\{y_j+N(P,E)_{y_j}\}$ 覆盖 $F(x_0)$. 对泛函族 $\{p_{ij}\}$，记 $Y=M+N$，M 为有限维空间，N 为这些泛函的核的交. 则结论在 M 上成立. 记 π 为 Y 在 M 上的射影映射. $\forall j$，$\pi(y_j+N(P,E)_{y_j})$ 是开集，且这些开集组成 $\pi(F(x_0))$ 的覆盖.

在 M 上，对有界闭凸集 $\pi(F(x_0))$，记 $\sigma^M(\pi(F(x_0)),p)$ 为其支撑函数，则存在有限二元对 (P^M,E)，$p_i^M\in M^*(i=1,\cdots,k)$ 使

$$\{y \in M \mid \langle p_i^M, y\rangle < \sigma^M(\pi(F(x_0)), p_i^M) + \varepsilon_i\} \subset \bigcup_j \pi(y_j + N(P,E)_{y_j}).$$

扩张 p_i^M 到 $p_i \in Y^*$ 为

$$\langle p_i, y\rangle = \langle p_i, m+n\rangle = \langle p_i^M, m\rangle, \quad \forall y \in Y,$$

则有

$$\sigma(F(x_0), p_i) = \sigma^M(\pi(F(x_0), p_i^M).$$

记

$$W = \{y \in Y \mid \langle p_i, y\rangle < \sigma(F(x_0), p_i) + \varepsilon_i, i = 1,\cdots,k\}.$$

设 $\bar{y} \in W$,则 $\forall i$,有

$$\langle p_i^M, \pi\bar{y}\rangle = \langle p_i, \bar{y}\rangle < \sigma(F(x_0), p_i) + \varepsilon_i = \sigma^M(\pi F(x_0), p_i^M) + \varepsilon_i,$$

故 $\exists j_0$ 使得

$$\pi\bar{y} \in \pi(y_{j_0} + N(P,E)_{y_{j0}}),$$

即 $\exists v \in N(P,E)_{y_{j0}}$ 使 $\pi\bar{y} = \pi y_{j_0} + \pi v$. 设 $(p_{ij_0}, \varepsilon_i) \in (P,E)_{y_{j0}}$,由于 $N(P,E)_{y_{j0}}$ 包含于 p_{ij_0} 的零空间,所以,$\forall \xi \in Y$,$\langle p_{ij_0}, \xi\rangle = \langle p_{ij_0}, \pi\xi\rangle$,所以

$$\langle p_{ij_0}, \bar{y}\rangle = \langle p_{ij_0}, \pi\bar{y}\rangle = \langle p_{ij_0}, \pi y_{j_0} + \pi v\rangle < \langle p_{ij_0}, y_{j0}\rangle + \varepsilon_{j0},$$

即有 $\bar{y} \in y_{j_0} + N(P,E)_{j0} \subset U$. 故结论成立. 证毕.

定理 1.5.12 任一个闭凸集值的 husc 映射 $F: X \to p_0(Y)$ 的图像是闭的(其中 Y 带有弱拓扑).

证明 设 (x_μ, y_μ) 为 Graph(F) 中的一个网,收敛于 $(x,y) \in X \times Y$. 因为 $\forall p \in Y^*$,$\langle p, y_\mu\rangle \leqslant \sigma(F(x_\mu), p)$,且 $x \longmapsto \sigma(F(x), p)$ 上半连续,所以有

$$\langle p, y\rangle = \lim_\mu \langle p, y_\mu\rangle < \limsup_\mu \sigma(F(x_\mu), p) \leqslant \sigma(F(x), p).$$

由分离定理(定理 1.5.15)可知 $y \in \overline{\mathrm{co}} F(x)$. 则由 $F(x)$ 为闭凸集知,$y \in F(x)$. 证毕.

最后再给出一个在微分包含及其他领域扮演重要角色的收敛定理.

定理 1.5.13 (收敛定理) 设 X, Y 为 Banach 空间:$F: X \to p_0(X)$ 为闭凸值 h 上半连续映射,Ω 为测度空间,函数列 $x_n \in L^p(\Omega, X)$,$y_n \in L^q(\Omega, Y)$ $(p, q \geqslant 1)$ 满足:$\forall \omega \in \Omega$,$\forall \varepsilon > 0$,$\exists N = N(\omega, \varepsilon)$ 使得

$$\forall n \geqslant N, d((x_n(\omega), y_n(\omega)), \mathrm{Graph}(F)) < \varepsilon$$

且 $x_n \xrightarrow{强} x \in L^p(\Omega, X)$,$y_n \xrightarrow{弱} y \in L^q(\Omega, Y)$,则对几乎所有的 $\omega \in \Omega$,

$$y(\omega) \in F(x(\omega)).$$

证明 首先,由 Banach 空间中凸集的强闭包与弱闭包一致知,$\forall n$,弱极限 y 属于 $\mathrm{co}\{y_m\}_{m \geqslant n}$ 的弱闭包,也属于其强闭包. 取函数

$$z_n = \sum_{m=n}^{\infty} a_n^m y_m \in \mathrm{co}\{y_m\}_{m \geqslant n}$$

(其中系数 a_n^m 非负,且除有限项外均为 0, $\sum\limits_{m=n}^{\infty} a_n^m = 1$) 使

$$\| y - z_n \|_{L^q(\Omega, Y)} \leqslant \frac{1}{n},$$

即使 z_n 在 $L^q(\Omega, Y)$ 中弱收敛于 y.

其次,由 $x_n \xrightarrow{强} x \in L^p(\Omega, X)$,则有子列(不妨仍记为)$\{x_n\}$,及相应的 $\{z_n\}$ 对几乎所有的 $\omega \in \Omega$, $x_n(\omega) \to x(\omega)$, $z_n(\omega) \to y(\omega)$. 取定这样的 ω. 对 $\varepsilon > 0$, $p \in Y^*$,由 F 的 husc 性, $\exists\, \eta \in \left(0, \dfrac{\varepsilon}{2\| p \|_*}\right)$ 使得

$$\| u - x(\omega) \| \leqslant 2\eta \Rightarrow \sigma(F(u), p) \leqslant \sigma\left(F(x(\omega), p) + \frac{\varepsilon}{2}\right).$$

由条件,对 η 和 N 有 $\forall\, m \geqslant N$, $\exists\,(u_m, v_m) \in \mathrm{Graph}(F)$ 使得

$$\| x_m(\omega) - u_m \| < \eta \quad 及 \quad \| z_m(\omega) - v_m \| < \eta.$$

又由 $x_m(\omega) \to x(\omega)$ 知 $\exists\, N_1 \geqslant N$ 使得

$$\| x_m(\omega) - x(\omega) \| \leqslant \eta, \quad \forall\, m \geqslant N_1.$$

故 $\forall\, m \geqslant N_1$ 有

$$\begin{aligned}\langle p, z_m \rangle &\leqslant \langle p, v_m \rangle + \eta \| p \|_* \\ &\leqslant \sigma(F(u_m), p) + \eta \| p \|_* \\ &\leqslant \sigma(F(x(\omega), p) + \frac{\varepsilon}{2} + \eta \| p \|_* \leqslant \sigma(F(x(\omega), p) + \varepsilon.\end{aligned}$$

取 $m \to \infty$, $\varepsilon \to 0$,则有

$$\langle p, y(\omega) \rangle \leqslant \sigma(F(x(\omega), p), \quad \forall\, p \in Y^*.$$

故 $y(\omega) \in \overline{\mathrm{co}} F(x(\omega)) = F(x(\omega))$. 证毕.

注 1.5.14 其实,可以在任一个 Hausdorff 局部凸空间 X 上定义非空集 K 的支撑函数, $\sigma_K : X^* \to \boldsymbol{R} \cup \{+\infty\}$:

$$\sigma_K(p) = \sigma(K, p) = \sup\{\langle p, x \rangle \mid x \in K\}, \quad \forall\, p \in X^*.$$

其定义域 $b(K) = \{p \in X^* \mid \sigma_K(p) < +\infty\}$ 称为 K 的障碍锥,是个凸锥. σ_K 是不平凡的下半连续凸正齐次函数,且 $\sigma_K = \sigma_{\overline{\mathrm{co}} K}$.

在上述证明中我们几次用到下述的分离定理:

定理 1.5.15 (Hahn-Banach 分离定理) 设 K 为 Hausdorff 局部凸空间 X 的子集,则 $\overline{\mathrm{co}} K = \{x \in X \mid \forall\, p \in X^*, \langle p, x \rangle \leqslant \sigma_K(p)\}$.

证明 记 $\widetilde{K} = \{x \in X \mid \forall\, p \in X^*, \langle p, x \rangle \leqslant \sigma_K(p)\}$ 为包含 K 的闭凸集. 若 $\overline{\mathrm{co}} K \neq \widetilde{K}$,则 $\exists\, x \in \widetilde{K}$, $x \notin \overline{\mathrm{co}} K$,由泛函分析 Hahn-Banach 定理, $\exists\, p_0 \in X^*$ 使得 $\sigma_K(p_0) < \langle p_0, x \rangle$,此与 $x \in \widetilde{K}$ 矛盾. 故有 $x \in \overline{\mathrm{co}} K$. 证毕.

另外还有双极定理(略去证明):

定理 1.5.16(双极定理) 设 $K\subset X$, $K^-=\{p\in X^*\mid\sigma_K(p)\leqslant 0\}$, $K^{--}=(K^-)^-\subset X$,则 K^{--} 是 K 生成的闭凸锥.若 $A\in L(X,Y)$ 为连续线性算子,则有 $(A(K))^-=A^{*-1}(K^-)$(A^* 为 A 的转置),$A(K)=(A^{*-1}(K^-))^-$.

§1.6 闭 凸 过 程

在这一节里我们讨论连续线性算子的集值模拟.众所周知赋范空间连续线性算子的图像是一个闭线性子空间.一个相当自然的联想就是把图像为闭凸锥的集值映射作为连续线性算子的模拟,我们称这样的集值映射为闭凸过程,而把图像为线性子空间的映射称为线性过程.闭凸过程几乎具有连续线性算子的所有性质,如开映射定理、闭图像定理,以及一致有界定理等,这就是本节的主要内容.

1.6.1 闭凸过程的定义

定义 1.6.1 设 X 为赋范空间,$\Gamma\subset X$ 称为锥,若 $\forall x\in\Gamma$, $\forall\lambda>0$ 有 $\lambda x\in\Gamma$.

定义 1.6.2 设 X,Y 为赋范空间,$F:X\to p_0(Y)$.称 F 为一个过程(或正齐次的),若它的图像是一个锥.称 F 为一个线性过程,若它的图像是一个线性子空间.称 F 为一个闭凸过程,若它的图像是一个闭凸锥.

闭凸过程的主要例子我们将在第四章的集值映射的相关导数中给出.下面关于凸、过程以及凸过程的等价描述几乎是显然的.

引理 1.6.3 集值映射 $F:X\to p_0(Y)$ 是凸映射当且仅当

$$\lambda F(x_1)+(1-\lambda)F(x_2)\subset F(\lambda x_1+(1-\lambda)x_2),\ \forall x_1,x_2\in X,\ \forall\lambda\in[0,1].$$

F 是一个过程当且仅当

$$\lambda F(x)=F(\lambda x),\quad\forall x\in X,\quad\forall\lambda>0,\quad\text{且}\quad 0\in F(0).$$

F 是一个凸过程当且仅当它是一个过程且

$$F(x_1)+F(x_2)\subset F(x_1+x_2),\ \forall x_1,x_2\in X.$$

我们还可给出闭凸过程的范数概念:

定义 1.6.4 设 $F:X\to p_0(Y)$ 为闭凸过程,定义其范数 $\|F\|$ 为

$$\|F\|=\sup_{x\in X,x\neq 0}\frac{d(0,F(x))}{\|x\|}=\sup_{x\in X,x\neq 0}\inf_{v\in F(x)}\frac{\|v\|}{\|x\|}=\sup_{x\in B}\inf_{v\in F(x)}\|v\|,$$

其中 $B=B(0,1)$ 为单位球.

为了便于讨论我们再回忆一下半连续函数的概念:

设 X 为拓扑空间,函数 $f:X\to\boldsymbol{R}\cup\{+\infty\}$ 是下半连续的.若 $\forall\bar{x}\in X$,有 $\liminf\limits_{x\to\bar{x}}f(x)\geqslant f(\bar{x})$.

函数 $f: X \to \boldsymbol{R} \cup \{-\infty\}$ 是上半连续的，若 $\forall \bar{x} \in X$ 有 $\limsup_{x \to \bar{x}} f(x) \leqslant f(\bar{x})$.

命题 1.6.5　f 下半连续当且仅当 $-f$ 上半连续，当且仅当集合

$$E_p f = \{(x,a) \in X \times \boldsymbol{R} \mid a \geqslant f(x)\}$$

为 $X \times \boldsymbol{R}$ 的闭子集($E_p f$ 称为 f 的上图(epigraph))，当且仅当 $\forall a \in \boldsymbol{R}$，$\{x \in X \mid f(x) \leqslant a\}$ 为闭集.

1.6.2　开映射定理与闭图像定理

为了建立闭凸过程的开映射定理，我们需要下面的 Robinson-Ursescu 定理.

定理 1.6.6 (Robinson-Ursescu)　设 X, Y 为 Banach 空间，$F: X \to p_0(Y)$ 为闭凸集值映射. 设 $y_0 \in \operatorname{Int}(Im(F))$，即 y_0 为 F 的值域的内部中的点，$x_0 \in F^{-1}(y_0)$. 则存在正数 l 和 γ 使得 $\forall y \in B(y_0, \gamma)$，存在 x 满足 $y \in F(x)$ 且

$$\| x - x_0 \| \leqslant l \| y - y_0 \|.$$

证明　为简便起见，我们仅对 X 为自反空间证明(对非自反情况可参见 Aubin 和 Ekeland 的 *Applied Nonlinear Analysis*(1984)定理 1.3.1).

定义函数 $\rho: Y \to \boldsymbol{R} \cup \{+\infty\}$ 为

$$\rho(y) = \begin{cases} \inf\limits_{x \in F^{-1}(y)} \| x - x_0 \| = d(x_0, F^{-1}(y)), & y \in \operatorname{Im}(F), \\ +\infty, & y \in Y - \operatorname{Im}(F). \end{cases}$$

由于 F 是凸映射，故 ρ 为凸函数. 我们还可证 ρ 为下半连续函数，其实我们可以证明非空的截面 $\{y \mid \rho(y) \leqslant \lambda\}$ 为闭子集，故 ρ 是下半连续的. 设 y_n 为这样的一个截面中的一列元素，且收敛于 y. 由 X 的自反性和 ρ 的定义知，存在 $x_n \in F^{-1}(y_n)$ 满足 $\| x_n - x_0 \| = \rho(y_n) \leqslant \lambda$. 所以 x_n 在球 $x_0 + \lambda C = C(x_0, \lambda)$ 中. 又因 X 是自反的，故有 $\{x_n\}$ 的一个(弱)接触点 x. 则 (x, y) 为 $\{(x_n, y_n)\}$ 的一个弱接触点. 由 F 闭凸知 F 的图像为 $X \times Y$ 中的闭集(当 X 赋于弱拓扑，Y 赋予赋范拓扑时). 故知 (x, y) 在 F 的图像中. 又 $x_0 + \lambda C = C(x_0, \lambda)$ 是弱闭的，且 x_n 在 $C(x_0, \lambda)$ 中，故 x 也属于 $C(x_0, \lambda)$. 故知 $\rho(y) \leqslant \| x - x_0 \| \leqslant \lambda$，即 y 在 $\{y_n\}$ 所在的截面中. 所以 $\{y \mid \rho(y) \leqslant \lambda\}$ 是闭的. 从而 $\{(y, \lambda) \in Y \times \boldsymbol{R} \mid \rho(y) \leqslant \lambda\}$ 为闭集，即有 ρ 为下半连续函数.

又注意到 $\operatorname{Im}(F) = \bigcup\limits_{n=1}^{\infty} S_n$，$S_n = \{y \mid \rho(y) \leqslant n\}$. 由 ρ 下半连续，或由上述证明，S_n 是闭的. 又 $\operatorname{Im}(F)$ 的内部非空，所以这些 S_n 中必有一个内部非空. 所以，凸函数 ρ 在某个 $\operatorname{Int}(S_n)$ 上有界，从而 ρ 在 $\operatorname{Im}(F)$ 的内部上连续. 又因为连续的凸函数是局部 Lipschitz 函数，故存在以 y_0 为心以某 $\gamma > 0$ 为半径的球和一个常数 $l' > 0$ 使得对这个球中的每一点 y 有

$$\| \rho(y) \| = \| \rho(y) - \rho(y_0) \| \leqslant l' \| y - y_0 \|,$$

其中因为 $\rho(y_0)=0$. 故有

$$d(x_0, F^{-1}(y)) \leqslant l' \| y - y_0 \|.$$

取 $l=2l'$,则有 $x\in F^{-1}(y)$,即 $y\in F(x)$,使 $\| x-x_0 \| \leqslant l \| y-y_0 \|$. 证毕.

定理 1.6.7 (开映射定理) 设 X, Y 的 Banach 空间,闭凸过程 $F: X\to p_0(Y)$ 为满射(这时 $\mathrm{Im}(F)=Y$),则 F^{-1}是 Lipschitz 映射:存在常数 $l>0$ 使得 $\forall y_1\in Y$, $\forall x_1\in F^{-1}(y_1)$和 $\forall y_2\in Y$, $\exists x_2\in F^{-1}(y_2)$满足

$$\| x_1 - x_2 \| \leqslant l \| y_1 - y_2 \|.$$

证明 在定理 1.6.6 中取 $x_0=0, y_0=0$,这一点由 F 为满射是可以办到的. 用定理 1.6.6 对常数 $l>0$,我们有

$$\forall y \in Y, \quad \exists x \in F^{-1}(y) \text{ 使得 } \| x \| \leqslant l \| y \|.$$

固定 $y_1, y_2\in Y$,取 $x_1\in F^{-1}(y_1)$和 $e\in F^{-1}(y_2-y_1)$满足 $\| e \| \leqslant l \| y_2-y_1 \|$,则 $x_2=x_1+e\in F^{-1}(x_2)$可由 F 为凸过程知,满足

$$\| x_1 - x_2 \| = \| e \| \leqslant l \| y_1 - y_2 \|.$$

注 1.6.8 Banach 开映射定理显然是定理 1.6.7 的推论.

定理 1.6.9 (闭图像定理) 设 X, Y 为 Banach 空间,闭凸过程 $F: X\to p_0(Y)$ 必是 Lipschitz 映射:存在常数 $l>0$ 使得

$$F(x_1) \subset F(x_2) + l \| x_1 - x_2 \| C, \forall x_1, x_2 \in X.$$

因此 F 的范数有限.

证明 只要对闭凸过程 F^{-1}应用开映射定理即可.

定理 1.6.10 (一致有界定理) 设 X, Y 为 Banach 空间,$F_h: X\to p_0(Y)$是一族闭凸过程且点态有界,即

$$\forall x \in X, \quad \exists y_h \in F_h(x) \text{ 满足} \sup_h \| y_h \| < +\infty.$$

则这个族闭凸过程必一致有界,即

$$\sup_h \| F_h \| < +\infty.$$

证明 定义正齐性凸函数族 $\rho_h: X\to \boldsymbol{R} \cup \{+\infty\}$.

$$\rho_h(x) = \inf_{y\in F_h(x)} \| y \| = d(0, F_h(x)), \forall x \in X.$$

由 F_h 为闭凸过程,当然也为 Lipschitz 映射,从而知 ρ_h 下半连续. 再定义函数 $\rho: X \to \boldsymbol{R}$

$$\rho(x) = \sup_h \rho_h(x), \forall x \in X.$$

由点态有界条件知 ρ 是有限的,且由 ρ_h 的正齐性凸下半连续性知 ρ 也是正齐性下半连续函数,故 ρ 在 0 点连续. 从而知存在 $l>0$ 使得 $\sup_h d(0, F_h(x)) = \rho(x) \leqslant l \| x \|$,即 $\| F_h \| \leqslant l < +\infty$, $\sup_h \| F_h \| \leqslant l < +\infty$. 证毕.

定义 1.6.11 (过程的转置)　设 $F: X \to p_0(Y)$ 为过程，定义 $F^*: Y^* \to X^*$ 为 $p \in F^*(q) \Leftrightarrow \forall x \in X, \forall y \in F(x), \langle p, x \rangle \leqslant \langle q, y \rangle$. 则称 F^* 为 F 的转置.

F^* 是一个闭凸过程，且有

$$(q, p) \in \mathrm{Graph}(F^*) \Leftrightarrow (p, -q) \in (\mathrm{Graph}(F))^-.$$

一个闭凸过程的二次转置就是它自己，且有如下的双极定理.

定理 1.6.12 (双极定理)　设 $F: X \to p_0(Y)$ 为闭凸过程，$K \subset X$ 满足 $X - K = \{x - k \mid x \in X, k \in K\} X$，且 K 是个锥，则 $(F(K))^- = -F^{*-1}(-K^-)$.

证明　见文献[3]定理 2.4.3.

第二章　集值映射的连续选择与连续逼近

本章主要介绍集值映射的连续选择与连续逼近理论.连续选择理论是由 Michael 于 1956 年开始系统研究的,Michael 选择定理已成为现代数学许多领域的主要工具.连续逼近理论是 Cellina 于 1969 年开始系统研究的.这两个方面的研究现已成为集值分析中的重要基础性课题.在这里我们只能对此作一些最基本的介绍,主要内容包括 Michael 选择定理,连续选择存在性特征,几类选择问题,usc 映射连续选择,连续逼近以及简单应用等.

§2.1　Michael 连续选择定理

2.1.1　Michael 连续选择定理的叙述

Michael 连续选择理论的产生源于三个方面的原因:一是连续扩张理论的发展,二是单值满射的右逆和纤维丛问题,三是当时已提出的若干选择问题和在数学研究中萌发的连续选择思想.Michael 的著名定理是:

定理 2.1.1 (Michael)　设 X 为仿紧空间,Y 为 Banach 空间,$F:X\to p_0(Y)$ 为闭凸值下半连续映射,则 F 有连续选择函数.

所谓连续选择的定义是:

定义 2.1.2　设 X,Y 为拓扑空间,$F:X\to p_0(Y)$为集值映射,$f:X\to Y$ 为单值函数.若 $\forall x\in X,f(x)\in F(x)$,则称 f 为F 的一个选择函数(简称选择).又若 f 还是连续的,则 f 称为F 的连续选择.

Michael 定理紧紧依赖于下半连续性和凸性,仔细推敲其原始的证明,可以发现在整个构造性的证明过程中这两者起着至关重要的作用,使得条件和结论达到完美的统一,以至于多年难以将定理加以推广和改进.直至 20 世纪 80 年代中期,人们才引入较弱的下连续性及其他空间形式的选择定理.本节主要用作者最近引进的 plsc 及度量空间上的拟凸结构,建立连续选择定理,从而 Michael 定理作为推论自然得出.另外这里的证明方法较 Michael 的方法也有本质不同,我们称之为"δ-连续选择"方法,这来源于 Curtis 的思想.我们将 Michael 的思想方法称之为"连续 ε-逼近选择"方法,在§2.2 中作详细介绍.

2.1.2 Michael 连续选择定理的证明

定义 2.1.3 设(Y,d)为度量空间,对任意自然数 n,记

$$P_n = \{(t_1,\cdots,t_n) \mid t_i \in [0,1], i = 1,\cdots,n, 且 \sum_{i=1}^{n} t_i = 1\}$$

为$[0,1]^n$ 的子空间. 空间 Y 上的一个拟凸结构为满足如下条件的一个序列$\{(M_n,k_n)\}$(其中 $M_n \subset Y^n$, $k_n: M_n \times P_n \to Y$ 为连续函数, $n=1,2,\cdots$):

(C1) $k_n(y,\cdots,y;t_1,\cdots,t_n)=y$;

(C2) $k_n(y_1,\cdots,y_n;t_1,\cdots,t_{i-1},0,t_{i+1},\cdots,t_n)$

$= k_{n-1}(y_1,\cdots,y_{i-1},y_{i+1},\cdots,y_n;t_1,\cdots,t_{i-1},t_{i+1},\cdots,t_n)$;

(C3) $\forall\, \varepsilon>0$, $\exists\, \delta(\varepsilon)>0$ 使得对每个 n 及 $\forall\,(t_1,\cdots,t_n)\in P_n$,当 $d(y_i,y_i')<\delta(\varepsilon)(i=1,\cdots,n)$时,有

$$d(k_n(y_1,\cdots,y_n;t_1,\cdots,t_n),k_n(y_1',\cdots,y_n',t_1,\cdots,t_n)) < \varepsilon.$$

Y 的一个子集 C 称为凸集,当且仅当对每个 n 有

$$C^n \subset M_n, \quad 且 \quad k_n(C^n \times P_n) \subset C.$$

例 2.1.4 设 Y 为线性赋范空间或更一般为局部凸线性度量空间,取 $M_n = Y^n$, $k_n(y_1,\cdots,y_n;t_1,\cdots,t_n)=t_1y_1+\cdots+t_ny_n$, $\forall\,(y_1,\cdots,y_n)\in Y^n$, $(t_1,\cdots,t_n)\in P_n$,则$\{(Y^n,k_n)\}$为拟凸结构. 这就是 Y 中的通常凸结构.

D. W. Curtis(1985 年)在每一个连续统的子连续统超空间的最大有序弧超空间上引进了一种拟凸结构. 具体构造见 Curtis 原文.

定义 2.1.5 设(Y,d)为度量空间,$A\subset Y$,记

$$\operatorname{diam}A = \sup\{d(x,y) \mid x,y \in A\}$$

为 A 的直径.

定义 2.1.6 设 X 为拓扑空间, Y 为度量空间, $\delta>0$. 称函数 $f:X\to Y$ 是 δ-连续的,若存在 X 的开覆盖 $\mathscr{U}$,使得 $\forall\, U\in\mathscr{U}$, $\operatorname{diam}f(U)<\delta$.

由定义可以直接得到如下的结论:

(1) 若 $\forall\,\delta>0$, $f:X\to Y$ 都 δ-连续,则 f 是连续的.

(2) 设 δ_n 收敛于 0, $f_n:X\to Y$ 是 δ_n-连续的, $n=1,2,\cdots$,且 f_n 一致收敛于 $f:X\to Y$,则 f 是 δ_n-连续的,从而 f 是连续的.

(3) 设 $\delta_1>\delta_2>0$, $f:X\to Y$ 是 δ_2-连续的,则 f 也是 δ_1-连续的.

另外,对度量空间(Y,d),设 $\delta>0$,则在 Y 上度量 d 与下式

$$e(a,b) = \frac{\delta d(a,b)}{1+d(a,b)} \quad \forall\, a,b \in Y$$

的度量 e 是拓扑等价的,故任一个函数 $f:X\to Y$ 都是 δ-连续的.

注意这里 δ 是事先设定的，因此，虽然 f 是 δ-连续的，也并不能表明 $\forall\,\delta_1<\delta$，f 是 δ_1-连续的.

为了给出我们的连续选择定理，再对定义域空间 X 作一些拓扑上的设定.

设 $\{U_i\}_{i\in I}$ 为 X 的开覆盖，函数 $\varphi_i: X\to[0,1]$ 满足：

(1) $\forall\, i\in I$，φ_i 连续；

(2) $\forall\, i\in I$，$\forall\, x\in X\setminus U_i$，$\varphi_i(x)=0$；

(3) $\forall\, x\in X$，$\sum\limits_{i\in I}\varphi_i(x)=1$.

则称函数族 $\{\varphi_i\}_{i\in I}$ 为从属于 $\{U_i\}_{i\in I}$ 的单位分解.

X 的开覆盖 $\{G_i\}_{i\in I}$ 称为局部有限的，若 $\forall\, x\in X$，存在 x 的邻域 U_x 使 U_x 仅与有限个 G_i 相交，即 $U_x\cap G_i\neq\varnothing$. X 的一个开覆盖 $\mathscr{V}$ 称为另一个开覆盖 $\mathscr{U}$ 的开加细是指 $\mathscr{V}$ 的每一个成员为 $\mathscr{U}$ 的某个成员的子集. 空间 X 称为仿紧空间，若 X 是 Hausdorff 空间且每一个开覆盖有局部有限开加细. 紧 Hausdorff 空间和度量空间是仿紧的，仿紧空间是正规的. 这些都是一般拓扑学的基本内容，详细见 R. Engelking, J. Nagata 或 J. L. Kelley 的经典著作. 我们在这里仅给出仿紧空间的如下性质：

引理 2.1.7 设 X 为仿紧空间，则对 X 的每一个开覆盖 $\mathscr{U}$，X 有从属于 $\mathscr{U}$ 的单位分解.

证明 由定义，$\mathscr{U}$ 有局部有限开加细 $\mathscr{V}=\{V_S\}_{s\in S}$. 由 X 为正规空间知存在开覆盖 $\{G_s\}_{s\in S}$ 使 $G_s\subset\overline{G}_s\subset V_s$，$\forall\, s\in S$. 据 Urysohn 引理，$\forall\, s\in S$，$\exists$ 连续函数 $g_s: X\to[0,1]$ 使得

$$g_s(\overline{G}_s)=\{1\},\quad g_s(X-V_s)=\{0\}.$$

令

$$g(x)=\sum_{s\in S}g_s(x),\quad x\in X,$$

则 $g: X\to[1,+\infty)$ 连续. 其实，$\forall\, x\in X$，$\exists\, s(x)\in S$，$x\in\overline{G}_{s(x)}$，从而

$$g(x)\geqslant g_{s(x)}(x)=1.$$

又由 $\mathscr{V}$ 的局部有限性知，存在 x 的邻域 W_x 和 S 的有限子集 $S_x=\{s_1,\cdots,s_n\}$ 使得 $\forall\, s\in S-S_x$，$W_x\cap V_s=\varnothing$，于是 $\forall\, s\in S\setminus S_x$，$\forall\, y\in W_x$，$g_s(y)=0$，故 $g(y)=\sum\limits_{i=1}^{n}g_{s_i}(y)$. 由 g_s 的连续性知，$\forall\,\varepsilon>0$，$\forall\, i\leqslant n$，存在 x 的邻域 O_i 使得

$$\left|g_{s_i}(x)-g_{s_i}(y)\right|<\frac{\varepsilon}{n},\quad \forall\, y\in O_i.$$

记 $G=W_x\cap(\bigcap\limits_{i=1}^{n}O_i)$ 为 x 的邻域，则 $\forall\, y\in G$ 有

$$|g(y)-g(x)|\leqslant\sum_{i=1}^{n}\left|g_{s_i}(y)-g_{s_i}(x)\right|<\varepsilon.$$

故 g 在 x 点连续.

作 $f_s = g_s/g$, $\forall s\in S$, 则 $f_s: X\to[0,1]$连续, 且 $\forall x\in X$ 有

$$\sum_{s\in S} f_s(x) = \Big(\sum_{i=1}^{n} g_{s_i}(x)\Big)\Big/\Big(\sum_{i=1}^{n} g_{s_i}(x)\Big) = 1.$$

又, $\forall s\in S$, $\exists U_s\in\mathcal{U}$, 使 $V_s\subset U_s$. $\forall x\in X-U_s\subset X-V_s$, $f_s(x)=0$. 现在对于 $\mathcal{U}$ 中的不与任一个 U_s 相等的 U, 定义 $f_U=0$, 对 $s\in S$, 定义 $f_{U_s}=f_s$, 则 $\{f_U\}_{U\in\mathcal{U}}$为从属于 $\mathcal{U}$ 的单位分解. 证毕.

下面的引理对连续选择定理的证明是本质的.

引理 2.1.8 设 X 为仿紧空间, Y 为带有拟凸结构的度量空间, $F: X\to p_0(Y)$为取完备凸集值的 plsc 映射. 若 $\forall\varepsilon>0$, $\delta(\varepsilon)$为定义 2.1.3(C3)中确定的正数, f 为 F 的$\frac{\delta(\varepsilon)}{4}$-连续选择, 则 $\forall\gamma>0$ 存在 F 的 γ-连续选择 g 使得

$$d(f,g) = \sup\{d(f(x),g(x))\mid x\in X\} < \varepsilon.$$

证明 由 f 的假定, $\forall x\in X$, 存在 x 的开邻域$U(x)$使 $f(U(x))$包含于 $f(x)$的一个直径小于$\frac{\delta(\varepsilon)}{4}$的邻域 $V(f(x))$. 取 $W(f(x))$为 $f(x)$的含于 $V(f(x))$的直径小于$\frac{\delta(\varepsilon)}{4}$和 $\delta\left(\frac{\gamma}{4}\right)$的开邻域, 显然 $W(f(x))\cap F(x)\neq\varnothing$. 由 F 是 plsc 及命题 1.4.2, 知 $\forall x_0\in X$, $\exists x'\in U(x_0)$. 又 $W(f(x'))\cap F(x')\neq\varnothing$, 故有 x_0 的邻域$U_1(x_0)\subset U(x_0)$使得

$$F(x'')\cap W(f(x'))\neq\varnothing,\quad \forall x''\in U_1(x_0).$$

因为 X 仿紧, 所以 $\{U_1(x)\mid x\in X\}$有局部有限开加细 $\{U_\alpha\mid\alpha\in A\}$. 现 $\forall\alpha\in A$, 取点 $x\in X$ 满足$U_\alpha\subset U_1(x)\subset U(x)$. 记

$$V_\alpha = V(f(x)),\quad W_\alpha = W(f(x')),$$

其中 $x'\in U(x)$由 F 为 plsc 确定, 则

$$U_\alpha\subset F^{-1}(W_\alpha) = \{x''\in X\mid F(x'')\cap W_\alpha\neq\varnothing\},$$

$$f(U_\alpha)\subset V_\alpha,\quad \operatorname{diam}V_\alpha < \frac{\delta(\varepsilon)}{4},\quad \operatorname{diam}W_\alpha < \frac{\delta(\varepsilon)}{4}.$$

因为 $x'\in U(x)$, 所以 $f(x')\in V(f(x))=V_\alpha$. 所以 $d(f(x),f(x'))<\frac{\delta(\varepsilon)}{4}$. 从而 $\forall y\in W(f(x'))=W_\alpha$.

$$d(f(x),y)\leqslant d(f(x),f(x')) + d(f(x'),y) < \frac{\delta(\varepsilon)}{4}+\frac{\delta(\varepsilon)}{4} = \frac{\delta(\varepsilon)}{2}.$$

设$\{e_\alpha\mid\alpha\in A\}$为从属于$\{U_\alpha\mid\alpha\in A\}$的单位分解. $\forall\alpha\in A$, 记 e_α 的支撑为 $X_\alpha=\overline{\{x\in X\mid e_\alpha(x)>0\}}\subset U_\alpha$. 又 $\forall x\in X$, 记

$$A(x) = \{\alpha\in A\mid x\in X_\alpha\} = \{\alpha_1,\cdots,\alpha_n\},$$

这是由$\{U_\alpha|\alpha\in A\}$局部有限保证的. 现$\forall x\in X$, $\forall \alpha\in A(x)$,有 $x\in X_\alpha\subset U_\alpha$,所以$F(x)\cap W_\alpha\neq\varnothing$. 取 $y_\alpha(x)\in F(x)\cap W_\alpha$,则我们期待的选择函数 g 可定义如下:

$$g(x)=k_n(y_{\alpha_1}(x),\cdots,y_{\alpha_n}(x);e_{\alpha_1}(x),\cdots,e_{\alpha_n}(x)),\quad \forall x\in X.$$

由 $F(x)$的凸性知 $g(x)\in F(x)$. 又$\forall i=1,\cdots,n$, $x\in X_{\alpha_i}\subset U_{\alpha_i}$, $f(x)\in f(U_{\alpha_i})$,且由$y_{\alpha_i}(x)\in W_{\alpha_i}$知

$$\begin{aligned}d(f(x),y_{\alpha_i}(x))&\leqslant d(f(x),f(x_{\alpha_i}))+d(f(x_{\alpha_i}),y_{\alpha_i}(x))\\&<\frac{\delta(\varepsilon)}{4}+\frac{\delta(\varepsilon)}{4}<\delta(\varepsilon),\end{aligned}$$

其中 x_{α_i}的选取由 $U_{\alpha_i}\subset U_1(x_{\alpha_i})\subset U(x_{\alpha_i})$确定. 故有

$$\begin{aligned}d(f(x),g(x))=d(&k_n(f(x),\cdots,f(x);e_{\alpha_1}(x),\cdots,e_{\alpha_n}(x)),\\&k_n(y_{\alpha_1}(x),\cdots,y_{\alpha_n}(x);e_{\alpha_1}(x),\cdots,e_{\alpha_n}(x)))\\<\varepsilon&.\end{aligned}$$

现在,我们验证 g 的γ-连续性. $\forall x\in X$,取 x 的邻域$N(x)$使得 $N(x)$与任一个不含有 x 的X_α 不相交,则$\forall x''\in N(x)$, $A(x'')\subset A(x)$. 又由 k_n 及e_α 的连续性,我们还可以使$N(x)$满足: $\forall x''\in N(x)$,

$$\begin{aligned}&d(k_n(y_{\alpha_1}(x),\cdots,y_{\alpha_n}(x);e_{\alpha_1}(x),\cdots,e_{\alpha_n}(x)),\\&k_n(y_{\alpha_1}(x),\cdots,y_{\alpha_n}(x);e_{\alpha_1}(x''),\cdots,e_{\alpha_n}(x'')))\\&<\frac{\gamma}{4}.\end{aligned}$$

我们证明 $\operatorname{diam}g(N(x))<\gamma$. 为此我们假定$\forall x''\in N(x)$,

$$A(x'')=\{\alpha_1,\cdots,\alpha_m\}\subset A(x),\quad m\leqslant n,$$

则由 $x,x''\in X_{\alpha_i}\subset U_{\alpha_i}$知

$$y_{\alpha_i}(x),y_{\alpha_i}(x'')\in W_{\alpha_i}=W(f(x'_{\alpha_i})),$$

其中 $x'_{\alpha_i}\in U(x_{\alpha_i})$由 F 为 plsc 确定,而 x_{α_i}是由 $U_{\alpha_i}\subset U_1(x_{\alpha_i})\subset U(x_{\alpha_i})$确定. 再由 $\operatorname{diam}W_{\alpha_i}<\delta\left(\frac{\gamma}{4}\right)$, $i=1,\cdots,m$ 知

$$\begin{aligned}&d(k_m(y_{\alpha_1}(x),\cdots,y_{\alpha_m}(x);e_{\alpha_i}(x''),\cdots,e_{\alpha_m}(x'')),\\&k_m(y_{\alpha_1}(x''),\cdots,y_{\alpha_m}(x'');e_{\alpha_1}(x''),\cdots,e_{\alpha_m}(x'')))\\&<\frac{\gamma}{4}.\end{aligned}$$

又由定义 2.1.3(C2)知

$$k_m(y_{\alpha_1}(x),\cdots,y_{\alpha_m}(x);e_{\alpha_1}(x''),\cdots,e_{\alpha_m}(x''))$$
$$=k_n(y_{\alpha_1}(x),\cdots,y_{\alpha_n}(x);e_{\alpha_1}(x''),\cdots,e_{\alpha_n}(x'')).$$

故有

$$\begin{aligned}d(g(x),g(x''))&=d(k_n(y_{\alpha_1}(x),\cdots,y_{\alpha_n}(x);e_{\alpha_1}(x),\cdots,e_{\alpha_n}(x)),\\&\quad k_m(y_{\alpha_1}(x''),\cdots,y_{\alpha_m}(x'');e_{\alpha_1}(x''),\cdots,e_{\alpha_m}(x'')))\\&\leqslant d(k_n(y_{\alpha_1}(x),\cdots,y_{\alpha_n}(x);e_{\alpha_1}(x),\cdots,e_{\alpha_n}(x)),\\&\quad k_n(y_{\alpha_1}(x),\cdots,y_{\alpha_n}(x);e_{\alpha_1}(x''),\cdots,e''_{\alpha_n}(x)))\\&\quad +d(k_m(y_{\alpha_1}(x),\cdots,y_{\alpha_m}(x);e_{\alpha_1}(x''),\cdots,e_{\alpha_m}(x'')),\\&\quad k_m(y_{\alpha_1}(x''),\cdots,y_{\alpha_m}(x'');e_{\alpha_1}(x''),\cdots,e_{\alpha_m}(x'')))\\&<\frac{\gamma}{4}+\frac{\gamma}{4}=\frac{\gamma}{2}.\end{aligned}$$

故知 $\operatorname{diam}g(N(x))<\gamma$. 由 $x\in X$ 任意知 g 为 γ-连续的. 证毕.

定理 2.1.9 设 X 为仿紧空间, Y 为带有拟凸结构的度量空间, $F:X\to p_0(Y)$ 为取完备凸集值的 plsc 映射, 则 F 有一个连续选择.

证明 我们用归纳法构造 F 的一列选择 $f_n:X\to Y$ 满足:

(1) f_n 是 2^{-n}-连续且 $\frac{\delta(2^{-n})}{4}$-连续的, $n=1,2,\cdots$;

(2) $d(f_n,f_{n+1})<2^{-n}$, $n=1,2,\cdots$.

则 $\{f_n\}$ 一致收敛的极限 $f:X\to Y$ 是 2^{-n}-连续的, $n=1,2,\cdots$. 因而 f 是连续的. 又 $\forall x\in X$, $F(x)$ 是完备的, 故 $f(x)\in F(x)$. 所以 f 为 F 的连续选择.

首先我们可以取 F 的一个选择使其即 $\frac{\delta\left(\frac{1}{2}\right)}{4}$-连续又 $\frac{1}{2}$-连续, 记之为 f_1. 现假设 f_n 已定义满足(1), 且 $d(f_{n-1},f_n)<2^{-n+1}$, $n\geqslant2$. 则对

$$\gamma=\min\left\{2^{-(n+1)},\frac{\delta(2^{-(n+1)})}{4}\right\},$$

由引理 2.1.8, F 有 γ-连续选择 f_{n+1} 使 $d(f_n,f_{n+1})<2^{-n}$. 当然 f_{n+1} 也是 $2^{-(n+1)}$-连续和 $\frac{\delta(2^{-(n+1)})}{4}$ 连续的. 故 f_{n+1} 即为所求. 至此, 我们归纳构造了 $\{f_n\}$. 证毕.

推论 2.1.10 (1) 仿紧空间到局部凸线性度量空间(赋范空间)的取完备凸集值的 plsc(lsc, pHlsc)映射有连续选择.

(2) 仿紧空间到带拟凸结构的完备度量空间(局部凸 Frechet 空间, Banach 空间)的取闭凸集值的 plsc(lsc, pHlsc)映射有连续选择.

注 2.1.11 推论 2.1.10(2)中已包含了著名的 Michael 连续选择定理.

§2.2 连续选择存在性的特征

关于连续选择存在性的特征研究是自 20 世纪 80 年代中期开始的. 为此人们引入了多种弱于下半连续性的较弱的下半连续概念,其中以 Deutsh 和 Kenderov 的几乎下半连续(alsc)和 Przeslawski 和 Rybinski 以及 Gutev 的弱下半连续(wlsc)最为著名(见定义 1.4.5). 但 alsc 较存在连续选择弱,Deutsh 和 Kenderov 仅对 F: $X\to p_0(Y)$为从仿紧空间 X 到 1 维赋范空间 Y 的有界闭凸集值的映射证明了 F 有连续选择当且仅当 F 为 alsc. 而 wlsc 强于存在连续选择. 因而在 alsc 与 wlsc 之间 F 有连续选择必描述了一种连续性,我们称之为强几乎下半连续(salsc). 本节总设 X 为拓扑空间, Y 为度量空间.

2.2.1 强几乎下半连续性与连续选择存在性特征

定义 2.2.1 设 $F:X\to p_0(Y)$, $\varepsilon>0$, 定义映射 $B_\varepsilon(F):X\to p_0(Y)$为 $\forall x\in X, B_\varepsilon(F)(x)=B_\varepsilon(F(x))$. 又设 $f:X\to Y$, 若 $\forall x\in X, f(x)\in B_\varepsilon(F)(x)=B_\varepsilon(F(x))$, 即 f 为 $B_\varepsilon(F)$的选择函数,则称 f 为 F 的一个 ε-逼近选择. 当 f 还连续时,称 f 为 F 的连续 ε-逼近选择.

命题 2.2.2 设 $F:X\to p_0(Y)$, 若 $\forall\varepsilon>0$, F 有连续 ε-逼近选择, 则 F 为 alsc 映射.

证明 $\forall x_0\in X, \forall\varepsilon>0$, 设 f 为 F 的连续$\frac{\varepsilon}{2}$-逼近选择, 由 f 在 x_0 连续, 取 x_0 的邻域 U 使得 $\forall x\in U, d(f(x),f(x_0))<\frac{\varepsilon}{2}$. 从而 $\forall x\in U$, 都有 $f(x_0)\in B_{\varepsilon/2}(f(x))\subset B_\varepsilon(F(x))$. 故 $\bigcap\{B_\varepsilon(F(x))\mid\forall x\in U\}\neq\varnothing$, 由定义 1.4.5(5)知 F 为 alsc 映射. 证毕.

定义 2.2.3 设 $F:X\to p_0(Y)$, 称 F 为 1-几乎下半连续的(1-alsc). 若 $\forall\varepsilon>0$, F 有连续 ε-逼近选择 $f_\varepsilon:X\to Y$ 使得 $\forall\delta>0$, 由下式定义的 $F_\varepsilon:X\to p_0(Y)$

$$F_\varepsilon(x)=F(x)\cap B_\varepsilon(f_\varepsilon(x)),\quad \forall x\in X \tag{2.2.1}$$

有连续 δ-逼近选择.

称 F 为 2-几乎下半连续的(2-alsc), 若 $\forall\varepsilon>0$, F 有连续 ε-逼近选择 f_ε 使得由(2.2.1)定义的 F_ε 是 1-alsc 映射.

假设 n-alsc 映射已经定义, 称 F 为 $n+1$-几乎下半连续的($n+1$-alsc). 若 $\forall\varepsilon>0$, F 有连续 ε-逼近选择 f_ε 使得由(2.2.1)定义的 F_ε 是 n-alsc 映射.

称 F 为强几乎下半连续的(salsc),若对每个自然数 n,F 为 n-alsc 映射.

引理 2.2.4 对 $F:X\to p_0(Y)$的下述陈述:

(1) F 有连续选择;

(2) F 是 salsc;

(3) F 是 n-alsc;

(4) F 是 1-alsc;

(5) $\forall\varepsilon>0$,F 有连续 ε-逼近选择;

(6) F 是 alsc.

有如下蕴含关系:(1)⇒(2)⇒(3)⇒(4)⇒(5)⇒(6).

证明 (2)⇒(3)⇒(4)⇒(5)显然,(5)⇒(6)为命题 2.2.2.

(1)⇒(2). 设(1)成立,f 为 F 的连续选择,则 $\forall\varepsilon>0$,f 为 F 的连续 ε-逼近选择,且由(2.2.1)定义的 F_ε 仍有连续选择 f. 如此递推可知 F 满足定义 2.2.3 的所有条件. 故 F 为 salsc 映射. 证毕.

定理 2.2.5 设 $F:X\to p_0(Y)$为完备集值的映射,则下列条件等价:

(1) F 有连续选择;

(2) F 是 salsc 映射;

(3) $\forall n$ 为自然数,F 有连续 2^{-n}-逼近选择 f_n,使得$\{f_n\}$为一致 Cauchy 函数列.

证明 (1)⇒(2). 见引理 2.2.4.

(2)⇒(3). 假设(2)成立,由定义 2.2.3,F 有连续 2^{-1}-逼近选择 f_1,且由下式定义的 $F_1:X\to p_0(Y)$,

$$F_1(x)=F(x)\cap B_{2^{-1}}(f_1(x)),\quad \forall x\in X$$

仍为 salsc. 从而 F_1 有连续 2^{-2}-逼近选择 f_2. 所以有

$$f_2(x)\in B_{2^{-2}}(F(x)),\quad \forall x\in X,$$

且

$$f_2(x)\in B_{2^{-2}}(B_{2^{-1}}(f_1(x)))\subset B_{3\cdot 2^{-2}}(f_1(x))\subset B_{4\cdot 2^{-2}}(f_1(x)),\forall x\in X.$$

同时由下式

$$\begin{aligned}F_2(x)&=F_1(x)\cap B_{2^{-2}}(f_2(x))\\&=F(x)\cap B_{2^{-1}}(f_1(x))\cap B_{2^{-2}}(f_2(x)),\forall x\in X\end{aligned}$$

定义的映射 F_2 仍是 salsc.

现假定 $f_1,\cdots,f_k$ 都已经选取满足:

(i) $f_i(x)\in B_{2^{-i}}(F(x)),i=1,\cdots,k,\forall x\in X$;

(ii) $f_i(x)\in B_{4\cdot 2^{-i}}(f_{i-1}(x)),i=2,\cdots,k,\forall x\in X$;

(iii)由 $F_i(x)=F(x)\cap B_{2^{-1}}(f_1(x))\cap\cdots\cap B_{2^{-i}}(f_i(x)),\forall x\in X$

定义的映射 F_i 是 salsc, $i=1,\cdots,k$.

则 F_k 有连续 $2^{-(k+1)}$-逼近选择 f_{k+1}满足

$$f_{k+1}(x)\in B_{2^{-(k+1)}}(F(x)),\forall x\in X,$$

且

$$f_{k+1}(x)\in B_{2^{-(k+1)}}(B_{2^{-k}}(f_k(x)))\subset B_{3\cdot 2^{-(k+1)}}(f_k(x))$$
$$\subset B_{4\cdot 2^{-(k+1)}}(f_k(x)),\forall x\in X.$$

因此,我们归纳地构造出一列连续函数 $f_n:X\to Y$ 满足

(a) f_n 为 F 的连续 2^{-n}-逼近选择;

(b) $\{f_n\}$为一致 Cauchy 列.

故(3)得证.

(3)⇒(1). 设(3)成立,即使上述(a),(b)成立的函数列$\{f_n\}$存在. 由(a), $\forall x\in X,\forall n,\exists y_n(x)\in F(x)$使得 $d(y_n(x),f_n(x))<2^{-n}$. 由(b), $\forall\varepsilon>0$, $\exists N$,使 $2^{-N}<\frac{\varepsilon}{3}$且 $\forall n,m>N,\forall x\in X,d(f_n(x),f_m(x))<\frac{\varepsilon}{3}$. 因此, $\forall x\in X,\forall n,m>N$,有

$$d(y_n(x),y_m(x))\leqslant d(y_n(x),f_n(x))+d(f_n(x),f_m(x))+d(f_m(x),y_m(x))$$
$$<2^{-n}+\frac{\varepsilon}{3}+2^{-m}<\frac{\varepsilon}{3}+\frac{\varepsilon}{3}+\frac{\varepsilon}{3}=\varepsilon.$$

这表明$\{y_n(x)\}$为 $F(x)$中的 Cauchy 点到. 由 $F(x)$的完备性, $\{y_n(x)\}$在 $F(x)$中有极限,记为 $f(x)=\lim\limits_{n\to\infty}y_n(x)\in F(x),\forall x\in X$. 则由 $d(y_n(x),f_n(x))<2^{-n},\forall n$ 成立,知有

$$f(x)=\lim_{n\to\infty}f_n(x),\quad \forall x\in X,$$

即 $f:X\to Y$ 为$\{f_n\}$的一致收敛的极限函数,故由 f_n 连续知 f 连续. 又 f 为 F 的选择. 故(1)得证. 证毕.

注 2.2.6 命题 2.2.2 和定理 2.2.5 表明 $F:X\to p_0(Y)$存在连续选择较 F 为 alsc 要强些,而下面的例子说明 salsc 比 alsc 是真强. 设 $X=\boldsymbol{R}$, $Y=\boldsymbol{R}^2$,定义映射

$$F(x)=\begin{cases}\{(xt,t)\mid t\in[0,1]\}, & x\text{ 为无理数},\\ \{(0,t)\mid t\in[0,1]\}, & x\text{ 为有理数,且 }x\neq 0,\\ \{(0,1)\}, & x=0.\end{cases}$$

则 F 为有界闭凸值 alsc 映射,但 F 无连续选择.

进而,有 Deutsch 和 Kenderov 关于 alsc 与 $\forall\varepsilon>0$,存在连续 ε-逼近选择等价的结论.

定理 2.2.7 设 X 为仿紧空间, Y 为赋范空间, $F:X\to p_0(Y)$为凸值映射,

则 F 是 alsc 当且仅当 $\forall \varepsilon>0$, F 有连续 ε-逼近选择.

证明 充分性为命题 2.2.2.

必要性. 设 F 是 alsc 且 $\forall \varepsilon>0$, 则 $\forall x_0\in X$, 存在 x_0 的邻域 $U(x_0)$ 使得

$$\bigcap \{B_\varepsilon(F(x)) \mid x \in U(x_0)\} \neq \varnothing.$$

由 X 仿紧知, 开覆盖 $\{U(x) \mid x\in X\}$ 有局部有限开加细 $\{V_i \mid i\in I\}$, 从而有从属于 $\{V_i \mid i\in I\}$ 的单位分解 $\{p_i \mid i\in I\}$. $\forall i\in I$, 取 $x_i\in X$ 使 $V_i\subset U(x_i)$, 则可取

$$y_i \in \bigcap \{B_\varepsilon(F(x)) \mid x \in V_i\} \supset \bigcap \{B_\varepsilon(F(x)) \mid x \in U(x_i)\} \neq \varnothing.$$

定义函数

$$f(x) = \sum_{i\in I} p_i(x) y_i, \quad \forall x \in X.$$

由于 $\forall x\in X$, x 有邻域只与有限个 V_i 相交, 即 $\exists I(x)=\{i_1,\cdots,i_k\}\subset I$, $\forall i \notin I(x)$, $p_i(x)=0$, $\sum\limits_{i\in I(x)} p_i(x) = 1$. 故 $f(x) = \sum\limits_{i\in I(x)} p_i(x) y_i$, 且 f 在 x 点连续. 又 $\forall i\in I(x)$ 有 $y_i\in B_\varepsilon(F(x))$, 所以由 $F(x)$ 凸知有

$$f(x) = \sum_{i\in I(x)} p_i(x) y_i \in \mathrm{co}(B_\varepsilon(F(x))) = B_\varepsilon(F(x)).$$

故 f 为 F 的连续 ε-逼近选择. 证毕.

2.2.2 几乎下半连续映射存在连续选择的特征

根据定理 2.2.7, 我们给出从仿紧空间到 Banach 空间的闭凸集值 alsc 映射存在连续选择的特征. 设 X 仿紧, Y 为 Banach 空间, 映射 $F: X\to p_0(Y)$ 为闭凸集值 alsc 映射, $\forall x \in X$, $\forall \varepsilon>0$, 记 $C_\varepsilon(F)(x) = C_\varepsilon(F(x))$, 显然 $C_\varepsilon(F)(x)\supset B_\varepsilon(F(x))$. 由定理 2.2.7, $C_\varepsilon(F): X\to p_0(Y)$ 为有连续选择的闭凸集值的映射. 再定义映射 $C_\varepsilon^*: X\to p_0(Y)$ 为

$$C_\varepsilon^*(x) = \{f(x) \mid f \text{ 为 } C_\varepsilon(F) \text{ 的连续选择}\}, \forall x \in X.$$

定理 2.2.8 $\forall \varepsilon>0$, C_ε^* 为闭凸值下半连续(lsc)映射.

证明 设 $x_0\in X$, $\delta>0$, $y\in C_\varepsilon^*(x_0)$. 由 C_ε^* 的定义知存在 $C_\varepsilon(F)$ 的连续选择 f 使 $f(x_0)=y$. 从而有 x_0 的邻域 U 使得

$$\forall x \in U, \| f(x) - y \| < \delta,$$

即

$$y \in B_\delta(f(x)) \subset B_\delta(C_\varepsilon^*(x)),$$

即

$$y \in \bigcap \{B_\delta(C_\varepsilon^*(x)) \mid x \in U\},$$

所以由定义 1.4.2(3)知 C_ε^* 在 x_0 点是 lsc.

又对 $x_0\in X$, $y_1, y_2\in C_\varepsilon^*(x_0)$, $t\in[0,1]$, 则有 $C_\varepsilon(F)$ 的两个连续选择 f_1 与

f_2,使得

$$f_1(x_0)=y_1,\quad f_2(x_0)=y_2.$$

定义 $f:X\to Y$ 为

$$f(x)=tf_1(x)+(1-t)f_2(x),\quad \forall x\in X.$$

则由 $C_\varepsilon(F(x))$为凸集知

$$F(x)\in C_\varepsilon(f)(x),\quad \forall x\in X.$$

故 f 为$C_\varepsilon(F)$的连接选择.所以

$$ty_1+(1-t)y_2=f(x_0)\in C_\varepsilon^*(x_0),$$

即知 $C_\varepsilon^*(x_0)$为凸集.

现$\forall x\in X$,定义$\overline{C_\varepsilon^*}(x)=\overline{C_\varepsilon^*(x)}$,则映射$\overline{C_\varepsilon^*}$为闭凸值 lsc 映射.对 $x_0\in X$,设 $y_n\in C_\varepsilon^*(x_0)$满足$\lim\limits_{n\to\infty}y_n=y_0\in\overline{C_\varepsilon^*}(x_0)$.我们证 $y_0\in C_\varepsilon^*(x_0)$.现在定义映射

$$G(x)=\begin{cases}\{y_0\}, & x=x_0,\\ \overline{C_\varepsilon^*}(x), & x\neq x_0, x\in X.\end{cases}$$

则显然 $G:X\to p_0(Y)$为闭凸值 lsc 映射.由 Michael 连续选择定理,G 有连续选择 g 使$g(x_0)=y_0$,且

$$g(x)\in\overline{C_\varepsilon^*}(x)=\overline{C_\varepsilon^*(x)}\subset\overline{C_\varepsilon(F)(x)}=C_\varepsilon(F)(x),\quad \forall x\in X.$$

故 g 为$C_\varepsilon(F)$的连续选择,所以 $y_0\in C_\varepsilon^*(x_0)$.因此 $C_\varepsilon^*(x_0)$为闭集.证毕.

显然,由 C_ε^* 的定义知,$\forall\varepsilon_1>\varepsilon_2>0,\forall x\in X$,有 $C_{\varepsilon_1}^*(x)\supset C_{\varepsilon_2}^*(x)$.又$\forall x\in X$,记 $C(x)=\bigcap\limits_{\varepsilon>0}C_\varepsilon^*(x)$,则 $C(x)$为空集或非空闭凸集.

根据上述论述,就可得到如下结论

定理 2.2.9 设 X 为仿紧空间,Y 为 Banach 空间,$F:X\to p_0(Y)$为闭凸值 alsc 映射,则下列条件等价:

(1) F 有连续选择;

(2) $\forall n, C_{\frac{1}{n}}(F)$有连续选择 f_n 使$\{f_n\}$为一致 Cauchy 列;

(3) $\forall n, C_{\frac{1}{n}}^*$有连续选择$f_n$ 使$\{f_n\}$为一致 Cauchy 列;

(4) $\forall x\in X, C(x)\neq\varnothing$,且由 $C(x)$定义的映射 $C:X\to p_0(Y)$有连续选择.

证明 (1)⇒(2)⇒(3)显然.

(3)⇒(4).设(3)成立,记 $f=\lim\limits_{n\to\infty}f_n$,则 f 连续.又由$\forall x\in X,\forall n$ 有 $C_{\frac{1}{n}}^*(x)\supset C_{\frac{1}{n+1}}^*(x)$且 $C_{\frac{1}{n}}^*(x)$均为闭集知$\forall x\in X,\forall n, f(x)\in C_{\frac{1}{n}}^*(x)$,故 $f(x)\in C(x)$,即 C 有连续选择.

(4)⇒(1).设 f 为C 的连续选择,则$\forall\varepsilon>0$, f 为C_ε^* 的连续选择,从而 f 为

$C_\varepsilon(F)$的连续选择. 所以$\forall x\in X,\forall n, f(x)\in C_{\frac{1}{n}}(F)(x)$,知$\exists y_n\in F(x)$使$\|f(x)-y_n\|\leqslant\frac{1}{n}$,故$\lim\limits_{n\to\infty}y_n=f(x)$. 由$F(x)$闭知$f(x)\in F(x)$,即$f$为$F$的连续选择. 证毕.

2.2.3　弱下半连续映射的连续选择定理

在本节最后,我们用上述的定理给出 wlsc 映射的连续选择定理.

引理 2.2.10　设Y为赋范空间,$\varepsilon\in[0,1),\delta\in[0,1-\varepsilon),E\subset Y$为凸集,$e\in Y,\gamma\geqslant 0$. 若$E\cap C_{\varepsilon\gamma}(e)\neq\varnothing$,则有

$$C_{\delta\gamma}(E)\cap C_{\delta\gamma}(C_\gamma(e))\subset C_{M(\varepsilon,\delta)\delta\gamma}(E\cap C_\gamma(e)),$$

其中$M(\varepsilon,\delta)=1+2(1-\varepsilon)(1-\varepsilon-\delta)^{-1}$.

证明　对$\delta=0$或$\gamma=0$,结论显然. 现设$\delta>0$且$\gamma>0$. 不失一般性假设$e=0$. 取定$y\in C_{\delta\gamma}(E)\cap C_{\delta\gamma}(C_\gamma(0))$,设$u\in E$使得$\|y-u\|\leqslant\delta\gamma$.

第一步. 设$\|y\|\leqslant(1-\delta)\gamma$,则$\|u\|\leqslant\|y-u\|+\|y\|\leqslant\gamma$. 所以$u\in E\cap C_\gamma(0)$,因此$y=u+(y-u)\in C_{\delta\gamma}(E\cap C_\gamma(0))\subset C_{M(\varepsilon,\delta)\delta\gamma}(E\cap C_\gamma(0))$(因为$M_{(\varepsilon,\delta)}>1$).

第二步. 设$(1-\delta)\gamma<\|y\|$,记$\lambda=\dfrac{\|y\|-(1-\delta)\gamma}{\|y\|-\varepsilon\gamma}<1$. 显然$\lambda>0$,且由$\varepsilon\gamma<(1-\delta)\gamma<\|y\|\leqslant(1+\delta)\gamma$知

$$\lambda<\frac{2\delta}{1-\varepsilon-\delta}.$$

记$u_\lambda=(1-\lambda)y$,则有$\|u_\lambda-y\|\leqslant\lambda\|y\|\leqslant\lambda(1+\delta)\gamma$. 又由$\lambda\|y\|-\lambda\varepsilon\gamma=\|y\|-(1-\delta)\gamma$可得

$$\|u_\lambda\|=(1-\lambda)\|y\|=(1-\delta-\lambda\varepsilon)\gamma.$$

取$z\in C_{\varepsilon\gamma}(0)\cap E$且记$v_\lambda=u_\lambda+\lambda z=(1-\lambda)y+\lambda z$,则

$$\|v_\lambda\|\leqslant(1-\delta-\lambda\varepsilon)\gamma+\lambda\varepsilon\gamma=(1-\delta)\gamma,$$

且$\|v_\lambda-u_\lambda\|\leqslant\lambda\varepsilon\gamma$. 记$\omega=(1-\lambda)u+\lambda z$,则$\omega\in E$,且

$$\|\omega-v_\lambda\|=(1-\lambda)\|y-u\|\leqslant(1-\lambda)\delta\gamma.$$

所以

$$\|\omega\|\leqslant\|\omega-v_\lambda\|+\|v_\lambda\|\leqslant(1-\lambda)\delta\gamma+(1-\delta)\gamma=(1-\lambda\delta)\gamma\leqslant\gamma.$$

故$\omega\in E\cap C_\gamma(0)$. 进而

$$\begin{aligned}\|\omega-y\|&\leqslant\|\omega-v_\lambda\|+\|v_\lambda-u_\lambda\|+\|u_\lambda-y\|\\&\leqslant\gamma((1-\lambda)\delta+\lambda\varepsilon+\lambda(1+\delta))\\&=\gamma(\delta+\lambda(\varepsilon+1))<\gamma\delta\left(1+\frac{2(1+\varepsilon)}{1-\varepsilon-\delta}\right)=\gamma\delta M(\varepsilon,\delta).\end{aligned}$$

故 $y\in C_{M(\varepsilon,\delta)\delta\gamma}(E\cap C_\gamma(0))$. 证毕.

引理 2.2.11 设 Y 为赋范空间, $d\geqslant 0,\sigma\geqslant 0,L>1$ 满足 $\sigma<\dfrac{(L-1)d}{3}$ ($d>0$ 时). 若对凸集 $E\subset Y,e\in Y$ 有 $E\cap C_d(e)\neq\varnothing$, 则有

$$B_\sigma(E)\cap B_\sigma(C_{Ld}(e))\subset B_{N(L)\sigma}(E\cap C_{Ld}(e)),$$

其中 $N'(L)=1+\dfrac{3(L+1)}{L-1}$.

证明 $d=0$ 时结论显然. 对 $d>0$, 设 $E\cap C_d(e)\neq\varnothing$, 则记 $\varepsilon=L^{-1},\delta=\dfrac{\sigma}{Ld}$, $\gamma=Ld$, 应用引理 2.2.10, 有

$$C_\sigma(E)\cap C_\sigma(C_{Ld}(e))\subset C_{M(L^{-1},\sigma(Ld)^{-1})\sigma}(E\cap C_{Ld}(e)).$$

又 $M(L^{-1},\sigma(Ld)^{-1})=1+2(L+1)((L-1)d-\sigma)^{-1}<N(L)$, 故有结论成立. 证毕.

引理 2.2.12 设 Y 为赋范空间, $F:X\to p_0(Y)$ 为凸值 wlsc 映射, $f:X\to Y$ 为连续映射, $d:X\to[0,+\infty)$ 为连续函数, 满足 $\forall x\in X$,

$$F(x)\cap C_{d(x)}(f(x))\neq\varnothing.$$

则 $\forall L>1$. 作映射 $G:X\to p_0(Y)$:

$$G(x)=F(x)\cap C_{Ld(x)}(f(x)),\quad \forall x\in X.$$

则 G 为凸值 wlsc 映射.

证明 设 $x_0\in X$, V 为 x_0 的邻域, $\varepsilon>0$. 显然若 $d(x_0)=0$, 则 G 在 x_0 点 lsc 当然 wlsc. 其实, 这时 $G(x_0)=f(x_0)$, 取 x_0 的邻域 U 使得

$$d(x)<2^{-1}\varepsilon,\quad f(x_0)\in B_{2^{-1}\varepsilon}(f(x)),\quad \forall x\in U.$$

因为 $\forall x\in U$,

$$f(x)\in C_{d(x)}(F(x)\cap C_{d(x)}(f(x)))\subset B_{2^{-1}\varepsilon}(F(x)\cap C_{Ld(x)}(f(x))),$$

所以有

$$f(x_0)\in\bigcap\{B_\varepsilon(F(x)\cap C_{Ld(x)}(f(x)))\mid x\in U\}=\bigcap\{B_\varepsilon(G(x))\mid x\in U\}.$$

从而知 G 在 x_0 点 lsc.

对 $d(x_0)>0$, 取 $\sigma>0$ 使得

$$\sigma<\min\left\{\frac{(L-1)d(x_0)}{6},N(L)^{-1}\varepsilon\right\},$$

其中 $N(L)=1+\dfrac{3(L+1)}{L-1}$.

取 x_0 的邻域 $W\subset V$, 使得 $\forall x,x'\in W$ 有

$$|d(x)-d(x')|<\sigma(2L)^{-1},\quad \frac{d(x_0)}{2}<d(x),$$

$$\|f(x)-f(x')\|<\frac{\sigma}{2},$$

由 F 在 x_0 点 wlsc 知，$\exists x' \in W$ 使得 $\forall z \in F(x')$，有 x_0 的邻域 $U_z \subset W$ 满足

$$z \in \bigcap \{B_\sigma(F(x)) \mid x \in U_z\}.$$

对 $\omega \in F(x') \cap (C_{Ld(x')}(f(x')) = G(x')$，有 x_0 的邻域 $U_\omega \subset W$ 使得

$$\omega \in \bigcap \{B_\sigma(F(x)) \mid x \in U_\omega\}$$

从而由 $\forall x \in U_\omega$，满足

$$\begin{aligned}\| f(x) - \omega \| &\leqslant \| f(x) - f(x') \| + \| f(x') - \omega \| \\ &\leqslant \frac{\sigma}{2} + Ld(x') < \frac{\sigma}{2} + Ld(x) + L \cdot \frac{\sigma}{2L} \\ &= \sigma + Ld(x)\end{aligned}$$

知

$$\omega \in \bigcap \{B_\sigma(F(x)) \cap B_\sigma(C_{Ld(x)}(f(x))) \mid x \in U_\omega\}.$$

又

$$\forall x \in U_\omega, \sigma < \frac{(L-1)d(x_0)}{6} < \frac{(L-1)d(x)}{3}.$$

所以由 $F(x) \cap C_{d(x)}(f(x)) \neq \varnothing$ 用引理 2.2.11 知 $\forall x \in U_\omega$，

$$\begin{aligned}B_\sigma(F(x)) \cap B_\sigma(C_{Ld(x)}(f(x)) &\subset B_{N(L)\sigma}(F(x) \cap C_{Ld(x)}(f(x))) \\ &= B_{N(L)\sigma}(G(x)) \subset B_\varepsilon(G(x)).\end{aligned}$$

故 $\omega \in \bigcap \{B_\varepsilon(G(x)) \mid x \in U_\omega\}$，即 G 在 x_0 点 wlsc. 证毕.

定理 2.2.13　设 X 为仿紧空间，Y 为赋范空间，$F: X \to p_0(Y)$ 为完备凸值 wlsc 映射，则 F 有连续选择.

证明　由 F 是 wlsc 知 F 也是 alsc，从而 F 有连续 2^{-1}-逼近选择. 假设 $f_1, \cdots, f_k$ 已经定义满足:

(1) $f_i(x) \in B_{2^{-i}}(F(x)), i = 1, \cdots, k, \forall x \in X$;

(2) $f_i(x) \in B_{5 \cdot 2^{-i}}(f_{i-1}(x)), i = 2, \cdots, k, \forall x \in X$.

现定义 $G: X \to p_0(Y)$ 为 $\forall x \in X, G(x) = F(x) \cap B_{2^{-k+1}}(f_k(x))$，则由引理 2.2.12(取 $L = 2, d(x) \equiv 2^{-k}, f(x) = f_k(x)$)，则 G 是 wlsc，当然是 alsc，从而 G 有连续 2^{-k-1}-逼近选择 f_{k+1}，则 $\forall x \in X$，

(1) $f_{k+1}(x) \in B_{2^{-k-1}}(F(x))$;

(2) $\| f_{k+1}(x) - f_k(x) \| < 2^{-k-1} + 2^{-k+1} = (1+4)2^{-k-1} = 5 \cdot 2^{-k-1}$.

故我们归纳构造了一个一致 Cauchy 连续函数列 $\{f_n\}$，f_n 为 F 的连续 2^{-n} 逼近选择，故由定理 2.2.5，F 有连续选择. 证毕.

从定理 2.2.13，我们也可得到 Michael 连续选择定理和 De Blasi-Myjak 关于 wHlsc 的连续选择定理.

本节讨论连续选择存在性特征所用的方法，我们称之为连续 ε -逼近选择方

法.定理 2.2.5 和定理 2.2.9 基本上将这一方法表现得淋漓尽致,而定理 2.2.13 则表明要真正构造出满足定理 2.2.5 或定理 2.2.9 条件的连续 ε -逼近选择列并非一件容易的事.连续 ε -逼近选择方法与上节的 δ -连续选择方法从两个不同的角度(或更形象地说分别从外和里)揭示了构造连续选择函数的基本思想.

§2.3 几种特殊的选择

本节主要讨论几种特殊的选择问题,包括最小选择、Chebyshev 选择、重心选择等.这些是对前两节理论内容的补充.同时这些选择本身有很重要的实际背景和应用.

2.3.1 最小选择

众所周知,赋范空间是自反的一个等价条件就是每个闭凸集有范数最小的元.又当空间是严格凸自反空间时,其每个闭凸集的范数最小的元惟一.另外一些熟知的结论是:$\boldsymbol{R}^n$ 与 Hilbert 空间是严格凸自反的,自反空间必是 Banach 空间,具有 Banach-Saks 性质的 Banach 空间是自反空间.所谓 Banach-Saks 性质是指任一个有界点列必有一个子列使其算术平均值列按范数收敛.

设 X 为度量空间,Y 为自反严格凸 Banach 空间,$F:X\to p_0(Y)$为闭凸值映射,$\forall x\in X$.记 $m_F(x)=\min\{\|y\| \mid y\in F(x)\}$,$F(x)$中范数为 $m_F(x)$的元为 $m(x)$.从而定义了一个映射 $m:X\to Y$,显然 m 为F 的选择,称为 F 的最小选择.

定理 2.3.1 设 X 为度量空间,Y 为具有 Banach-Saks 性质的严格凸 Banach 空间,$F:X\to p_0(Y)$为闭凸值映射且满足

(1) F 按 Y 的范数拓扑是 lsc;

(2) F 按 Y 的弱拓扑为闭映射;

(3) $\{m(x)\mid x\in X\}$含在 Y 的一个弱紧集中.

则 m 关于 Y 的弱拓扑是连续的.

证明 设 $x\in X$,$\{x_n\}\subset X$,$\lim\limits_{n\to\infty}x_n=x$.由(1) $\forall n$,$\exists y_n\in F(x_n)$使得$\{y_n\}$按范数收敛于 $m(x)$,所以有$\lim\limits_{n\to\infty}\|y_n\|=\|m(x)\|$.由条件(3),设$\{m(x_n)\}$按弱拓扑收敛于 $y\in Y$.由条件(2),$y\in F(x)$.为证 m 在x 弱连续,只需证 $y=m(x)$.由严格凸性知只需证 $\|y\|=\|m(x)\|$.首先 $\|y\|\geqslant\|m(x)\|$ 显然.由 Y 具有 Banach-Saks 性质知$\{m(x_n)\}$有一个子列$\{m(x_{n_i})\}$,其算术平均数按范数收敛于 y(这里因为$\{m(x_n)\}$弱收敛于 y,故$\{m(x_n)\}$为有界点列.又由$\{m(x_{n_i})\}$的算术平均数按范数收敛,当然弱收敛,故收敛于 y).从而

$$\lim_{i\to\infty}\left\|\frac{m(x_{n_1})+\cdots+m(x_{n_i})}{i}\right\| = \|y\|.$$

又

$$\left\|\frac{m(x_{n_1})+\cdots+m(x_{n_i})}{i}\right\| \leqslant \frac{\|m(x_{n_1})\|+\cdots+\|m(x_{n_i})\|}{i}$$
$$\leqslant \frac{\|y_{n_1}\|+\cdots+\|y_{n_i}\|}{i},\quad i=1,2,\cdots,$$

且

$$\lim_{i\to\infty}\frac{\|y_{n_i}\|+\cdots+\|y_{n_i}\|}{i} = \lim_{i\to\infty}\|y_{n_i}\| = \|m(x)\|.$$

故 $\|y\|\leqslant\|m(x)\|$，所以 $\|y\|=\|m(x)\|$，即 $y=m(x)$，即 m 在 x 点弱连续. 证毕.

定理 2.3.2 设 X 为度量空间，Y 为自反严格凸 Banach 空间，$F: X\to p_0(Y)$ 为闭凸集值映射满足：

(1) F 按 Y 的范数拓扑 lsc；

(2) F 按 Y 的范数拓扑为闭映射；

(3) $\{m(x)\mid x\in X\}$ 含在 Y 的一个紧集中.

则 m 为连续映射.

证明 $\forall x\in X$，$\{x_n\}\subset X$. 设 $\lim\limits_{n\to\infty}x_n=x$，由(1)，$\forall n$，$\exists y_n\in F(x_n)$，使得 $\lim\limits_{n\to\infty}y_n=m(x)$. 所以 $\lim\limits_{n\to\infty}\|y_n\|=\|m(x)\|$. 由(3)，设 $\lim\limits_{n\to\infty}m(x_n)=y$，(2)表明 $y\in F(x)$，所以 $\|y\|\geqslant\|m(x)\|$. 又 $\lim\limits_{n\to\infty}\|m(x_n)\|=\|y\|$，且 $\forall n$，$\|m(x_n)\|\leqslant\|y_n\|$，所以 $\|y\|\leqslant\|m(x)\|$. 故 $\|y\|=\|m(x)\|$，即有 $y=m(x)$，所以 m 连续. 证毕.

定理 2.3.3 设 X 为度量空间，Y 为 Hilbert 空间，$F: X\to p_0(Y)$ 为闭凸值连续映射，则 m 为连续函数.

证明 $\forall\varepsilon>0$，$\forall x_0\in X$. 由 F 在 x_0 点下半连续知对 $m(x_0)\in F(x_0)$，存在 x_0 的邻域 U_1，使得

$$m(x_0)\in\bigcap\{B_{\varepsilon/2}(F(x))\mid x\in U_1\},$$

即

$$\forall x\in U_1,\quad d(m(x_0),F(x))<\varepsilon/2.$$

从而 $\exists y_x\in F(x)$，使

$$\|m(x_0)-y_x\|-\varepsilon/2<d(m(x_0),\ F(x))<\varepsilon/2.$$

故有

$$\|m(x)\|\leqslant\|y_x\|\leqslant\|m(x_0)\|+\varepsilon.$$

其实,上述过程可描述成,对充分靠近 x_0 的 x 都有 $\| m(x) \|^2 \leqslant \| m(x_0) \|^2 + \varepsilon$ (由 ε 的任意性知). 若

$$\| m(x_0) \| = 0,$$

则 $\| m(x) \| < \sqrt{\varepsilon}$,故 m 在 x_0 点连续. 设 $\| m(x_0) \| > 0$. 由 F 在 x_0 点上半连续知,存在 x_0 的邻域 U_2 使

$$F(U_2) \subset B_{\frac{\varepsilon}{\| m(x_0) \|}}(F(x_0)).$$

故

$$\forall x \in U_2, d(m(x), F(x_0)) < \frac{\varepsilon}{\| m(x_0) \|},$$

所以 $\exists y_x \in F(x_0)$,使

$$\| m(x) - y_x \| \leqslant \frac{\varepsilon}{\| m(x_0) \|},$$

即对充分靠近 x_0 的 x 都有 $y_x \in F(x_0)$ 使

$$\| m(x) - y_x \| \leqslant \frac{\varepsilon}{\| m(x_0) \|}.$$

所以

$$\begin{aligned} \langle m(x_0), m(x) \rangle &= \langle m(x_0), y_x \rangle + \langle m(x_0), m(x) - y_x \rangle \\ &\geqslant \langle m(x_0), y_x \rangle - \varepsilon. \end{aligned} \tag{2.3.1}$$

又 $\forall y \in F(x_0)$,特别 $y = y_x$,有

$$\langle m(x_0), y \rangle \geqslant \langle m(x_0), m(x_0) \rangle,$$

所以(2.3.1)变为

$$\langle m(x_0), m(x) - m(x_0) \rangle \geqslant -\varepsilon. \tag{2.3.2}$$

另一方面,

$$\| m(x) \|^2 = \| m(x_0) \|^2 + \| m(x_0) - m(x) \|^2 + 2\langle m(x_0), m(x) - m(x_0) \rangle.$$

所以

$$\begin{aligned} \| m(x_0) - m(x) \|^2 - 2\varepsilon &\leqslant \| m(x_0) - m(x) \|^2 + 2\langle m(x_0), m(x) - m(x_0) \rangle \\ &= \| m(x_0) \|^2 + \| m(x) \|^2 - 2\langle m(x_0), m(x) \rangle \\ &\quad + 2\langle m(x_0), m(x) \rangle - 2\| m(x_0) \|^2 \\ &= \| m(x) \|^2 - \| m(x_0) \|^2 \leqslant \varepsilon. \end{aligned}$$

故 $\| m(x_0) - m(x) \|^2 \leqslant 3\varepsilon$. 所以 m 在 x_0 点连续. 证毕.

Aubin 和 Cellina 在文献[5]中给出过一个 Lipschitz 映射的最小选择非 Lipschitz 的例子.

2.3.2　Chebyshev 选择

另一个确定的选择是由 Chebyshev 核构成的. 首先我们给出 Hilbert 空间的下述性质.

命题 2.3.4　设 X 为 Hilbert 空间,

$$a,b,x\in X,\quad \delta=\|b-a\|,\quad \rho=\max\{\|x-a\|,\|x-b\|\},$$

则 $\forall t\in[0,1]$,有

$$\|x-(ta+(1-t)b)\|^2\leqslant\rho^2-t(1-t)\delta^2.$$

证明　设 $\rho=\|x-a\|$,则由 $\|x-b\|^2=\rho^2+\delta^2-2\langle x-a,b-a\rangle$ 知有

$$\delta^2-2\langle x-a,b-a\rangle\leqslant 0.$$

从而

$$-2(1-t)\langle x-a,b-a\rangle\leqslant-(1-t)\delta^2,\quad\forall t\in[0,1].$$

另一方面,

$$\begin{aligned}\|x-(ta+(1-t)b)\|^2&=\rho^2+(1-t)^2\delta^2-2\langle x-a,ta+(1-t)b-a\rangle\\&=\rho^2+(1-t)^2\delta^2-2(1-t)\langle x-a,b-a\rangle,\end{aligned}$$

从而

$$\begin{aligned}\|x-(ta+(1-t)b)\|^2&\leqslant\rho^2+(1-t)^2\delta^2-(1-t)\delta^2\\&=\rho^2-t(1-t)\delta^2.\end{aligned}$$

对 $\rho=\|x-b\|$ 同理可证. 证毕.

定义 2.3.5　设 K 为 Hilbert 空间 X 的有界集. K 的 Chebyshev 半径 r_c 定义为

$$r_c=\inf\{\rho\mid\exists k,K\subset B_\rho(k)\}.$$

$\forall\rho>r_c$,记 $C_\rho=\{k\mid K\subset B_\rho(k)\}$.

命题 2.3.6　集 $\bigcap_{\rho>r_c}C_\rho$ 为单点集,记这一点为 $c(K)$,称为 K 的 Chebyshev 核,或 Chebyshev 中心. 则有

$$K\subset B_{r_c}(c(K)).$$

进一步,若 K 凸,则有 $c(K)\in\overline{K}$.

证明　由定义知,$\forall\rho>r_c$,C_ρ 为 X 的非空有界闭集. 又由于

$$\rho\geqslant\sqrt{\rho^2-t(1-t)\delta^2},$$

故由命题 2.3.4,C_ρ 为凸的,所以是弱紧的. 进而知 $\bigcap_{\rho>r_c}C_\rho\neq\varnothing$. 假设 $\bigcap_{\rho>r_c}C_\rho$ 有两个不同的点 a 和 b,则

$$\forall x\in K,x\in B_{r_c}(a)\text{ 且 }x\in B_{r_c}(b).$$

由命题 2.3.4 知

$$\left\| x - \frac{a+b}{2} \right\|^2 \leqslant r_C^2 - \frac{1}{4} \| a - b \|^2.$$

故

$$x \in B_{\sqrt{r_C^2 - \frac{1}{4}\| b-a \|^2}}\left(\frac{a+b}{2}\right).$$

而

$$r_c > \sqrt{r_C^2 - \frac{1}{4} \| b - a \|^2},$$

这就得到一个矛盾.故 $\bigcap\limits_{\rho > r_c} C_\rho$ 为单点集.

最后,假设 $c(K) \notin \overline{K}$,则沿着严格分离 $c(K)$ 和闭凸集 $\overline{K}$ 的超平面的正交方向稍微移动 $c(K)$ 的位置,就可能在不依赖这一给定点的情况下减少 $c(K)$ 到 K 的所有点的距离.从而与 $c(K)$ 的定义矛盾(见图 2.3.1).证毕.

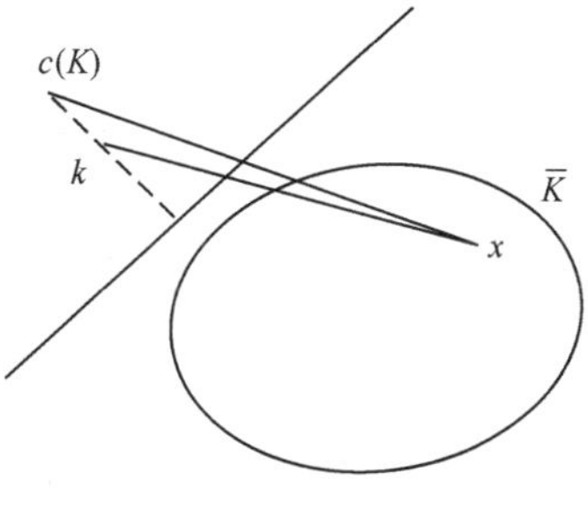

图 2.3.1

定理 2.3.7 设 X 为赋范空间,Y 为 Hilbert 空间,$F: X \to p_0(Y)$ 为有界闭凸集值的 usc 且 Hlsc 映射.则单值函数 $C: X \to Y$, $\forall x \in X$, $c(x) = c(F(x))$ 是 F 的连续选择.

证明 (1) 先证函数

$$r_c: X \to [0, +\infty), \forall x \in X, r_c(x) = r_c(F(x))$$

是连续函数. $\forall x_0 \in X$, $\forall \eta > 0$,由 r_c 的定义 2.3.5, $\exists a \in Y$,使

$$F(x_0) \subset B_{r_c(F(x_0)) + \eta/2}(a).$$

又 F 为 usc 映射,故 $\exists \delta_1 > 0$,使

$$\forall x \in B_{\delta_1}(x_0), \quad F(x) \subset B_{\eta/2}(F(x_0)).$$

故知

$$\forall x \in B_{\delta_1}(x_0), \quad F(x) \subset B_{r_c(F(x_0)) + \eta}(a).$$

再由定义 2.3.5 知

$$r_c(x) = r_c(F(x)) \leqslant r_c(F(x_0)) + \eta = r_c(x_0) + \eta.$$

另一方面,由 F 为 Hlsc 映射和定义 1.4.5(1)知

$$\exists \delta_2 > 0, \forall x \in B_{\delta_2}(x_0) \text{ 有 } F(x_0) \subset B_{\eta/2}(F(x)).$$

由 r_c 的定义 2.3.5, $\exists b \in Y$ 使

$$F(x) \subset B_{r_c(x) + \eta/2}(b), \text{故 } F(x_0) \subset B_{r_c(x) + \eta}(b).$$

再由定义 2.3.5, $r_c(x_0) \leqslant r_c(x) + \eta$.故知 r_c 在 x_0 点连续.

(2) 再证 $c: X \to Y$ 连续.假设 $x_0 \in X$, c 在 x_0 点不连续.则 $\exists \eta > 0$ 及一列收

敛于 x_0 的点 x_n，使 $\|c(x_n)-c(x_0)\|>\eta$. 设 $\varepsilon>0$ 充分小使得

$$\sqrt{(r_c(x_0)+\varepsilon)^2-\frac{1}{4}\eta^2}<r_c(x_0)-2\varepsilon$$

且设 n 充分大使得

$$F(x_n)\subset B_\varepsilon(F(x_0))\quad (\text{因为 } F \text{ 是 usc 映射}),$$

且

$$|r_c(x_n)-r_c(x_0)|<\varepsilon\quad (\text{因为 } r_c \text{ 连续}).$$

则一方面有

$$F(x_n)\subset B_{r_c(x_n)}(c(x_n))\subset B_{r_c(x_0)+\varepsilon}(c(x_n)),$$

另一方面又有

$$F(x_n)\subset B_\varepsilon(F(x_0))\subset B_{r_c(x_0)+\varepsilon}(c(x_0)).$$

所以 $F(x_n)$ 中任一点到点 $\frac{1}{2}(c(x_n)+c(x_0))$ 的距离最多为

$$\sqrt{(r_c(x_0)+\varepsilon)^2-\frac{1}{4}\eta^2}.$$

这个数严格小于 $r_c(x_0)-2\varepsilon$，当然严格小于 $r_c(x_n)$. 这就与 $r_c(x_n)=r_c(F(x_n))$ 在定义 2.3.5 中的定义矛盾. 故 c 在 x_0 连续. 证毕.

Aubin 与 Cellina 在文献[5]中给出例子表明即使 F 是 Lipschitz 函数，c 也未必就是 Lipschitz 函数.

2.3.3 重心选择

这一部分的主要内容是对紧凸值 Lipschitz 映射，构造它的一个 Lipschitz 选择. 这里对映射还要求整体有界，同时所得的选择的 Lipschitz 常数也与映射的 Lipschitz 常数不同，而是依赖于映射像空间 $\boldsymbol{R}^n$ 的维数 n. 主要结论是:

定理 2.3.8 设 X 为度量空间，$F:X\to p_0(\boldsymbol{R}^n)$ 为紧凸值 Lipschitz 映射，且 $\exists M>0, \forall x\in X, F(x)\subset B_M(0)$. 则存在常数 K 和单值函数 $f:X\to\boldsymbol{R}^n$ 使 f 为以 K 为 Lipschitz 常数的 F 的 Lipschitz 选择.

这个定理的证明就在于构造 F 的重心选择.

设 $A\subset\boldsymbol{R}^n$ 为紧凸体，即有非空内部的紧凸集，m_n 为 n -维 Lebesgue 测度. 因为 $m_n(A)$ 为正数，所以我们可以定义 A 的重心为

$$b(A)=\frac{1}{m_n(A)}\int_A x\,dm_n. \tag{2.3.3}$$

命题 2.3.9 A 的重心 $b(A)\in A$.

为了证明命题 2.3.9，我们首先介绍闭凸集的最佳逼近的射影的知识.

定义 2.3.10 设 f 为从 Hilbert 空间(或$\boldsymbol{R}^n$)到 $R\cup\{+\infty\}$ 的函数. 记 $\mathrm{Dom}f=\{x\in Y\mid f(x)<+\infty\}$ 为 f 的定义域. 若 $\mathrm{Dom}f\neq\varnothing$,则称 f 为真函数. 当 f 在子集$K\subset Y$ 上有定义时,我们可以将 f 扩张为 Y 上的函数f_K 使 $x\notin K$ 时 $f_K(x)=+\infty$. 记

$$E_p(f)=\{(x,\lambda)\in Y\times\boldsymbol{R}\mid f(x)\leqslant\lambda\}$$

称为 f 的上图(见定义 1.6.5). 我们有

$$E_p(\sup_{i\in I}f_i)=\bigcap_{i\in I}E_p(f_i).$$

f 称为凸函数,若 $E_p(f)$为凸集. f 为下半连续当且仅当$E_p(f)$为闭集. 当且仅当 $\forall\lambda\in\boldsymbol{R}$,$\{x\in Y\mid f(x)\leqslant\lambda\}$为闭集(见定义 1.6.5). 对 $K\subset Y$,定义 K 的指标函数φ_K 为$\forall x\in K,\varphi_K(x)=0,\forall x\notin K,\varphi_K(x)=+\infty$.

我们有如下结论:

命题 2.3.11 设 $f:Y\to\boldsymbol{R}\cup\{+\infty\}$为下半连续真凸函数. 则$\forall x\in Y$,存在惟一 $\bar{x}\in Y$,使得

$$f(\bar{x})+\frac{1}{2}\|\bar{x}-x\|^2=\inf_{y\in Y}(f(y)+\frac{1}{2}\|y-x\|^2).$$

用不等式表示为$\forall y\in Y$,

$$f(\bar{x})-f(y)+\langle\bar{x}-x,\bar{x}-y\rangle\leqslant 0.$$

证明 设 $g(x)=\inf\limits_{y\in Y}(f(y)+\frac{1}{2}\|y-x\|^2),\forall x\in Y$. 显然 $g(x)>-\infty$.

我们证明$\exists\bar{x}\in Y,g(\bar{x})=f(\bar{x})+\frac{1}{2}\|\bar{x}-x\|^2$. 为此,我们考虑一个极小化点列$\{y_n\}$,使其满足 $f(y_n)+\frac{1}{2}\|y_n-x\|^2\leqslant g(x)+\frac{1}{n}$(这由 g 的定义可知),则由 f 的凸性知$f\left(\frac{y_n+y_m}{2}\right)\leqslant\frac{f(y_n)+f(y_m)}{2}$,故

$$\begin{aligned}\|y_n-y_m\|^2&=2\|y_n-x\|^2+2\|y_m-x\|^2-4\left\|\frac{y_n+y_m}{2}-x\right\|^2\\&\leqslant 4\left(\frac{1}{n}+\frac{1}{m}+2g(x)-f(y_n)-f(y_m)\right)+8\left(f\left(\frac{y_n+y_m}{2}\right)-g(x)\right)\\&\leqslant 4\left(\frac{1}{n}+\frac{1}{m}+2f\left(\frac{y_n+y_m}{2}\right)-f(y_n)-f(y_m)\right)\\&\leqslant 4\left(\frac{1}{n}+\frac{1}{m}\right).\end{aligned}$$

所以$\{y_n\}$为 Cauchy 列,设$\{y_n\}$收敛于 $\bar{x}\in Y$. 由 f 的下半连续性知

$$f(\bar{x})+\frac{1}{2}\|\bar{x}-x\|^2\leqslant\liminf_{n\to\infty}f(y_n)+\lim_{n\to\infty}\frac{1}{2}\|y_n-x\|^2\leqslant g(x).$$

又 $f(\bar{x})+\frac{1}{2}\|\bar{x}-x\|^2\geqslant g(x)$显然. 故 $g(x)=f(\bar{x})+\frac{1}{2}\|\bar{x}-x\|^2$.

现在$\forall z\in Y,\forall\theta>0$,对$\bar{x}$我们用$\bar{x}-\theta(\bar{x}-z)$代换$g(x)$定义中的$y$,则

$$
\begin{aligned}
&f(\bar{x})+\frac{1}{2}\|\bar{x}-x\|^2\\
\leqslant&(1-\theta)f(\bar{x})+\theta f(z)\\
&+\frac{1}{2}(\|\bar{x}-x\|^2-2\theta\langle\bar{x}-x,\bar{x}-z\rangle+\theta^2\|\bar{x}-z\|^2).
\end{aligned}
$$

用θ除两边,再简化得

$$
f(\bar{x})-f(z)\leqslant-\langle\bar{x}-x,\bar{x}-z\rangle+\frac{\theta}{2}\|\bar{x}-z\|^2.
$$

由$\theta>0$任意性知$f(\bar{x})-f(z)\leqslant-\langle\bar{x}-x,\bar{x}-z\rangle$. $\bar{x}$的惟一性显然.证毕.

命题 2.3.12(最佳逼近定理)　设$K\subset Y$为闭凸集,则$\forall x\in Y$,存在惟一$\pi_K(x)\in K$使得

$$
\|x-\pi_K(x)\|=\min_{y\in K}\|x-y\|.
$$

也可等价描述为下述变分不等式:

$$
\langle\pi_K(x)-x,\pi_K(x)-y\rangle\leqslant 0,\quad\forall y\in K.
$$

证明　在命题 2.3.11 中取$f=\varphi_K$,即可取$\bar{x}=\pi_K(x)$.

π_K显然为Y到K的函数,它是非扩张的

$$
\|\pi_K(x)-\pi_K(y)\|\leqslant\|x-y\|,
$$

且为单调的

$$
\langle\pi_K(x)-\pi_K(y),x-y\rangle\geqslant 0.
$$

$m(K)=\pi_K(0)$为K的范数最小的元(见本节 2.3.1).证毕.

命题 2.3.9 的证明　假设$b(A)\notin A$,由A闭,有$d(b(A),A)>0$.记

$$
a=\pi_A(b(A)),\quad b=b(A),\quad p=b-a.
$$

由最佳逼近定理$\forall x\in A,\langle x-a,p\rangle\leqslant 0$.从而由

$$
b=\frac{1}{m_n(A)}\int_A x\,dm_n
$$

知

$$
p=b-a=\frac{1}{m_n(A)}\int_A(x-a)\,dm_n
$$

有

$$
\begin{aligned}
\|p\|^2&=\left\langle\frac{1}{m_n(A)}\int_A(x-a)\,dm_n,p\right\rangle\\
&=\frac{1}{m_n(A)}\int_A\langle x-a,p\rangle\,dm_n\leqslant 0.
\end{aligned}
$$

即$p=0$与$p\neq 0$矛盾.故$b\in A$.证毕.

命题 2.3.13　设$A\subset\boldsymbol{R}^n$为紧凸集,$A'=B_1(A)$.则$b(A')\in A$.

证明 假设 $b(A')\notin A$. 记 $a=\pi_A(b(A'))$, $b=b(A')$, $p=b-a$, 并记 $\hat{p}=\frac{p}{\|p\|}$, 则

$$\|p\|^2=\frac{1}{m_n(A')}\int_{A'}\langle x-a,p\rangle dm_n.$$

我们将像命题 2.3.12 一样证明上式右端非正,从而导出矛盾.

设 S_p 为将 x 映射成 x 关于与过 p 和 a 的直线正交的超平面的对称点的线性变换映射:

$$S_p(x)=a+(x-a)-2\langle x-a,\hat{p}\rangle\hat{p},\quad \forall x\in \boldsymbol{R}^n.$$

记

$$A'_+=\{x\in A'\mid\langle x-a,p\rangle>0\},\quad A'_-=\{x\in A'\mid\langle x-a,p\rangle\leqslant 0\},$$

则有 $S_p(A'_+)\subset A$. 其实, $\forall x\in A'_+$, 记 x' 为 $\pi_A(x)$ 在过 x 和 $S_p(x)$ 直线上的射影. 由 Pythagorean 定理可得

$$\|x-\pi_A(x)\|\geqslant\|S_p(x)-\pi_A(x)\|.$$

从而

$$\|x-x'\|\geqslant\|S_p(x)-x'\|.$$

我们有

$$\|x-x'\|=\langle x-x',\hat{p}\rangle=\langle x-a,\hat{p}\rangle-\langle x'-a,\hat{p}\rangle,$$

且

$$\begin{aligned}\|S_p(x)-x'\|&=-\langle S_p(x)-x',\hat{p}\rangle=-\langle S_p(x)-a,\hat{p}\rangle+\langle x'-a,\hat{p}\rangle\\&=\langle x-a,\hat{p}\rangle+\langle x'-a,\hat{p}\rangle.\end{aligned}$$

再用一次最佳逼近定理,有 $x'\in A'_-$, 且

$$d(S_p(x),A)\leqslant\|S_p(x)-\pi_A(x)\|\leqslant\|x-\pi_A(x)\|=d(x,A)\leqslant 1,$$

所以 $S_p(x)\in A'$.

记 $A'=(A'_+\cup S_p(A'_+))\cup(A'\setminus(A'_+\cup S_p(A'_+)))$, 则

$$\int_{A'}\langle x-a,p\rangle dm_n=\int_{A'_+\cup S_p(A'_+)}\langle x-a,p\rangle dm_n+\int_{A'\setminus(A'_+\cup S_p(A'_+))}\langle x-a,p\rangle dm_n.$$

前一个积分关于变换 S_p 是不等的,且变换 S_p 的 Jacobi 行列式为 1, 映射 $x\longmapsto\langle x-a,\hat{p}\rangle$ 关于 S_p 是反对称的. 从而有

$$\int_{S_p(A'_+\cup S_p(A'_+))}\langle x-a,p\rangle=\int_{A'_+\cup S_p(A'_+)}\langle S_p(x)-a,p\rangle=-\int_{S_p(A'_+\cup S_p(A'_+))}\langle x-a,p\rangle.$$

所以这个积分为 0.

因 $A'\setminus(A'_+\cup S_p(A'_+))\subset A'_-$, 所以

$$\int_{A'}\langle x-a,p\rangle dm_n\leqslant 0.$$

这就导出了矛盾.故 $b(A')\in A$.证毕.

定理 2.3.8 的证明 上一命题表明映射 $b:X\to\boldsymbol{R}^n, b(x)=b(B_1(F(x)))$ $(\forall x\in X)$为 F 的一个选择,我们证明这个选择是 Lipschitz 选择.

选定 x 和 x',记 $\Phi=B_1(F(x)),\Phi'=B_1(F(x'))$,则

$$\frac{1}{m_n(\Phi)}\int_{\Phi}xdm_n-\int\frac{1}{m_n(\Phi')}\int_{\Phi'}xdm_n$$

$$\leqslant\left|\left(\frac{1}{m_n(\Phi)}-\frac{1}{m_n(\Phi')}\right)\int_{\Phi\cap\Phi'}xdm_n\right|+\left|\frac{1}{m_n(\Phi)}\int_{\Phi-\Phi'}xdm_n-\frac{1}{m_n(\Phi')}\int_{\Phi'-\Phi}xdm_n\right|$$

$$\leqslant|m_n(\Phi)-m_n(\Phi')|(M+1)/(m_n(B_1(0)))^2$$

$$+\{m_n(\Phi\setminus\Phi')+m_n(\Phi'\setminus\Phi)\}(M+1)/m_n(B_1(0)).\qquad(2.3.4)$$

我们希望用 $D(\Phi,\Phi')$表明上述的估计.为此,我们先来比较 $m_n(B_\delta(\Phi))(\delta>0)$ 与 $m_n(\Phi)$.因为$\boldsymbol{R}^n$ 中的单位球含在单位立方体$\{|x_i|\leqslant 1,i=1,\cdots,n\}$中,所以我们可以估计 $m_n\left\{\varphi+\sum\delta_ie_i\,|\,\varphi\in\Phi,|\delta_i|\leqslant\delta\right\}$,其中$\{e_i\}$为一正交基.

由初等微积分可知若 S 为曲线且 v 为单位向量,则$\{S+\delta_xv\,|\,\delta_x<\delta\}$的测度是 $m_n(S)+|\delta|m_{n-1}(p_v(S))$,其中 p_v 为 S 在与 v 正交过原点的超平面中的射影($p_v(S)$是 S 的"影").

记 $$\Phi_k=\left\{\varphi+\sum_{i=1}^{k}\delta_ie_i\,|\,\varphi\in\Phi,\delta_i\leqslant\delta\right\},$$

且用 p_i 表示沿方向 e_i 的射影.

我们递归地可以得到

$$m_n(\Phi_n)\leqslant m_n(\Phi)+\delta\sum_{j=0}^{n-1}m_{n-1}(p_{n-j}(\Phi_{n-j})).$$

因为 $\Phi\subset(M+1)B_1(0)$,所以每个 $p_j(\Phi_j)$的每个元素到原点的距离最多是$(M+1)+\delta\sqrt{n}$,记 B_{n-1}为$\boldsymbol{R}^{n-1}$中单位球.所以对某个常数 K_1,

$$\begin{aligned}m_n(B_\delta(\Phi))&\leqslant m_n(\Phi_n)\\&\leqslant m_n(\Phi)+\delta_nm_{n-1}((M+1+\delta\sqrt{n})B_{n-1}).\\&\leqslant m_n(\Phi)+\delta K_1.\end{aligned}$$

取 $\delta=D(\Phi,\Phi')$,则 $\Phi'\subset B_\delta(\Phi)$且 $\Phi\subset B_\delta(\Phi')$.所以

$$m_n(\Phi\setminus\Phi')\leqslant m_n(B_\delta(\Phi')-m_n(\Phi'))\text{ 且 }m_n(\Phi'\setminus\Phi)\leqslant m_n(B_\delta(\Phi))-m_n(\Phi).$$

类似地,$|m_n(\Phi)-m_n(\Phi')|\leqslant K_1\delta$,所以由(2.3.4)可得

$$|b(B_1(F(x)))-b(B_1(F(x')))|\leqslant K_2D(B_1(F(x)),B_1(F(x')))$$

对适当 K_2 成立.最后设 F 的 Lipschitz 常数为 L 且$K=LK_2$,则

$$|b(x)-b(x')| \leqslant K_2 D(B_1(F(x)),B_1(F(x'))) \leqslant K_2 D(F(x),F(x')) \leqslant Kd(x,x').$$

取 f 为 b 即为要求的 Lipschitz 选择. 证毕.

§2.4 上半连续映射的连续选择与连续逼近

一般情况下,即使是取闭凸集(或紧凸集)值的 usc 映射,也未必有连续选择. 例如设 $F:\boldsymbol{R}\to p_0(\boldsymbol{R})$定义为

$$F(x)=\begin{cases}\{-1\}, & x<0,\\ [-1,1], & x=0,\\ \{1\}, & x>0.\end{cases}$$

则 F 为 usc 映射,但无连续选择. 因此,寻求 usc 映射存在连续选择的条件,或从别的角度用新的思想将集值映射问题转化为单值函数问题成为人们致力研究的重要问题. 本节的主要内容有两个:一个是用滤子收敛给出 usc 映射存在连续选择的两个充分条件,这是作者最近的研究成果;二是系统介绍连续逼近理论方面的主要结果.

2.4.1 上半连续映射的连续选择

设 X 为拓扑空间,$\mathscr{U}\subset p(X)$. 若(1) $\forall A\in\mathscr{U}, A\neq\varnothing$;(2) $\forall A,B\in\mathscr{U}, A\cap B\in\mathscr{U}$;(3) $\forall C\subset X$,当$\exists A\in\mathscr{U}$使 $A\subset C$ 时,$C\in\mathscr{U}$. 则称 $\mathscr{U}$ 为 X 的一个滤子. 显然,$\forall x\in X$,x 的邻域系 $\mathscr{U}(x)$是一个滤子. 设 $\mathscr{U},\mathscr{V}$为 X 的两个滤子满足$\forall A\in\mathscr{U}$,$\exists B\in\mathscr{V}$使 $B\subset A$,则称 $\mathscr{V}$从属于 $\mathscr{U}$,记为 $\mathscr{V}\prec\mathscr{U}$. 对滤子 $\mathscr{U}$和 $x\in X$,若 $\mathscr{U}\prec\mathscr{U}(x)$,则称 x 为 $\mathscr{U}$的一个极限点,或说 $\mathscr{U}$收敛于 x. 记$\lim\mathscr{U}$为 $\mathscr{U}$的极限点作成的集.

设$\mathscr{U}\subset p(X)$满足:(1) $\forall A\in\mathscr{U}, A\neq\varnothing$;(2) $\forall A,B\in\mathscr{U}$, $\exists C\in\mathscr{U}$,使 $C\subset A\cap B$. 则称 $\mathscr{U}$为 X 的一个滤基. 关于滤基间的从属关系及滤基的收敛定义与上面对滤子的定义相同. 设 $F:X\to p_0(Y)$为集值映射,$\mathscr{U}$为 X 的滤基,$\forall A\in\mathscr{U}$,记

$$F(A)=\bigcup\{F(x)\mid x\in A\},$$

及

$$F(\mathscr{U})=\{F(A)\mid A\in\mathscr{U}\},$$

则有

命题 2.4.1 $F(\mathscr{U})$为 Y 的一个滤基.

命题 2.4.2 设 $F:X\to p_0(Y)$为闭集值的映射,$\lim F(\mathscr{U}(x_0))\neq\varnothing$,$x_0\in X$,且 Y 为正则空间. 则 F 在x_0 点 usc 当且仅当 $\lim F(\mathscr{U}(x_0))\subset F(x_0)$.

证明 必要性. 设 $y_0\in\lim F(\mathscr{U}(x_0))$,即有

$$F(\mathscr{U}(x_0)) \prec \mathscr{U}(y_0).$$

若 $y_0 \notin F(x_0)$，由 Y 正则，存在开集 $U_1, U_2 \subset Y$ 使 $y_0 \in U_1, F(x_0) \subset U_2$ 且 $U_1 \cap U_2 = \varnothing$. 又由 $y_0 \in \lim F(\mathscr{U}(x_0))$ 知，$\exists V_1 \in \mathscr{U}(x_0)$ 使 $F(V_1) \subset U_1$. 再由 F 在 x_0 点 usc 知 $\exists V_2 \in \mathscr{U}(x_0)$ 使 $F(V_2) \subset U_2$. 故有

$$\varnothing \neq F(V_1 \cap V_2) \subset F(V_1) \cap F(V_2) \subset U_1 \cap U_2 = \varnothing.$$

这是一个自相矛盾的结果，故 $y_0 \in F(x_0)$.

充分性. 设 $\lim F(\mathscr{U}(x_0)) \subset F(x_0)$，则对任一个包含 $F(x_0)$ 的开集 U，$\forall y \in \lim F(\mathscr{U}(x_0))$，$U$ 为 y 的邻域，从而 $\exists V \in \mathscr{U}(x_0)$ 使 $F(V) \subset U$. 故 F 在 x_0 点 usc. 证毕.

定理 2.4.3 设 $F: X \to p_0(Y)$ 为闭集值 usc 映射，Y 为 T_3 空间，且 $\forall x \in X$，$\lim F(\mathscr{U}(x))$ 存在. 则单值函数 $f: X \to Y$ 定义为

$$f(x) = \lim F(\mathscr{U}(x)), \quad \forall x \in X,$$

是 F 的连续选择.

证明 由 Y 为 T_3 空间知 $\forall x \in X$. $\lim F(\mathscr{U}(x))$ 存在时必惟一. 由命题 2.4.2，$\lim F(\mathscr{U}(x)) \in F(x)$. 从而知 f 定义合理且为 F 的选择. 又因为

$$f(\mathscr{U}(x)) \prec F(\mathscr{U}(x)), \forall x \in X,$$

且

$$F(\mathscr{U}(x)) \prec \mathscr{U}(f(x)), \forall x \in X,$$

所以

$$f(\mathscr{U}(x)) \prec \mathscr{U}(f(x)), \forall x \in X.$$

即有 $\lim f(\mathscr{U}(x)) = f(x), \forall x \in X$. 故 f 为连续函数. 证毕.

定理 2.4.4 设 $F: X \to p_0(Y)$ 为闭集值映射，Y 为 T_3 空间，D 为 X 的稠密集，$\forall x \in X$，记

$$\mathscr{U}(x) \cap D = \{U \cap D \mid U \in \mathscr{U}(x)\}.$$

若 $\lim F(\mathscr{U}(x) \cap D) \in F(x)$，则下式定义的函数 $f: X \to Y$，

$$f(x) = \lim F(\mathscr{U}(x) \cap D), \forall x \in X$$

为 F 的连续选择.

证明 因 $\forall x \in X, \forall U \in \mathscr{U}(x), U \cap D \neq \varnothing$，所以 $\mathscr{U}(x) \cap D$ 为 X 的滤基. 特别当 $x \in D$ 时，$\mathscr{U}(x) \cap D$ 为 x 在 D 上的邻域基，由命题 2.4.2，F 在 D 上是 usc 映射，由定理 2.4.3，$f|_D$ 是连续的，现证 f 在 X 上连续.

设 $x_0 \in X$，U 为 $f(x_0)$ 的邻域. 由 Y 的正则性，存在 Y 的开集 V 使得

$$f(x_0) \in V \subset \overline{V} \subset U.$$

又由 $\forall x \in X, f(x) \in F(x)$ 知

$$f(\mathscr{U}(x_0) \cap D) \prec F(\mathscr{U}(x_0) \cap D)$$

所以 $\lim f(\mathscr{U}(x_0)\cap D)=f(x_0)$. 故有 X 的开集 $W\in\mathscr{U}(x_0)$,使得

$$f(W\cap D)\subset V.$$

$\forall x\in W$,记

$$A_{U(x)}=V\cap f(U(x)\cap D),\quad \forall U(x)\in\mathscr{U}(x).$$

$$\mathscr{A}_x=\{A_{U(x)}\mid U(x)\in\mathscr{U}(x)\}.$$

则 $\mathscr{A}_x$ 为 Y 中滤基. 这是因为 $W\cap U(x)\in\mathscr{U}(x)$,从而 $D\cap W\cap U(x)\neq\varnothing$. 所以

$$\varnothing\neq f(D\cap W\cap U(x))\subset f(D\cap W)\cap f(D\cap U(x))$$
$$\subset V\cap f(U(x)\cap D),\quad \forall U(x)\in\mathscr{U}(x).$$

又显然,$\mathscr{A}_x\prec f(\mathscr{U}(x)\cap D)$,从而有

$$\lim\mathscr{A}_x=f(x),\quad \forall x\in W.$$

而 $\mathscr{A}_x$ 为 V 中滤基,所以 $f(x)\in\overline{V}$, $\forall x\in W$. 故 $f(W)\subset\overline{V}\subset U$. 从而知 f 在 x_0 点连续. 故 f 为 F 的连续选择. 证毕.

推论 2.4.5 (Dugundji 连续扩张定理) 设 D 为 X 的稠密子集, Y 为 T_3 空间, $f:D\to Y$ 连续,则 f 在 X 上存在连续扩张当且仅当 $\forall x\in X$, $\lim f(\mathscr{U}(x)\cap D)$ 存在.

证明 必要性. 设 g 为 f 在 X 上的连续扩张,则 $\forall x\in X$, $\lim g(\mathscr{U}(x))=g(x)$. 又 $g|_D=f$ 且 $f(\mathscr{U}(x)\cap D)\prec g(\mathscr{U}(x))$,所以 $\lim f(\mathscr{U}(x)\cap D)=g(x)$ 存在.

充分性. 设 $f:D\to Y$ 连续, $\forall x\in X$, $\lim f(\mathscr{U}(x)\cap D)$ 存在. 作集值映射 $F:X\to p_0(Y)$ 为

$$F(x)=\begin{cases}\{f(x)\}, & x\in D,\\ Y, & x\in X\setminus D.\end{cases}$$

则 $|F|_D=f$,即知 F 在 D 上 usc. 又 $\forall x\in D$, $\forall U\in\mathscr{U}(x)$, $U\cap D\subset D$,所以 $\forall x'\in U\cap D$, $F(x')=\{f(x')\}$. 故 $F(U\cap D)=f(U\cap D)$. 从而知

$$F(\mathscr{U}(x)\cap D)=f(\mathscr{U}(x)\cap D).$$

故 $\lim F(\mathscr{U}(x)\cap D)=\lim f(\mathscr{U}(x)\cap D)\in F(x)$, $\forall x\in X$. 由定理 2.4.4, F 有连续选择,这个选择就是 f 在 X 上的连续扩张. 证毕.

2.4.2 Cellina 连续逼近定理

早在 20 世纪 40 年代,von Neumann 就提出用连续函数逼近集值映射的思想,而直到 1969—1971 年间,这一思想才被 Cellina 用他的系列论文加以系统化. 设 X, Y 为度量空间, $F:X\to p_0(Y)$ 为集值映射, $\varepsilon>0$. 若存在连续函数 $f:X\to Y$ 使得

$$\mathrm{Graph}(f) \subset B_\varepsilon(\mathrm{Graph}(F)),$$

则称 f 为F 的ε -连续逼近. Cellina 的这种用连续函数图像逼近集值映射的图像的方法为研究集值映射及集值分析的应用提供了一个直观而又简便的思想方法.

定理 2.4.6 (Cellina 连续逼近定理)　设 X 为紧度量空间, Y 为 Banach 空间, $F: X \to p_0(Y)$为凸集值 usc 映射,则 $\forall \varepsilon > 0$,存在局部 Lipschitz 函数 $f: X \to Y$ 使得

$$\mathrm{Graph}(f) \subset B_\varepsilon(\mathrm{Graph}(F)),$$

且 $f(X) \subset \mathrm{co}F(X)$.

证明　对 $\varepsilon > 0$,因为 F 为 usc,所以 $\forall x \in X$,存在 $\delta_x > 0(\delta_x < 2\varepsilon)$使得

$$F(B_{\delta_x}(x)) \subset B_{\frac{\varepsilon}{2}}(F(x)).$$

因 X 为紧的,所以开覆盖$\left\{B\left(x, \frac{\delta_x}{4}\right) \mid x \in X\right\}$有限子覆盖:

$$\left\{B\left(x_1, \frac{\delta_{x_1}}{4}\right), \cdots, B\left(x_n, \frac{\delta_{x_n}}{4}\right)\right\}.$$

从而有从属于这个覆盖的局部 Lipschitz 单位分解 $a_i: X \to [0,1], i = 1, \cdots, n$. 对每个 $i = 1, \cdots, n$,取 $y_i \in F\left(B\left(x_i, \frac{\delta_{x_i}}{4}\right)\right)$. 定义函数 $f: X \to Y$ 为

$$f(x) = \sum_{i=1}^{n} a_i(x) y_i, \quad \forall x \in X.$$

则 f 是局部 Lipschitz 的,且 $\forall x \in X, f(x) \in \mathrm{co}F(X)$.

$\forall x \in X$, 记 $I(x) = \{i \mid a_i(x) \neq 0\} \subset \{1, \cdots, n\}$. 则 $\forall i \in I(x)$, $x \in B\left(x_i, \frac{\delta_{x_i}}{4}\right)$. 所以$\forall i, j \in I(x)$有

$$d(x_i, x_j) \leqslant d(x_i, x) + d(x, x_j) \leqslant \frac{\delta_{x_i} + \delta_{x_j}}{4}.$$

记 $k \in I(x)$满足 $\delta_k = \max_{i \in I(x)} \delta_{x_i}$. 则有$\forall i \in I(x), x_i \in B\left(x_k, \frac{\delta_k}{2}\right)$. 所以

$$y_i \in F\left(B\left(x_i, \frac{\delta_{x_i}}{4}\right)\right) \subset F(B(x_k, \delta_k)) \subset B_{\varepsilon/2}(F(x_k)).$$

由上式右端是凸的知 $f(x) \in B_{\varepsilon/2}(F(x_k))$. 取 $z_k \in F(x_k)$使得$\| z_k - f(x) \| \leqslant \varepsilon/2$,则由 δ_x 和 z_k 的选取知

$$d((x, f(x)), (x_k, z_k)) \leqslant d(x, x_k) + \| z_k - f(x) \| \leqslant \frac{\delta_k}{4} + \frac{\varepsilon}{2} < \varepsilon.$$

从而完成证明.

推论 2.4.7 (Kakutani 不动点定理)　设 K 为 Banach 空间 X 的紧凸集, $F: K$

$\to p_0(K)$为紧凸值 usc 映射,则 F 有不动点,即$\exists \bar{x}\in K,\bar{x}\in F(\bar{x})$.

证明 由 Cellina 定理,设$\{f_n\}$为 K 到 K 的连续函数使得

$$\mathrm{Graph}(f_n)\subset B_{\varepsilon_n}(\mathrm{Graph}(F)).\quad (\varepsilon_n\to 0,n\to\infty)$$

由 Schauder 不动点定理存在 $x_n\in K$,使 $x_n=f_n(x_n)$.由 K 的紧性,不妨设$\lim\limits_{n\to\infty}x_n=\bar{x}$,所以$d((\bar{x},\bar{x}),\mathrm{Graph}(F))=\lim\limits_{n\to\infty}d((x_n,f(x_n)),\mathrm{Graph}(F))=\lim\limits_{n\to\infty}\varepsilon_n=0$.又由Graph($F$)闭,知 $\bar{x}\in F(\bar{x})$,即$(\bar{x},\bar{x})\in \mathrm{Graph}(F)$.证毕.

Cellina 的逼近定理有很多应用,在集值分析中具有重要的地位和作用,但它紧紧依赖于度量.下面的结论更具有一般性,并去掉了度量性.

定理 2.4.8 设 X 为仿紧空间,Y 为局部凸拓扑线性空间,$F:X\to p_0(Y)$为紧凸集值 usc 映射,则对 Graph(F)的任一个开覆盖 $\mathscr{U}$,存在单值连续函数 $f:X\to Y$ 使得

$$\mathrm{Graph}(f)\subset\bigcup\{U\mid U\in\mathscr{U}\},$$

且$\forall x\in X,f(x)\in \mathrm{co}F(X)$.

证明 设 $x\in X,\forall y\in F(x),\exists U_y\in\mathscr{U}$使$(x,y)\in U_y$.因而存在 X 的开集 A_y 和 Y 的 0 点的两个开凸邻域 B_y 及 C_y 满足

$$B_y\subset B_y+B_y\subset C_y$$

及

$$(x,y)\in A_y\times(y+B_y)\subset A_y\times(y+C_y)\subset U_y.$$

则$\{y+B_y|y\in F(x)\}$和$\{y+C_y|y\in F(x)\}$为 $F(x)$的两个覆盖.$\{A_y\times(y+B_y)|y\in F(x)\}$,$\{A_y\times(y+C_y)|y\in F(x)\}$及$\{U_y|y\in F(x)\}$为$\{x\}\times F(x)$的三个覆盖.

因为 $F(x)$是紧的,所以存在有限集$\{y_1,\cdots,y_n\}\subset F(x)$使得$\{y_i+B_{y_i}|i=1,\cdots,n\}$为 $F(x)$的覆盖.记 $B=B_{y_1}\cap\cdots\cap B_{y_n}$.则$\forall y\in F(x)+B,\exists y'\in F(x)$使 $y\in y'+B$,从而存在 y_i 使 $y'\in y_i+B_{y_i}$且有

$$y\in y_i+B_{y_i}+B\subset y_i+B_{y_i}+B_{y_i}\subset y_i+C_{y_i}.$$

故

$$F(x)+B\subset(y_1+C_{y_1})\cup\cdots\cup(y_n+C_n).$$

又 B 为 Y 中 0 点的凸邻域,故 $F(x)+B$ 为包含$F(x)$的开集.从而存在 x 的邻域 W_x 使$F(W_x)\subset F(x)+B$.

因为 X 仿紧,所以 X 的开覆盖$\{W_x|x\in X\}$存在局部有限的开加细$\{U_i|i\in I\}$及从属于$\{U_i|i\in I\}$的单位分解$\{p_i\}_{i\in I}$.即有

(1) $p_i:X\to[0,1]$连续,且 $x\notin U_i$ 时,$p_i(x)=0,\forall i\in I$;

(2) $\sum\limits_{i\in I}p_i(x)=1,\quad\forall x\in X$;

(3) $\forall x \in X$,存在 x 的开邻域 $V_x \subset W_x$ 及最小正整数 $m \geqslant 1, i_1, \cdots, i_m \in I$ 使得 $V_x \cap U_{i_j} \neq \varnothing, j=1,\cdots,m$,而 $\forall i \in I, i \neq i_1, \cdots, i_m$ 有 $V_x \cap U_i = \varnothing$.

$\forall x \in X$,记 $I(x) = \{i_1, \cdots, i_m\}$.则 $\forall x' \in V_x, I(x') \subset I(x), V_{x'} \subset V_x$ 且 $p_{i_1}(x') + \cdots + p_{i_m}(x') = 1$.又因为 $\forall i_j \in I(x), \exists x_j \in X$ 使得 $U_{i_j} \subset W_{x_j}$,所以 $V_x \cap W_{x_j} \neq \varnothing$.取 $x_j' \in V_x \cap W_{x_j}$ 及 $z_j \in F(x_j')$.现定义函数 $f: X \to Y$ 为

$$f(x) = \sum_{j=1}^{m} p_{i_j}(x) z_j, \quad \forall x \in X.$$

则 f 是连续的,且显然

$$f(x) \in \mathrm{co}(F(x)), \quad \forall x \in X.$$

又因为

$$\forall x \in X, \quad \forall i_j \in I(x), \quad x_j' \in V_x \cap W_{x_j} \subset W_x \cap W_{x_j},$$

所以

$$z_j \in F(x_j') \subset F(W_x) \subset F(x) + B.$$

又 $F(x) + B$ 为凸集,故 $f(x) \in F(x) + B$.从而 $\forall x \in X$ 有

$$f(x) \in (y_1 + C_{y_1}) \cup \cdots \cup (y_n + C_{y_n}).$$

$\forall x \in X$,记 $A_x = A_{y_1} \cap \cdots \cap A_{y_n}$,则

$$\begin{aligned}(x, f(x)) &\in A_x \times ((y_1 + C_{y_1}) \cup \cdots \cup (y_n + C_{y_n})) \\ &\subset (A_{y_1} \times (y_1 + C_{y_1})) \cup \cdots \cup (A_{y_n} \times (y_n + C_{y_n})) \\ &\subset \bigcup_{j=1}^{n} U_{y_j} \\ &\subset \bigcup \{U_y \mid y \in F(x)\} \\ &\subset \bigcup \{U \mid U \in \mathscr{U}\}.\end{aligned}$$

故

$$\mathrm{Graph}(f) \subset \bigcup \{U \mid U \in \mathscr{U}\}.$$

证毕.

我们称定理 2.4.8 中的 f 为 F 的一个连续逼近,这还是采用 Cellina 的术语,只是由于没有了度量,所以才没有"ε-连续逼近"的出现.

推论 2.4.9 (樊畿不动点定理) 设 X 为局部凸拓扑线性空间 Y 的紧凸集,$F: X \to p_0(X)$ 为闭凸集值 usc 映射,则 F 有不动点,即 $\exists x_0 \in X$ 使 $x_0 \in F(x_0)$.

证明 设 V 为 Y 中 0 点的任一凸邻域,则 $\{(x+V) \times (F(x)+V) \mid x \in X\}$ 为 Graph(F)的一个覆盖.由定理 2.4.8,存在连续函数 $f_V: X \to X$ 使得

$$\mathrm{Graph}(f_V) \subset \bigcup \{(x+V) \times (F(x)+V) \mid x \in X\}.$$

由 Tychonoff 不动点定理,f_V 有不动点 $x_V \in X$,即 $f_V(x_V) = x_V$.所以存在 $y_V \in$

$F(x_V)$使 $x_V=f(x_V)\in y_V+V$.因而$\exists\, u_V\in V$ 使$x_V=y_V+u_V$.因为 X 是紧的，所以可设 $\lim\limits_{V\in\mathscr{V}}x_V=x_0$,其中$\mathscr{V}$为 Y 中 0 点的凸邻域系.又显然 $\lim\limits_{V\in\mathscr{V}}u_V=0$，所以 $\lim\limits_{V\in\mathscr{V}}y_V=x_0$.由 F 的上半连续性知有 $x_0\in F(x_0)$.证毕.

第三章　均衡的存在性与稳定性

本章主要介绍非线性分析的主要问题：提供解方程或包含（有约束或无约束）的准则以及研究解的逼近和解的稳定性等.

§3.1　樊畿不等式与不动点定理

不动点定理是非线性分析的基础，而 Brouwer 不动点定理是不动点理论的基础，樊畿（Fan Ky）不动点定理、Kakutani 不动点定理、Tychonoff 不动点定理、Schauder 不动点定理均是 Brouwer 不动点定理的推广，但它们又都是等价的，特别是与樊畿不等式和 Ekeland 变分原理等价. 后两者在现代非线性分析研究和应用中比上述不动点定理更有效. 本节主要讨论樊畿不等式与不动点定理的等价性，同时给出一个约束均衡定理.

3.1.1　樊畿不等式

定理 3.1.1（樊畿不等式）　设 K 为 Banach 空间 X 的一个紧凸集，函数 $\varphi: X \times X \to \boldsymbol{R}$ 满足：

(1) $\forall y \in K, x \longmapsto \varphi(x,y)$是下半连续的；

(2) $\forall x \in K, y \longmapsto (x,y)$是凹的，即 $y \longmapsto -\varphi(x,y)$是凸的；

(3) $\forall y \in K, \varphi(y,y) \leqslant 0$.

则 $\exists \bar{x} \in K$ 满足

$$\varphi(\bar{x},y) \leqslant 0, \forall y \in K.$$

证明　我们首先就有限维情况证明，而后再用此证明 Banach 空间情况.

对有限维情况：我们假设结论不成立，即有

$$\forall x \in K, \quad \exists y \in K \text{ 使得 } \varphi(x,y) > 0.$$

这时，$\forall y \in K$，记

$$V_y = \{x \in K \mid \varphi(x,y) > 0\}.$$

则$\{V_y \mid y \in K\}$为 K 的覆盖，且由(1)知为开覆盖. 因 K 是紧的，故有有限子覆盖$\{V_{y_1}, \cdots, V_{y_n}\}$. 从而有从属于它的单位分解 $\alpha_i: K \to [0,1], i = 1, \cdots, n$. 现定义映射 $f: K \to X$ 为

$$f(x) = \sum_{i=1}^{n} \alpha_i(x) y_i, \quad \forall x \in K.$$

则由 K 为凸集及 $y_i \in K$ 知 f 为 K 到自身的映射，且知 f 为连续的. 由 Brouwer 不动点定理知存在 $\bar{y} \in K$ 使 $\bar{y} = f(\bar{y})$. 条件(2)蕴含有

$$\varphi(\bar{y}, \bar{y}) = \varphi\left(\bar{y}, \sum_{i=1}^{n} \alpha_i(\bar{y}) y_i\right) \geqslant \sum_{i=1}^{n} \alpha_i(\bar{y}) \varphi(\bar{y}, y_i).$$

记 $I(\bar{y}) = \{i = 1, \cdots, n \mid \alpha_i(\bar{y}) > 0\}$，由 $\sum_{i=1}^{n} \alpha_i(\bar{y}) = 1$ 知 $I(\bar{y})$ 非空. 由 $\{\alpha_i \mid i = 1, \cdots, n\}$ 为从属于 $\{V y_i \mid i = 1, \cdots, n\}$ 的单位分解知，$\forall i = 1, \cdots, n$，α_i 的支撑 $\mathrm{Support}\alpha_i \subset V_i$，故 $\forall i \in I(\bar{y})$，$\bar{y} \in V_i$，有 $\varphi(\bar{y}, y_i) > 0$，所以有

$$\sum_{i=1}^{n} \alpha_i(\bar{y}) \varphi(\bar{y}, y_i) = \sum_{i \in I(\bar{y})} \alpha_i(\bar{y}) \varphi(\bar{y}, y_i) > 0.$$

即有 $\varphi(\bar{y}, \bar{y}) > 0$，此与条件(3)矛盾，故

$$\exists \bar{x} \in K, \quad \forall y \in K, \quad \varphi(\bar{x}, y) \leqslant 0.$$

对无限维情况：记 S 为 K 中的有限子集 $M = \{y_1, \cdots, y_m\} \subset K$ 作成的族，且

$$v = \sup_{M \in S} \inf_{x \in K} \max_{y_i \in M} \varphi(x, y_i)$$

我们将证明 $v \leqslant 0$. 设 A^m 为 $\boldsymbol{R}^m$ 中的单纯形，即

$$A^m = \left\{(\lambda_1, \cdots, \lambda_m) \in \boldsymbol{R}^m \mid \lambda_i \geqslant 0, i = 1, \cdots, m, \sum_{i=1}^{m} \lambda_i = 1\right\},$$

定义函数 $\varphi_M(\lambda, \mu): A^m \times A^m \to \boldsymbol{R}$ 为

$$\varphi_M(\lambda, \mu) = \sum_{j=1}^{m} \mu_j \varphi\left(\sum_{i=1}^{m} \lambda_i y_i, y_j\right),$$

则 φ_M 满足樊畿定理的有限维情况的假设，故存在 $\bar{\lambda} \in A^m$ 使得

$$\varphi_M(\bar{\lambda}, \mu) = \sum_{j=1}^{m} \mu_j \varphi\left(\sum_{i=1}^{m} \bar{\lambda}_i y_i, y_j\right) \leqslant 0, \quad \forall \mu \in A^m.$$

记 $\bar{x} = \sum_{i=1}^{m} \bar{\lambda}_i y_i \in \mathrm{co}(M) \subset K$，则有

$$\sum_{j=1}^{m} \mu_j \varphi(\bar{x}, y_j) \leqslant 0, \quad \forall \mu \in A^m.$$

从而有

$$v_M = \inf_{x \in K} \max_{y_j \in M} \varphi(x, y_j) \leqslant \max_{y_j \in M} \varphi(\bar{x}, y_j)$$

$$\leqslant \sup_{\mu \in A^m} \sum_{j=1}^{m} \mu_j \varphi(\bar{x}, y_j) \leqslant 0.$$

从而知 $v = \sup_{M \in S} v_M \leqslant 0$.

余下的我们只须证明存在 $\bar{x} \in K$ 使得

$$\sup_{y\in K}\varphi(\bar{x},y)\leqslant v$$

即可完成整个证明.这一结论蕴含在下面更一般的结论中.证毕.

引理 3.1.2 设 $K\subset X$ 为拓扑空间 X 中的紧子集,L 为任意子集,函数 $\varphi:K\times L\to\boldsymbol{R}$ 满足 $\forall y\in L$, $x\longmapsto\varphi(x,y)$ 是下半连续的.记 S 为 L 的有限子集作成的族,则 $\exists\bar{x}\in K$ 满足

$$\sup_{y\in L}\varphi(\bar{x},y)\leqslant v=\sup_{M\in S}\inf_{x\in K}\max_{y_j\in M}\varphi(x,y_j).$$

证明 记 $S_y=\{x\in K\mid\varphi(x,y)\leqslant v\}$, $\forall y\in L$,则由 $\varphi(\cdot,y)$ 的下半连续性,知 S_y 为紧集 K 的非空闭子集.记 $M=\{y_1,\cdots,y_n\}$,对每个 y_i,由 K 紧及 $\varphi(\cdot,y_i)$ 下半连续知存在函数 $\max\limits_{y_i\in M}\varphi(\cdot,y_i)$ 的极小值点 $\bar{x}_M\in K$,它满足

$$\max_{y_i\in M}\varphi(\bar{x}_M,y_i)=\inf_{x\in K}\max_{y_i\in M}\varphi(x,y_i)\leqslant v.$$

所以 $\forall i=1,\cdots,n$, $\bar{x}_M\in S_{y_i}$,即 $\bigcap\limits_{i=1}^{n}S_{y_i}\neq\varnothing$.从而知 $\{S_y\mid y\in L\}$ 为 K 的具有有限交性质的子集族,由 K 紧,知 $\bigcap\limits_{y\in L}S_y\neq\varnothing$,即 $\exists\bar{x}\in\bigcap\limits_{y\in L}S_y$,从而知 $\sup\limits_{y\in L}\varphi(\bar{x},y)\leqslant v$.证毕.

3.1.2 均衡定理

所谓一个从 Banach 空间 X 到 X 的 usc 闭凸集值映射 F 的一个满足约束 K 的均衡是指包含 $0\in F(x)$ 的一个属于给定闭子集 K 的解.这里的给定约束的集 K 至少要求是凸紧的,才能保证用不动点定理导出均衡的存在性.

设 K 为凸紧集, $x\in K$,记由 $K-x$ 张成的闭凸锥为

$$T_K(x)=\overline{\bigcup_{h>0}\frac{K-x}{h}},$$

称为 K 在 x 的切锥.

子集 $K\subset X$ 称为映射 $F:X\to p_0(X)$ 的可行定义域是指

$$F(x)\cap T_K(x)\neq\varnothing,\quad\forall x\in K.$$

即 $\forall x\in K$,至少存在一个方向 $v\in F(x)$ 在 x 点与 K 相切.

定理 3.1.3(均衡定理) 设 X 为 Banach 空间, $F:X\to p_0(X)$ 为闭凸集值 husc 映射.若 $K\subset X$ 为 F 的一个凸紧可行定义域,则 K 有 F 的一个均衡.

证明 我们假设 $\forall x\in K$, $0\notin F(x)$.因为 $F(x)$ 为闭凸集,由 Hahn-Banach 分离定理, $\exists p_x\in X^*$ 使得 $\sigma(F(x),p_x)=\sup\limits_{y\in F(x)}\langle p_x,y\rangle<0$.

$\forall p\in X^*$,记

$$V_p=\{x\in K\mid\sigma(F(x),p)<0\}.$$

由 F 的 husc 性知 V_p 为开集,又由 $0\notin F(x)$, $\forall x\in K$ 知, $\{V_p\mid p\in X^*\}$ 为 K 的

开覆盖,从而有有限子覆盖$\{V_{p_1},\cdots,V_{p_n}\}$.设$\{\alpha_i:K\to[0,1]\mid i=1,\cdots,n\}$为从属于$\{V_{p_1},\cdots,V_{p_n}\}$的单位分解.定义函数$\varphi:K\times K\to\boldsymbol{R}$为

$$\varphi(x,y)=\sum_{i=1}^{n}\alpha_i(x)\langle p_i,x-y\rangle,$$

则$\varphi(x,y)$关于x连续,关于y是仿射的,从而满足樊畿不等式的条件.故存在$\bar{x}\in K$使得对$\bar{p}=\sum_{i=1}^{n}\alpha_i(\bar{x})p_i$有

$$\varphi(\bar{x},y)=\langle\bar{p},\bar{x}-y\rangle\leqslant 0,\quad\forall y\in K.$$

这表明$-\bar{p}$属于K在$\bar{x}$的极锥$T_K(\bar{x})^-$(定义见定理1.5.16).

因K为F的可行定义域,所以$\exists v\in F(\bar{x})\cap T_K(\bar{x})$,因此

$$\sigma(F(\bar{x}),\bar{p})\geqslant\langle\bar{p},v\rangle\geqslant 0.$$

记$I(\bar{x})=\{i=1,\cdots,n\mid\alpha_i(\bar{x})>0\}$,$I(\bar{x})$非空,所以

$$\sigma(F(\bar{x}),\bar{p})\leqslant\sum_{i\in I(\bar{x})}\alpha_i(\bar{x})\sigma(F(\bar{x}),p_i)<0.$$

这因为$\forall i\in I(\bar{x})$,$\alpha_i(\bar{x})>0$,有$\bar{x}\in V_{p_i}$,故有$\sigma(F(\bar{x}),p_i)<0$.这就得到一个矛盾结论.故$\exists\bar{x}\in K$,使$0\in F(\bar{x})$成立.证毕.

定理 3.1.4 (可解性定理) 设X,Y为Banach空间,$K\subset X$为紧凸集,且$F:K\to p_0(Y)$为闭凸集值husc映射.又设$B:K\to L(X,Y)$为连续映射且

$$F(x)\cap\overline{B(x)T_K(x)}\neq\varnothing,\quad\forall x\in K.$$

则

(1) $\exists\bar{x}\in K$使得$0\in F(\bar{x})$,$\bar{x}$为F的均衡.

(2) $\forall y\in K$,$\exists\hat{x}\in K$使得$B(\hat{x})y\in B(\hat{x})\hat{x}+F(\hat{x})$.

证明 我们只要对定理3.1.3的证明略加修改就可以证明F的均衡$\bar{x}\in K$的存在性.这里我们定义$\varphi:K\times K\to\boldsymbol{R}$为

$$\varphi(x,y)=\sum_{i=1}^{n}\alpha_i(x)\langle p_i,B(x)(x-y)\rangle.$$

则樊畿不等式表明$\bar{x}\in K$的存在性使得

$$-B(\bar{x})^*\bar{p}\in T_K(\bar{x})^-.$$

所以,取一列$u_n\in T_K(\bar{x})$使得$B(\bar{x})u_n$收敛于某个

$$v\in F(\bar{x})\cap\overline{B(\bar{x})T_K(\bar{x})},$$

其存在性由定理条件可知.从而推得

$$\begin{aligned}\sigma(F(\bar{x}),\bar{p})\geqslant\langle\bar{p},v\rangle&=\lim_{n\to\infty}\langle\bar{p},B(\bar{x})u_n\rangle\\&=\lim_{n\to\infty}\langle B(\bar{x})^*\bar{p},u_n\rangle\geqslant 0.\end{aligned}$$

这个不等式如同定理3.1.3一样是一个矛盾.从而(1)得证.

现在取 $y \in K$,定义集值映射 $G: X \to p_0(Y)$:

$$G(x) = F(x) + B(x)(x - y)$$

则 G 满足我们定理的条件,所以 G 有一个均衡 $\hat{x} \in K$,它满足

$$B(\hat{x})y \in B(\hat{x})\hat{x} + F(\hat{x}).$$

证毕.

3.1.3 不动点定理

在第二章我们已经对 Kakutani 不动点定理和樊畿不动点定理给出了简短证明,当然在那里它们均依赖于单值映射相应的不动点定理,这已表明这些不动点定理彼此等价.本节前半部分已用 Brouwer 不动点定理证明了樊畿不等式,并以此证明了均衡定理.接下来我们将证明均衡定理蕴含 Kakutani 不动点定理(其实在无限维空间情况称为樊畿不动点定理).而 Kakutani 不动点定理蕴含 Brouwer 不动点定理,从而知本节的主要定理均等价.

定理 3.1.5 (Kakutani-樊畿不动点定理) 设 K 为 Banach 空间 X 的紧凸集,$G: X \to p_0(K)$ 为闭凸集值的 husc 映射,则 G 有一个不动点 $\bar{x} \in K \cap G(\bar{x})$.

证明 记 $F(x) = G(x) - x$,则 F 为闭凸集值 husc 映射.又因为 K 为凸集,所以 $K - x \subset T_K(x)$,而 $G(K) \subset K$,所以有

$$F(x) \subset K - x \subset T_K(x).$$

故知 K 为 F 的一个可行定义域.所以 F 有一个均衡 $\bar{x} \in K$,它就是 G 的不动点.证毕.

3.1.4 Leray-Schauder 定理

由均衡定理,我们可以用 Poincaré 的连续方法推出集值映射的关于平稳点存在的 Leray-Schauder 定理.设 $X = \boldsymbol{R}^n$,$K \subset \boldsymbol{R}^n$ 为内部非空的紧凸集使得 K 的边界 $\partial K = K \setminus K^0$ 与 K 不同.

定理 3.1.6 (Leray-Schauder 定理) 设 K 为 $\boldsymbol{R}^n$ 中内部非空的紧凸集,$F: [0,1] \times K \to p_0(\boldsymbol{R}^n)$ 为闭凸集值 husc 映射.又假设集值映射 $x \longmapsto F(0,x)$ 满足条件:

(1) $F(0,x) \cap T_K(x) \neq \varnothing$, $\forall x \in \partial K$;

(2) $\forall x \in \partial K$, $\forall \lambda \in [0,1)$, $0 \notin F(\lambda, x)$.

则存在 $\bar{x} \in K$ 使得 $0 \in F(1, \bar{x})$.

证明 记 $N = \partial K$ 为 K 的闭子集,记

$$M = \{x \in K \mid \exists \lambda \in [0,1] \text{ 满足 } 0 \in F(\lambda, x)\}.$$

由条件(1)用均衡定理存在 $\tilde{x} \in K$ 使得 $0 \in F(0, \tilde{x})$,则 $\tilde{x} \in M$.又因为 F 的图像

是闭的,则 M 为闭的.但交 $M\cap N=\varnothing$,其实若 $x\in N$,且 $\lambda\in[0,1)$,则条件(2)表明 $x\notin M$.

考虑连续映射 $\varphi:K\to[0,1]$

$$\varphi(x)=\frac{d(x,N)}{d(x,M)+d(x,N)}.$$

则 φ 在N 上为 0,在 M 上为 1.定义集值映射 $G:K\to p_0(\boldsymbol{R}^n)$为

$$G(x)=F(\varphi(x),x).$$

则显然 G 为闭凸集值 husc 映射,在 $N=\partial K$ 上与$F(0,x)$重合,且满足均衡定理的条件.所以存在 $\bar{x}\in K$ 使得

$$0\in G(\bar{x})=F(\varphi(\bar{x}),\bar{x}).$$

这表明 $\bar{x}\in M$,所以 $\varphi(\bar{x})=1$,因此 $0\in F(1,\bar{x})$.证毕.

注 3.1.7 本节凡关于 Banach 空间的结论均可推广到 Hausdorff 局部凸拓扑线性空间成立.

注 3.1.8 本节主要定理之间的关系是

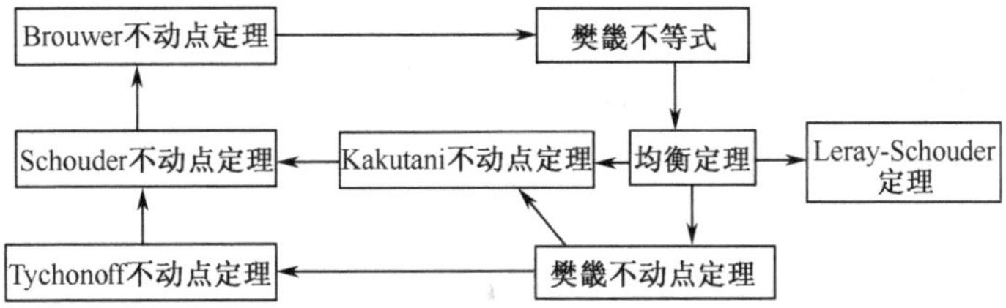

§3.2 Ekeland 变分原理

Ekeland 变分原理是一个非常有用的结论,它给出了下方有界下半连续函数在一点的一个给定邻域内的一个近似极小.

定理 3.2.1 (Ekeland 变分原理) 设 X 为完备度量空间,函数

$$V:X\to\boldsymbol{R}\cup\{+\infty\}$$

是一个下半连续非平凡广义下方有界函数.又设 $x_0\in\mathrm{Dom}(V)$和 $\varepsilon>0$ 被给定.则存在 $\bar{x}\in X$ 使得

(1) $V(\bar{x})+\varepsilon d(x_0,\bar{x})\leqslant V(x_0)$;

(2) $V(\bar{x})<V(x)+\varepsilon d(x,\bar{x}),\ \forall\, x\neq\bar{x}$.

证明 不失一般性,我们取 $\varepsilon=1$,并假设 V 是非负的,需要的话用 $V\text{-}\inf V$ 代替 V 即可.定义集值映射 $F:X\to p_0(X)$为

$$F(x)=\{y\in X\mid V(y)+d(x,y)\leqslant V(x)\},$$

则 $F(x)$为闭集,且 F 为一个预序($y\succ x\Leftrightarrow y\in F(x)$).即有

i) $\forall x \in \mathrm{Dom}(V), x \in F(x)$;(自反性)

ii) $y \in F(x) \Rightarrow F(y) \subset F(x)$.(传递性)

其实 i)显然,对 ii)当 $x \notin \mathrm{Dom}(V)$时显然.由 F 的定义知 $F(x)=X$,所以 ii)成立.当 $x \in \mathrm{Dom}(V)$时,即 $V(x)$有限.设 $y \in F(x)$, $\forall z \in F(y)$,有不等式

$$V(z)+d(y,z) \leqslant V(y) \quad 及 \quad V(y)+d(x,y) \leqslant V(x).$$

用三角不等式我们有 $V(z)+d(x,z) \leqslant V(x)$,即 $z \in F(x)$.故 ii)成立.

现在 $\mathrm{Dom}(V)$上定义函数 g:

$$\forall y \in \mathrm{Dom}(V), \quad g(y)=\inf_{Z \in F(y)} V(Z).$$

显然 $\forall x \in \mathrm{Dom}(V)$有

$$d(x,y) \leqslant V(x)-g(x), \quad \forall y \in F(x).$$

所以 $F(x)$的直径 $\sup\limits_{y,Z \in F(x)} d(y,Z) \leqslant 2(V(x)-g(x))$.

从 x_0 开始定义序列 x_n,取 $x_{n+1} \in F(x_n)$,使得

$$V(x_{n+1}) \leqslant g(x_n)+2^{-n}$$

由传递性 $F(x_{n+1}) \subset F(x_n)$,有

$$g(x_n) \leqslant g(x_{n+1}).$$

另一方面,由不等式 $g(y) \leqslant V(y)$得

$$g(x_{n+1}) \leqslant V(x_{n+1}) \leqslant g(x_n)+2^{-n} \leqslant g(x_{n+1})+2^{-n}.$$

因此有

$$0 \leqslant V(x_{n+1})-g(x_{n+1}) \leqslant 2^{-n}.$$

所以,闭子集 $F(x_n)$的直径收敛于 0.因为$\{F(x_n)\}$是递减闭集列且 X 为完备的,故有

$$\bigcap_{n=0}^{\infty} F(x_n)=\{\bar{x}\}.$$

这蕴含着 $\bar{x} \in F(x_0)$,即不等式(1)成立.又 $\bar{x} \in F(x_n)$,由传递性,$F(\bar{x})$含于所有的$F(x_n)$.故 $F(\bar{x})=\{\bar{x}\}$.从而 $\forall x \neq \bar{x}, x \notin F(\bar{x})$,即有

$$V(x)+d(x,\bar{x})>V(\bar{x}).$$

即不等式(2)成立.证毕.

§3.3 约束反函数定理

本节主要讨论约束问题的求解问题,即约束反函数定理和点态稳定性条件.

3.3.1 单值映射的导数

定义 3.3.1 设 Ω 为赋范空间 X 的开子集,Y 为赋范空间,且

$$f: \Omega \longrightarrow Y$$

为单值映射.我们定义

$$\nabla_h f(x): v \longmapsto (f(x+hv) - f(x))/h$$

为 f 在 x 点的在 v 方向上的微商,其中 $x \in \Omega, v \in x, h > 0$.

若 $h \to 0^+$ 时 $\nabla_h f(x)(v)$ 收敛于一个极限,记为 $df(x)(v)$,则 $df(x)(v)$ 称为 f 在 x 点的在 v 方向上的 Dini 方向导数.

若映射 $v \longmapsto df(x)(v)$ 是线性的且连续,则说 f 在 x 点是 Gâteaux 可微的,且连续线性算子

$$f'(x): v \longmapsto df(x)(v) = f'(x)(v)$$

称为 f 在 x 点的导数.当 f 为实值时,则称 $f'(x) \in X^*$ 为 f 在 x 点的梯度.

进而,若

$$\lim_{y \to x} \frac{f(y) - f(x) - f'(x)(y-x)}{\| y - x \|} = 0,$$

则称 f 在 x 点是 Fréchet 可微的.当导数 $y \longmapsto f'(y)$ 在 x 点连续,则称 f 在 x 点是连续可微的(或 C^1 类).

显然,f 连续可微 $\Rightarrow f$ 是 Fréchet 可微 $\Rightarrow f$ 连续.

3.3.2 约束反函数定理

设 X 为 Banach 空间,Y 为赋范空间,$K \subset X$ 为闭子集,单值映射 $f: X \to Y$ 连续.我们将用 Ekeland 变分原理求解如下形式的"约束问题":

对 $y_0 = f(x_0) \in f(K)$ 的一个邻域内的任一点 y,

$$\text{求 } x \in K \quad \text{使得} \quad f(x) = y.$$

这是"无约束问题",即 $K = X$ 时的 Graves 反函数定理的非线性扩张.这里 Graves 的结论是:若 X, Y 为 Banach 空间,$f: X \to Y$ 连续,在 x_0 的一个邻域内连续可微,且 $f'(x_0)$ 为满射.则集值映射 $y \longmapsto f^{-1}(y)$ 在 $(f(x_0), x_0)$ 周围是伪 Lipschitz 的.

对有约束问题,我们引入 K 的相依锥的概念.K 在 x 点的相依锥 $T_K(x)$ 是子集 $(K-x)/h$ 在 $h \to 0^+$ 时的上极限,即

$$v \in T_K(x) \text{ 当且仅当} \liminf_{h \to 0^+} \frac{d(x+hv, K)}{h} = 0.$$

我们的兴趣不仅在于约束问题的解的存在,而且希望用如下逼近问题的解来逼近它:

$$\text{求 } x_n \in K_n \text{ 使得} f_n(x_n) = y_n,$$

其中 y_n 收敛于 y_0,f_n 收敛于 f,K_n 收敛于 K.

定义 3.3.2 称 f_n 在 $x_0 \in K$ 点和在 K_n 与 f 相容是指存在收敛于 x_0 的元素

$x_{0n}\in K_n$ 使得 $f_n(x_{0n})$ 收敛于 $f(x_0)$.

定理 3.3.3 (Lax 原理)　设 X 为 Banach 空间，Y 为赋范空间，$f_n:X\to Y$ 连续，$K_n\subset X$ 为一列闭子集，x_0 在 K_n 的下极限内，使得 f_n 在 x_0 点在 K_n 上与 $f:X\to Y$ 相容. 假设 f_n 在 x_0 点的一个邻域内 Fréchet 可微，且假定有下述的稳定性假设(又称为横截性假设)：

存在常数 $c>0,\alpha\in[0,1)$ 及 $\eta>0$ 使得

$$\forall x\in K_n\cap B(x_0,\eta),\quad B_Y\subset f_n'(x)(T_{K_n}(x)\cap cB_X)+\alpha B_Y,$$

其中 B_X,B_Y 分别为 X,Y 中的单位开球. 则存在 $l>0$ 及 $\gamma>0$ 使得 $\forall x_{0n}\in B_{K_n}(x_0,\gamma)=B(x_0,\gamma)\cap K_n$ 当满足 $f_n(x_{0n})\in B(f(x_0),\gamma)$ 时，有

$$d(x_{0n},f_n^{-1}(y_n)\cap K_n)\leqslant l\,\|y_n-f_n(x_{0n})\|,\ \forall y_n\in B(f(x_0),\gamma).$$

证明　取 $\rho>0,\varepsilon>0$ 使得

$$\frac{3\rho}{\eta}<\varepsilon<\frac{1-\alpha}{c},$$

且考虑 x_{0n} 满足

$$\|x_{0n}-x_0\|\leqslant\frac{\eta}{3}\quad 及\quad \|f_n(x_{0n})-y_0\|\leqslant\frac{\eta}{3},$$

及 $y_n\in B(f_n(x_{0n}),\rho)$.

在完备度量空间 K_n 上定义函数 $V_n(x)=\|y_n-f_n(x)\|$，用 Ekeland 变分原理，存在 $\hat{x}_n\in K_n$ 使得

i) $\|y_n-f_n(\hat{x}_n)\|+\varepsilon\|\hat{x}_n-x_{0n}\|\leqslant\|y_n-f_n(x_{0n})\|$；

ii) $\forall x_n\in K_n,\ \|y_n-f_n(\hat{x}_n)\|\leqslant\|y_n-f_n(x_n)\|+\varepsilon\|x_n-\hat{x}_n\|$.

由 i)可得

$$\|\hat{x}_n-x_{0n}\|\leqslant\frac{1}{\varepsilon}\|y_n-f_n(x_{0n})\|\leqslant\frac{\rho}{\varepsilon}<\frac{\eta}{3},$$

从而

$$\|\hat{x}_n-x_0\|\leqslant\frac{\eta}{3}+\|x_{0n}-x_0\|\leqslant\frac{2\eta}{3}.$$

稳定性假设表明存在 $u_n\in T_{K_n}(\hat{x}_n)$ 及 $\omega_n\in Y$ 满足

(1) $y_n-f_n(\hat{x}_n)=f_n'(\hat{x}_n)u_n+\omega_n$；

(2) $\|u_n\|\leqslant c\|y_n-f_n(\hat{x}_n)\|$ 及 $\|\omega_n\|\leqslant\alpha\|y_n-f_n(\hat{x}_n)\|$.

由相依锥定义，取 h_p 及 $e_p\in X$ 使得 $h_p\to0^+,e_p\to0$. 由 f_n 为 Fréchet 可微，记 $x_n=\hat{x}_n+h_pu_n+h_pe_p\in K_n$，则有

$$f_n(x_n)=f_n(\hat{x}_n)+h_p(f_n'(\hat{x}_n)(u_n+e_p)+\varepsilon(h_p)),$$

其中 $\varepsilon(h_p)$ 收敛于 0(在 $h_p\to0^+$ 时).

对这些 x_n 用不等式 ii)，则有

$$y_n - f_n(x_n) = (1 - h_p)(y_n - f_n(\hat{x}_n)) + h_p\omega_n - h_p(f_n'(\hat{x}_n)e_p + \varepsilon(h_p)),$$

从而

$$h_p \| y_n - f_n(\hat{x}_n) \| \leqslant h_p \| \omega_n \| + h_p \| f_n'(\hat{x}_n)e_p - \varepsilon(h_p) \| + \varepsilon h_p \| u_n - e_p \|.$$

上式两边同除以 h_p,再取 $h_p \to 0^+$, $e_p \to 0$,则有

$$\| y_n - f_n(\hat{x}_n) \| \leqslant \| \omega_n \| + \varepsilon \| u_n \| \leqslant (\alpha + \varepsilon c) \| y_n - f_n(\hat{x}_n) \|.$$

因为我们已取 ε 使 $\alpha + \varepsilon c < 1$,这就表明 $\hat{x}_n$ 为一个解:

$$\hat{x}_n \in K_n \quad 及 \quad f_n(\hat{x}_n) = y_n,$$

且满足

$$d(x_{0n}, f_n^{-1}(y_n) \cap K_n) \leqslant \| \hat{x}_n - x_{0n} \| \leqslant \frac{1}{\varepsilon} \| y_n - f_n(x_{0n}) \|.$$

由此可得误差估计.

让 $\frac{1}{\varepsilon}$ 收敛于 $\frac{c}{1-\alpha}$,则得估计:

$$d(x_{0n}, f_n^{-1}(y_n) \cap K_n) \leqslant \frac{c}{1-\alpha} \| y_n - f_n(x_{0n}) \|.$$

证毕.

在定理 3.3.3 中,若 $f_n = f$, $K_n = K$ 是不变的,则定理结论表明 f^{-1} 在 $(f(x_0), x_0)$ 是伪 Lipschitz 的,这就是如下结论:

定理 3.3.4 (约束反函数定理) 设 X 为 Banach 空间, Y 为赋范空间, $f: X \to Y$ 连续, $K \subset X$ 的闭子集, $x_0 \in K$.

若 f 在 x_0 点的邻域内 Fréchet 可微,并假定有如下横截性假设:

存在 $c > 0$, $\alpha \in [0,1)$ 及 $\eta > 0$ 使得

$$B_Y \subset f'(x)(T_K(x) \cap (B_X) + \alpha B_Y, \quad \forall x \in K \cap B(x_0, \eta),$$

其中 B_X, B_Y 分别为 X, Y 的单位开球. 则 $f(x_0)$ 属于 $f(K)$ 的内部且集值映射 $y \longmapsto f^{-1}(y) \cap K$ 在 $(f(x_0), x_0)$ 周围伪 Lipschitz.

在定理 3.3.4 中,横截性条件中的常数 $\alpha \in [0,1)$ 是很重要的. 这从下面的点态稳定性条件定理可以看出.

3.3.3 点态稳定性条件

定义 3.3.5 一个闭子集 $K \subset X$ 称为在 $x_0 \in K$ 光滑是指锥值映射

$$x \longmapsto T_K(x), \quad \forall x \in K$$

在 x_0 点下半连续. 称为在 $x_0 \in K$ 一致光滑是指

$$\lim_{x \to x_0} \left(\sup_{u \in T_K(x_0) \cap B_X} d(u, T_K(x)) \right) = 0.$$

定理 3.3.6 (点态反函数定理) 设 X 和 Y 是 Banach 空间, $K \subset X$ 为闭子集,

$f:X\to Y$ 在 $x_0\in K$ 连续可微,假设

$$f'(x_0)T_K(x_0)=Y.$$

1. 若 K 在 x_0 点一致光滑,则 $f(x_0)$ 属于 $f(K)$ 的内部且集值映射

$$y\longmapsto f^{-1}(y)\cap K$$

在 $(f(x_0),x_0)$ 周围伪 Lipschitz.

2. 若 Y 的维数是有限的,则 K 在 x_0 光滑就可以得到与 1 同样的结论.

证明 我们用 x_0 在 K 中的一个闭邻域代替 K,并假设 f 在 K 上连续. 在第四章我们将证明 K 在 x_0 光滑时, $T_K(x_0)$ 必为凸集(见定理 4.1.6)

1. 由 $T_K(x_0)$ 为闭凸锥,用 Robinson-Ursescu 定理(定理 1.6.6),存在 $c>0$ 使得对闭单位球面 S_Y 的任一点 v 存在方程 $f'(x_0)u=v$ 的解 u_0 满足 $\|u_0\|\leqslant c\|v\|$.

因为 K 在 x_0 一致光滑且 f' 在 x_0 连续,所以 $\forall\varepsilon>0$, $\forall\eta>0$, $\forall u_0\in X$ 及 $\forall x\in B_K(x_0,\eta)$,存在 $u\in T_K(x)$ 满足

$$\|u-u_0\|\leqslant\varepsilon\|u_0\|\quad 及\quad \|f'(x)-f'(x_0)\|\leqslant\varepsilon.$$

所以 $\forall v\in S_Y$,可记 $v=f'(x)u+\omega$,其中 $u\in T_K(x)$, $\|u\|\leqslant(1+\varepsilon)c\|v\|$ 及 $\omega=f'(x_0)u_0-f'(x)u$. 因此

$$\|\omega\|\leqslant\varepsilon\|u_0\|(\|f'(x_0)\|+1+\varepsilon)\leqslant\varepsilon c\|v\|(\|f'(x_0)\|+1+\varepsilon),$$

取 ε 充分小并由定理 3.3.4,则结论得证.

2. 若 Y 为有限维,则 S_Y 是紧的. 由 Robinson-Ursescu 定理,存在 $C>0$,对任意的 $v_i\in S_Y$,存在方程 $f'(x_0)u=v_i$ 的解 $u_{0i}\in T_K(x_0)$ 使得 $\|u_{0i}\|\leqslant C\|v_i\|=C$. 固定 $\varepsilon>0$.

因 K 在 x_0 光滑,所以 $\forall v_i$,存在 $\eta_i>0$ 使得 $\forall x\in B_K(x_0,\eta_i)$ 有 $u_i\in T_K(x)$ 满足

$$\|u_i-u_{0i}\|\leqslant\varepsilon\|u_{0i}\|.$$

又 $f'(\cdot)$ 在 x_0 点连续,则存在 $\eta_0>0$ 使得 $\forall x\in B_K(x_0,\eta_0)$, $\|f'(x)-f'(x_0)\|<\varepsilon$.

由 S_Y 紧,我们可以用 p 个球 $B(v_i,\varepsilon)$ 覆盖 S_Y. 记

$$\eta=\min_{0\leqslant i\leqslant p}\eta_i,$$

则 $\forall v\in S_Y$, $\forall x\in B_K(x_0,\eta)$, $\exists u_i\in T_K(x)$ 及 $\omega_i\in Y$ 满足

$$v=f'(x)u_i+\omega_i,\quad \|u_i\|\leqslant C(1+\varepsilon),$$

$$\omega_i=v-v_i+f'(x_0)u_{0i}-f'(x)u_i.$$

由此,

$$\|\omega_i\|\leqslant\varepsilon(1+C\|f'(x_0)\|+(1+\varepsilon)C),$$

当 ε 充分小时用定理 3.3.4 可得结论. 证毕.

§3.4 单调映射与最大单调映射

本节主要介绍单调集值映射和最大单调集值映射的基本性质以及用单值最大单调映射逼近最大单调集值映射的问题. 众所周知, 在经典分析中, 从 $\boldsymbol{R}$ 到 $\boldsymbol{R}$ 的单调函数起着非常重要的作用, 自然我们在集值分析中也要讨论一类与单调函数有着类似性质和重要作用的集值映射. 设 $f:\boldsymbol{R}\longrightarrow\boldsymbol{R}$, 显然 f 为非减函数当且仅当 $\forall x,y\in\boldsymbol{R}$, 有 $(x-y)(f(x)-f(y))\geqslant 0$. 这个条件仅涉及到任两个自变量的数值差与其函数值差的积非负. 这自然想到可将这一条件推广到有内积运算的空间到自身的映射, 或一个空间到其共轭空间的映射. 本节我们总假设空间 X 为 Hilbert 空间, 从而可对 X 到自身的映射引入单调性概念.

3.4.1 单调映射

定义 3.4.1 集值映射 $A:X\to p_0(X)$ 称为单调的, 若它的图像是单调的, 即 $\forall(x,p)\in \mathrm{Graph}(A)$, $\forall(y,q)\in\mathrm{Graph}(A)$, $\langle p-q,x-y\rangle\geqslant 0$.

例 3.4.2 (1) 映射 $A:\boldsymbol{R}\to p_0(\boldsymbol{R})$ 为

$$A(x)=\begin{cases}\{x-1\}, & x<0,\\ \{-1,+1\}, & x=0,\\ \{x+1\}, & x>0\end{cases}$$

为单调映射(见图 3.4.1(a)).

(2) 映射 $A:\boldsymbol{R}\to p_0(\boldsymbol{R})$ 为

$$A(x)=\begin{cases}\{x-1\}, & x<0,\\ [-1,1], & x=0,\\ \{x+1\}, & x>0\end{cases}$$

为单调映射(见图 3.4.1(b)).

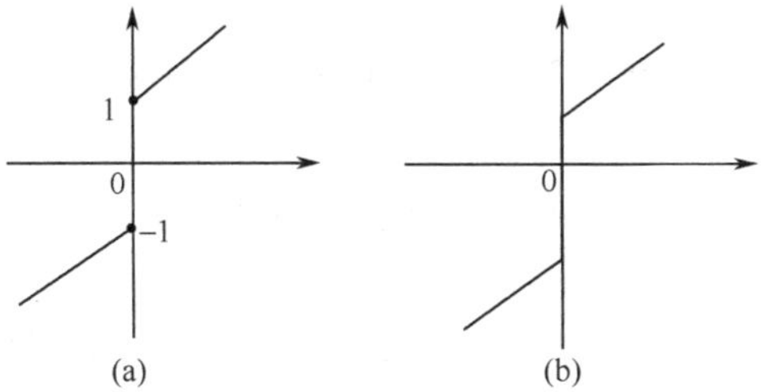

图 3.4.1 单调映射的例子

(3) 从$\boldsymbol{R}$到$\boldsymbol{R}$的非减函数为单调映射.

(4) 设$f:\boldsymbol{R}\to\boldsymbol{R}$为非减函数,定义$A:\boldsymbol{R}\to p_0(\boldsymbol{R})$为

$$A(x)=[f(x-0),f(x+0)].$$

则A为单调映射.

(5) 设$f:\boldsymbol{R}\to\boldsymbol{R}$为非减函数,$\Omega\subset\boldsymbol{R}^n$为开集,$X=L^2(\Omega)$,即$\Omega$上平方可积函数空间,定义$A:X\to p_0(X)$满足

对几乎所有的$\omega\in\Omega$,$A(x(\cdot))(\omega)=f(x(\omega))$.

则A为单调映射.

(6) 在第四章中,我们将会碰到一类重要的单调映射,即凸函数的次微分.

(7) 一个映射A是单调的当且仅当A^{-1}是单调的.

(8) 若A和B都是单调的,$\lambda>0,\mu>0$,则$\lambda A+\mu B$也是单调的.

命题 3.4.3 集值映射$A:X\to p_0(X)$是单调的当且仅当$\forall\lambda>0$,

$$\forall(x,p),(y,q)\in\mathrm{Graph}(A),\ \|x-y\|\leqslant\|x-y+\lambda(p-q)\|.$$

证明 因为

$$\|x-y+\lambda(p-q)\|^2=\|x-y\|^2+\lambda^2\|p-q\|^2+2\lambda\langle p-q,x-y\rangle,$$

所以,若A单调,则显然$\|x-y\|\leqslant\|x-y+\lambda(p-q)\|$成立;反之当条件成立时,则有$\lambda^2\|p-q\|^2+2\lambda\langle p-q,x-y\rangle\geqslant0$.故由$\lambda>0$的任意性知$\langle p-q,x-y\rangle\geqslant0$,即$A$单调.证毕.

在命题3.4.3中并不涉及到内积,故在Banach空间也适用,此时映射A称为增大映射.

命题 3.4.4 设集值映射$A:X\to p_0(X)$,$\forall\lambda>0$,记$J_\lambda=(1+\lambda A)^{-1}:I_m(1+\lambda A)\to p_0(X)$,称为$A$的预解式.当$A$为单调映射时,$J_\lambda$为不放大映射(单值非扩张函数).

证明 设$x\in J_\lambda(u),y\in J_\lambda(v)$,则有

$$u\in x+\lambda A(x),\quad v\in y+\lambda A(y).$$

命题3.4.3表明:

$$\|x-y\|\leqslant\left\|(x-y)+\lambda\left(\frac{u-x}{\lambda}-\frac{v-y}{\lambda}\right)\right\|=\|u-v\|.$$

取$u=v$,则知$J_\lambda(u)$仅含有一个惟一的点,故J_λ为不放大映射.证毕.

3.4.2 最大单调映射

对单调映射A,若$\forall\lambda>0$,$\mathrm{Im}(1+\lambda A)=X$,这样的单调映射是一类重要的映射,即本节介绍的最大单调映射.

定义 3.4.5 单调映射A称为最大的,若不存在其他的单调映射使其图像真

包含 A 的图像.

显然,A 为最大单调映射当且仅当 A^{-1} 为最大单调映射.

又由于一族单调映射的图像为一个递增集族时,它们的并也为一个单调映射的图像.所以由 Zorn 引理,任一个单调映射的图像,必含在一个最大单调映射的图像中.例 3.4.2(2)为最大单调映射的例子.

下面关于最大单调映射的特征提供了一个判定元素 $u\in A(x)$ 有用的可操作的方法.这一特征的证明显然.

命题 3.4.6　映射 A 为最大单调映射的充分必要条件是性质

$$\forall (y,v)\in \mathrm{Graph}(A),\quad \langle u-v,x-y\rangle \geqslant 0$$

等价于 $u\in A(x)$.

命题 3.4.7　设 A 为最大单调映射,则

(1) $\forall x\in X$,象 $A(x)$ 为闭凸集.

(2) A 的图像为强弱闭集,即若 x_n 收敛于 x,$u_n\in A(x_n)$ 弱收敛于 u,则 $u\in A(x)$.

证明　(1) 由命题 3.4.6,

$$A(x)=\bigcap_{(y,v)\in \mathrm{Graph}(A)}\{u\in X\mid \langle u-v,x-y\rangle \geqslant 0\}.$$

这些 $\{u\in X\mid\langle u-v,x-y\rangle\geqslant 0\}$ 为闭半空间,故 $A(x)$ 为闭凸集.

(2) 设 x_n 收敛于 x,$u_n\in A(x_n)$ 弱收敛于 u,$\langle y,v\rangle\in \mathrm{Graph}(A)$,则不等式

$$\langle u_n-v,x_n-y\rangle \geqslant 0$$

蕴含有

$$\langle u-v,x-y\rangle \geqslant 0,$$

所以由命题 3.4.6,$u\in A(x)$.证毕.

命题 3.4.8　若一个单值的单调映射 $A:X\to X$ 限制在有限维向量子空间上是连续的,则 A 是最大单调的.

证明　设 $x\in X$,$u\in X$ 使得

$$\langle u-A(y),x-y\rangle \geqslant 0,\forall y\in X.$$

由命题 3.4.6,要证 A 最大单调,只需证 $u\in A(x)$.

取 $y=x-\lambda(z-x)$,其中 $\lambda\in(0,1)$,$z\in X$,上不等式变为

$$\langle u-A(x-\lambda(z-x)),z-x\rangle \geqslant 0,\quad \forall z\in X.$$

取 $\lambda\to 0$,由 A 在有限维子空间上的连续性知

$$\langle u-A(x),z-x\rangle \geqslant 0,\quad \forall z\in X.$$

这表明 $u=A(x)$.证毕.

定理 3.4.9 (Minty 定理)　单调映射 A 是最大的当且仅当映射 $1+A$ 为满射.

证明　1. 设 $1+A$ 为满射,$x\in X$,$u\in X$ 满足

$$\forall (y,v) \in \mathrm{Graph}(A), \quad \langle u - v, x - y \rangle \geqslant 0.$$

由命题 3.4.6,只需证 $u \in A(x)$,因 $1 + A$ 满射,在上述不等式中,取 $y = y_0$,为解

$$u + x \in y_0 + A(y_0).$$

取 $v_0 \in A(y_0)$ 使 $u + x = y_0 + v_0$,则

$$\| x - y_0 \|^2 = \langle x - y_0, x - y_0 \rangle = -\langle u - v_0, x - y_0 \rangle \leqslant 0.$$

这表明 $x = y_0$,因此

$$u = v_0 \in A(y_0) = A(x).$$

2. 反之,设 A 为最大单调映射. 设 $y \in X$,我们证明存在 x 使得 $y \in x + A(x)$. 为方便起见,取 $y = 0$. 这因为用 $-y + A$ 代替 A,仍为最大单调. 这样只需证存在 $\bar{x}$ 使 $-\bar{x} \in A(\bar{x})$. 由命题 3.4.6,只需证存在 $\bar{x}$ 使

$$\forall (y,v) \in \mathrm{Graph}(A), \quad \langle -\bar{x} - v, \bar{x} - y \rangle \geqslant 0.$$

记 $\varphi(x;(y,v)) = \langle x + v, x - y \rangle$ 或等价地

$$\varphi(x;(y,v)) = \| x \|^2 + \langle x, v - y \rangle - \langle v, y \rangle.$$

我们证明存在 $\bar{x}$ 使得

$$\forall (y,v) \in \mathrm{Graph}(A), \quad \varphi(\bar{x};(y,v)) \leqslant 0.$$

取定 (y_0, v_0) 为 Graph(A) 中任一点,上式的解只要存在,必属于

$$L = \{ x \in \mathrm{Dom}(A) \mid \varphi(x;(y_0,v_0)) \leqslant 0 \}.$$

映射 $x \longmapsto \varphi(x;(y_0,v_0))$ 是二次的,所以

$$\{ x \mid \varphi(x;(y_0,v_0)) \leqslant 0 \}$$

为闭凸有界的,从而是弱紧的. L 为其与 Dom(A) 的交,$\overline{\mathrm{co}}(L)$ 也是弱紧的.

又 $x \longmapsto \varphi(x;(y,v))$ 为凸连续的,所以它们的下截部分是闭凸的,所以是弱闭的. 这表明映射是弱下半连续的.

我们用引理 3.1.2,设 S 为 Graph(A) 的所有有限子集作成的族,则存在 $\bar{x} \in \overline{\mathrm{co}}(L)$,使得

$$\begin{aligned}
&\sup_{(y,v)\in \mathrm{Graph}(A)} \varphi(\bar{x};(y,v)) \\
&\leqslant \sup_{M\in S} \inf_{x\in \overline{\mathrm{co}}(L)} \max_{1\leqslant i\leqslant n} \varphi(x;(y_i,v_i)) \quad (M = \{(y_1,v_1),\cdots,(y_n,v_n)\}) \\
&\leqslant \sup_{M\in S} \inf_{x\in \overline{\mathrm{co}}(y_1,\cdots,y_n)} \max_{1\leqslant i\leqslant n} \varphi(x;(y_i,v_i)) \\
&\leqslant \sup_{M\in S} \inf_{x\in \overline{\mathrm{co}}(y_1,\cdots,y_n)} \sup_{\mu\in B^n} \sum_{j=1}^{n} \mu_j \varphi(x;(y_j,v_j)) \\
&\leqslant \sup_{M\in S} \inf_{\lambda\in B^n} \sup_{\mu\in B^n} \varphi_M(\lambda,\mu)
\end{aligned}$$

其中,对单纯形 B^n 中任意的 λ 和 μ,

$$\varphi_M(\lambda,\mu) = \sum_{j=1}^{n} \mu_j \varphi(\beta(\lambda);(y_j,v_j)) \text{ 及 } \beta(\lambda) = \sum_{i=1}^{n} \lambda_i y_i.$$

φ_M 关于 λ 是连续的,且

$$\varphi_M(\mu,\mu)=\sum_{j,k=1}^{n}\mu_j\mu_k\langle\beta(\mu)+v_j,y_k-y_j\rangle$$
$$=\sum_{j,k=1}^{n}\mu_j\mu_k\langle\beta(\mu),y_k-y_j\rangle+\sum_{j,k=1}^{n}\mu_j\mu_k\langle v_j,y_k-y_j\rangle.$$

第一项由对称性知为 0,第二项可分成两项,且由 A 单调知

$$\sum_{j,k=1}^{n}\mu_j\mu_k\langle v_j,y_k-y_j\rangle$$
$$=\sum_{j,k=1}^{n}\mu_j\mu_k\langle v_j,y_k-y_j\rangle+\sum_{i,l=1}^{n}\mu_i\mu_k\langle -v_i,y_i-y_l\rangle$$
$$=\sum_{i,k=1}^{n}\mu_i\mu_k\langle v_i-v_k,y_k-y_i\rangle\leqslant 0.$$

故 φ_M 满足樊畿不等式的条件.故对所有的 $M\in S$ 有

$$\inf_{\lambda\in B^n}\sup_{\mu\in B^n}\varphi_M(\lambda,\mu)\leqslant 0.$$

所以

$$\forall(y,v)\in\mathrm{Graph}(A),\quad \varphi(\bar{x},(y,v))\leqslant 0.$$

从而知 $\bar{x}$ 为 $0\in\bar{x}+A(\bar{x})$ 的一个解.证毕.

3.4.3 Yosida 逼 近

我们在这一部分证明任一个最大单调映射 A 可以用单值的最大单调映射逼近,这些单值映射称为 A 的Yosida逼近.

定理 3.4.10 设 $A:X\to p_0(X)$ 为最大单调映射,则 $\forall\lambda>0$,预解式 $J_\lambda=(1+\lambda A)^{-1}:X\to X$ 为不放大单值映射,且映射 $A_\lambda=(1-J_\lambda)/\lambda:X\to X$ 满足:

(1) $\forall x\in X, A_\lambda(x)\in A(J_\lambda(x))$;

(2) A_λ 是 Lipschitz 的(常数为 $1/\lambda$),且最大单调.

又记 $m(A(x))\in A(x)$ 为 $A(x)$ 中范数最小的元,则有

$$\|A_\lambda(x)-m(A(x))\|^2\leqslant\|m(A(x))\|^2-\|A_\lambda(x)\|^2$$

且 $\lambda\to 0^+$ 时 $J_\lambda(x)$ 收敛于 x,$A_\lambda(x)$ 收敛于 $m(A(x))$.这里的 A_λ 称为 A 的 Yosida 逼近.

证明 1. 由 Minty 定理,设 x_1,x_2 分别为下列包含

$$y_1\in x_1+\lambda A(x_1)\quad 及\quad y_2\in x_2+\lambda A(x_2)$$

的解,所以 $y_i=x_i+\lambda v_i, v_i\in A(x_i)$.则有

$$\|y_1-y_2\|^2=\|x_1-x_2+\lambda(v_1-v_2)\|^2$$

$$= \| x_1 - x_2 \|^2 + \lambda^2 \| v_1 - v_2 \|^2 + 2\lambda \langle v_1 - v_2, x_1 - x_2 \rangle$$
$$\geqslant \| x_1 - x_2 \|^2 + \lambda^2 \| v_1 - v_2 \|^2,$$

所以

$$\| x_1 - x_2 \| \leqslant \| y_1 - y_2 \| \quad 及 \quad \| v_1 - v_2 \| \leqslant \| y_1 - y_2 \| / \lambda.$$

取 $y_1 = y_2$,则表明解是惟一的.又注意到

$$x_i = J_\lambda(y_i), \quad v_i = A_\lambda(y_i)$$

从而表明 J_λ 和 A_λ 均为 Lipschitz 的(常数分别为 1 和 $1/\lambda$).

2. 由 J_λ 和 A_λ 的定义,

$$A_\lambda(y) = \frac{1}{\lambda}(y - J_\lambda(y)) \in A(J_\lambda(y)), \quad \forall\, y \in X.$$

所以由 $y_i = J_\lambda(y_i) + \lambda A_\lambda(y_i)$ 知

$$\begin{aligned} &\langle A_\lambda(y_1) - A_\lambda(y_2), y_1 - y_2 \rangle \\ &= \langle A_\lambda(y_1) - A_\lambda(y_2), J_\lambda(y_1) - J_\lambda(y_2) \rangle + \lambda \| A_\lambda(y_1) - A_\lambda(y_2) \|^2 \\ &\geqslant \lambda \| A_\lambda(y_1) - A_\lambda(y_2) \|^2 \geqslant 0. \end{aligned}$$

所以 A_λ 为单调的,再由命题 3.3.8 知 A_λ 为最大单调的.

3. 由 A 最大单调知 $m(A(x)) \in A(x)$,且 $A_\lambda(x) \in A(J_\lambda(x))$,所以有

$$\langle A_\lambda(x), m(A(x)) - A_\lambda(x) \rangle = \frac{1}{\lambda} \langle m(A(x)) - A_\lambda(x), x - J_\lambda(x) \rangle \geqslant 0.$$

故

$$\begin{aligned} \| A_\lambda(x) - m(A(x)) \|^2 &= \| A_\lambda(x) \|^2 + \| m(A(x)) \|^2 \\ &\quad - 2\langle A_\lambda(x), m(A(x)) \rangle \\ &= \| m(A(x)) \|^2 - \| A_\lambda(x) \|^2 \\ &\quad - 2\langle A_\lambda(x), m(A(x)) - A_\lambda(x) \rangle \\ &\leqslant \| m(A(x)) \|^2 - \| A_\lambda(x) \|^2. \end{aligned}$$

4. 从而有

$$\| x - J_\lambda(x) \| = \lambda \| A_\lambda(x) \| \leqslant \lambda \| m(A(x)) \|,$$

故 $\lambda \to 0^+$ 时 $J_\lambda(x)$ 收敛于 x.

5. 再证明 $y = A_\lambda(x)$ 为方程 $y \in A(x - \lambda y)$ 的一个解.其实,记 $z = x - \lambda y$,则方程变为 $x \in z + \lambda A(z)$.所以

$$z = J_\lambda(x) \text{ 且 } y = (x - J_\lambda(x))/\lambda = A_\lambda(x).$$

这也表明

$$A_{\mu+\lambda}(x) = (A_\mu)_\lambda(x).$$

其实,$y = A_{\mu+\lambda}(x)$ 为方程 $y \in A(x - \lambda y - \mu y)$ 的一个解.则有 $y = A_\mu(x - \lambda y)$.再对 A_μ 应用前一结论,则 $y = (A_\mu)_\lambda(x)$ 为上方程解.故 $A_{\mu+\lambda}(x) = (A_\mu)_\lambda(x)$.

6. 在 3 中用 A_μ 代替 A,则有由 $m(A_\mu(x))=A_\mu(x)$可得

$$\| A_{\mu+\lambda}(x)-A_\mu(x)\|^2\leqslant \|A_\mu(x)\|^2-\|A_{\mu+\lambda}(x)\|^2.$$

所以 $\|A_\mu(x)\|^2$ 关于 μ 是单调的且 $\|m(A(x))\|^2$ 为上界.故当 $\mu\to0^+$ 时收敛于某个实数 α.这便有

$$\lim_{\lambda,\mu\to0^+}\|A_{\mu+\lambda}(x)-A_\mu(x)\|^2\leqslant\alpha-\alpha=0.$$

所以 $A_\lambda(x)$满足 Cauchy 准则,在 X 中收敛于某个 v.又 $A_\lambda(x)\in A(J_\lambda(x))$,且 Graph($A$)是闭的,故 $v\in A(x)$,同时又有

$$\|v\|=\lim_{\lambda\to0^+}\|A_\lambda(x)\|\leqslant\|m(A(x))\|.$$

故由 $A(x)$闭凸知 $A(x)$的范数最小的元素惟一,知 $v=m(A(x))$.这就证明了 $\forall x\in X, A_\lambda(x)$收敛于 $m(A(x))$.证毕.

第四章　切锥与集值映射的导数

本章主要介绍切锥、集值映射的导数以及扩充实函数的上导数知识，这是现代分析中的主要内容之一，是最优化理论和微分包含理论等学科领域的基础.

§4.1　切　　锥

我们已经在上一章约束均衡的讨论中看到了切锥在其中所起的作用，它在集值映射的导数，特别是在可行性理论和最优化中起着重要的作用. 本节主要介绍切锥的一些基本概念和性质以及主要结果.

4.1.1　子集的切锥

定义 4.1.1(相依锥定义)　设 X 为赋范空间，$K\subset X, x\in\overline{K}$，$K$ 在 x 点的相依锥 $T_K(x)$ 定义为

$$T_K(x)=\left\{v\,\middle|\,\liminf_{h\to0^+}\frac{d_K(x+hv)}{h}=0\right\},$$

其中 $d_K(x+hv)=d(x+hv,K)$ 为 $x+hv$ 到 K 的距离.

显然，$T_K(x)$ 为子集 $\frac{K-x}{h}$ 在 $h\to0^+$ 时的上极限，所以 $T_K(x)$ 为闭锥. 又记

$$S_K(x)=\bigcup_{h>0}\frac{K-x}{h}$$

为 $K-x$ 张成的锥，则 $T_K(x)\subset\overline{S_K(x)}$.

$T_K(x)$ 的一些显然的特征是：

$v\in T_K(x)$ 当且仅当存在 $h_n\to0^+$ 及 $v_n\to v$ 使得 $\forall n, x+h_nv_n\in K$.

当且仅当 $\forall\varepsilon>0,\forall\alpha>0,\exists u\in v+B(0,\varepsilon),\exists h\in(0,\alpha]$，使得 $x+hu\in K$.

当且仅当 $v\in\bigcap_{\varepsilon>0}\bigcap_{\alpha>0}\bigcup_{0<h\leqslant\alpha}\left(\frac{1}{h}(K-x)+B(0,\varepsilon)\right)$.

同时易得：若 $x\in\operatorname{Int}(K)$，则 $T_K(x)=X$.

所以 $\forall x\in X, T_X(x)=X$，我们又记 $T_\varnothing(x)=\varnothing$. 下述命题中结论的证明也是容易的.

命题 4.1.2　(1)若 $K\subset L, x\in\overline{K}$，则 $T_K(x)\subset T_L(x)$.

(2)若 $K_i \subset X, i=1,\cdots,n, x\in \overline{\bigcup_{i=1}^{n} K_i}$,则

$$T_{\bigcup_{i=1}^{n} K_i}(x) = \bigcup_{i\in I(x)} T_{K_i}(x),$$

其中 $I(x)=\{v \mid x\in \overline{K_i}\}$.

(3)若 $K_i \subset X_i, i=1,\cdots,n$,且 $x_i \in \overline{K_i}$,则

$$T_{\prod_{i=1}^{n} K_i}(x_1,\cdots,x_n) \subset \prod_{i=1}^{n} T_{K_i}(x_i)$$

(4)若 $g\in C^1(X,Y), K\subset X, x\in \overline{K}, M\subset Y$,则

$$\overline{g'(x)(T_K(x))} \subset T_{g(K)}(g(x)),$$

$$T_{g^{-1}(M)}(x) \subset g'(x)^{-1} T_M(g(x)).$$

(5)若 $K_i \subset X, i=1,\cdots,n, x\in \overline{\bigcap_{i=1}^{n} K_i}$,则

$$T_{\bigcap_{i=1}^{n} K_i}(x) \subset \bigcap_{i=1}^{n} T_{K_i}(x).$$

定义 4.1.3　设 X 为赋范空间,$K\subset X, x\in \overline{K}$.

(1)K 在 x 点的中间锥或邻切锥 $T_K^b(x)$ 为

$$T_K^b(x) = \left\{ v \,\middle|\, \lim_{h\to 0^+} \frac{d_K(x+hv)}{h} = 0 \right\}.$$

(2)K 在 x 点的 Clarke 切锥 $C_K(x)$ 定义为

$$C_K(x) = \left\{ v \,\middle|\, \lim_{\substack{x'\xrightarrow[K]{} x \\ h\to 0^+}} \frac{d_K(x'+hv)}{h} = 0 \right\}.$$

若 $T_K^b(x)=T_K(x)$,则称 K 在 x 点可导.若 $C_K(x)=T_K(x)$,则称 K 在 x 点是切正则的.

显然,$C_K(x)$,$T_K^b(x)$ 也为闭锥,且有

$$C_K(x) \subset T_K^b(x) \subset T_K(x) \subset \overline{S_K(x)}.$$

K 与 $\overline{K}$ 的这些切锥相重合.另外,若 $x\in \mathrm{Int}(K)$,则 $C_K(x)=X$.

$T_K^b(x)$ 与 $C_K(x)$ 的一些特征是:

$v\in T_K^b(x)$ 当且仅当 $\forall h_n\to 0^+, \exists v_n\to v$ 使得 $\forall n, x+h_n v_n \in K$.

当且仅当 $\forall \varepsilon>0, \exists \alpha>0$,使 $\forall h\in(0,\alpha], \exists u\in v+B(0,\varepsilon)$ 满足 $x+hu \in K$.

当且仅当 $v\in \bigcap_{\varepsilon>0} \bigcup_{\alpha>0} \bigcap_{h\in(0,\alpha]} \left(\frac{1}{h}(K-x)+B(0,\varepsilon) \right)$.

当且仅当 $v\in \liminf_{h\to 0^+} \frac{K-x}{h}$.

$v\in C_K(x)$ 当且仅当 $\forall h_n\to 0^+, \forall x_n \xrightarrow[K]{} x, \exists v_n\to v$,使 $\forall n, x_n+h_n v_n \in K$.

当且仅当 $\forall \varepsilon>0, \exists \alpha>0, \beta>0, \forall h\in(0,\alpha], \forall x'\in B(x,\beta)\cap K, \exists u\in v+B(0,\varepsilon)$满足 $x'+hu\in K$.

当且仅当 $v\in \bigcap_{\varepsilon>0}\bigcup_{\substack{\alpha>0\\ \beta>0}}\bigcap_{\substack{h\in(0,\alpha]\\ x'\in B(x,\beta)\cap K}}\left(\frac{1}{h}(K-x')+B(0,\varepsilon)\right)$.

当且仅当 $v=\liminf_{\substack{h\to 0^+\\ x'\xrightarrow[K]{} x}}\frac{K-x'}{h}$.

命题 4.1.4 K 在点 $x\in\overline{K}$ 的切锥 $C_K(x)$是闭凸锥,且满足

$$C_K(x)+T_K(x)\subset T_K(x) \quad 及 \quad C_K(x)+T_K^b(x)\subset T_K^b(x).$$

证明 设 $v_1, v_2\in C_K(x)$,设 h_n 为收敛于 0 的列,$x_n\in K$ 为收敛于 x 的列,则存在列 $v_{1n}\to v_1$,使 $x_n+h_nv_{1n}\in K$.又因为 $x_{1n}=x_n+h_nv_{1n}$也收敛于 x,故存在 $v_{2n}\to v_2$ 使 $x_{1n}+h_nv_{2n}\in K$,即有

$$x_{1n}+h_nv_{2n}=x_n+h_n(v_{1n}+v_{2n})\in K, \forall n,$$

故有 $v_1+v_2\in C_K(x)$.这就证明了 $C_K(x)$是凸的,$C_K(x)$闭显然.

又设 $v_1\in C_K(x), v_2\in T_K(x)$.由 $v_2\in T_K(x)$,存在 $h_n\to 0^+$ 及 $v_{2n}\to v_2$ 使 $x+h_nv_{2n}\in K, \forall n$.又由 $v_1\in C_K(x)$知,对 $h_n\to 0^+$,取 $x_n=x+h_nv_{2n}\xrightarrow[K]{} x$,存在 $v_{1n}\to v_1$ 使 $x_n+h_nv_{1n}\in K$,故有 $x+h_n(v_{2n}+v_{1n})\in K, \forall n$.故由 $v_{1n}+v_{2n}\to v_1+v_2$知,$v_1+v_2\in T_K(x)$.即有 $C_K(x)+T_K(x)\subset T_K(x)$.

同理,可证 $C_K(x)+T_K^b(x)\subset T_K^b(x)$.证毕.

这一命题表明了 $C_K(x)$的闭凸性以及与 $T_K(x)$和 $T_K^b(x)$的关系,但常常 $C_K(x)$又为平凡锥$\{0\}$.例如,$K=\{(x,y)\in\mathbf{R}^2 \mid \|x\|=\|y\|\}$,则有

$$T_K(0,0)=T_K^b(0,0)=K,但\ C_K(0,0)=\{(0,0)\}.$$

不过,我们可以证明在集值映射 $x\mapsto T_K(x)$下半连续的那些点,$C_K(x)=T_K(x)$.反之,若 $C_K(x)=T_K(x)$,则显然 T_K 在 x 点下半连续.所以,$C_K(x)$又被称为 $T_K(x)$的“正则化”.同定义 3.3.5,引入定义:

定义 4.1.5 设 K 为闭子集,$x_0\in K$.若集值映射 $T_K: K\to p_0(X)$在 x_0 点是 lsc 的,则称 K 在 x_0 点是光滑的.若 K 在其上每一点光滑,则称 K 是光滑的.

若 $T_K^b(x_0)=T_K(x_0)$,则称 K 在 x_0 点可导,若 K 在其上每一点可导,则称 K 是可导的.

定理 4.1.6 设 K 为 Banach 空间 X 的闭子集,$x_0\in K$,则

$$\liminf_{x\xrightarrow[K]{} x_0} T_K(x)\subset C_K(x_0).$$

又若 K 在 x_0 点光滑,则

$$T_K(x_0)\subset \liminf_{x\xrightarrow[K]{} x_0} T_K(x)\subset C_K(x_0)\subset T_K(x_0).$$

即 K 在 x_0 点的相依锥与 Clarke 切锥重合，为闭凸锥.

证明　因为 $\liminf\limits_{x \xrightarrow[K]{} x_0} T_K(x)$ 也是锥，所以只须对 $\liminf\limits_{x \xrightarrow[K]{} x_0} T_K(x)$ 中范数为 1 的元素 v，证明 $v \in C_K(x_0)$ 即可. 对这样的 v，显然 $\forall\, \varepsilon > 0$，$\exists\, N \geqslant 1$，使得

$$\forall\, n \geqslant N, \forall\, z \in B_K\left(x_0, \frac{1}{n}\right), \quad B\left(v, \frac{\varepsilon}{2}\right) \cap T_K(z) \neq \varnothing.$$

假设 $v \notin C_K(x_0)$，则 $\exists\, \varepsilon \in \left(0, \frac{1}{4}\right)$ 及 $x_n \in B\left(x_0, \frac{1}{2n}\right) \cap K$，$h_n \in \left(0, \frac{1}{4n}\right)$，

$$(x_n + h_n B(v, \varepsilon)) \cap K = \varnothing.$$

现取 $n \geqslant N$，记 $\delta = \frac{\varepsilon}{1+\varepsilon}$ 及 $\boldsymbol{Q} = K \cap (x_n + [0, h_n]B(v, \varepsilon)) \neq \varnothing$. 定义 $V: \boldsymbol{Q} \to \boldsymbol{R}$ 为 $V(x) = -\| x - x_n \|$，则 V 在 $\boldsymbol{Q}$ 上连续下方有界. 用 Ekeland 变分原理，$\exists\, z \in \boldsymbol{Q}$ 使得 z 为 δ-极小化问题的解

$$\forall\, x \in \boldsymbol{Q}, \| x - x_n \| \leqslant \| z - x_n \| + \delta \| z - x \|.$$

记 $z = x_n + (1-\alpha) h_n w_n$，

其中 $\alpha \in [0,1]$，$\| w_n - v \| \leqslant \varepsilon$. 由假设知，$\alpha \neq 0$.

由于 $x_n + [0, h_n]B(v, \varepsilon)$ 为凸集，故有

$$\begin{aligned} z + [0, \alpha h_n]B(v, \varepsilon) &= (1-\alpha)(x_n + h_n w_n) + \alpha(x_n + [0, h_n]B(v, \varepsilon)) \\ &\subset x_n + [0, h_n]B(v, \varepsilon). \end{aligned}$$

又由 $x_n \in B\left(x_0, \frac{1}{2n}\right)$，$h_n \in \left(0, \frac{1}{4n}\right)$，且 $\varepsilon \in \left(0, \frac{1}{4}\right)$ 以及

$$\| z - x_n \| \leqslant (1-\alpha) h_n (\| v \| + \varepsilon) = (1-\alpha) h_n (1+\varepsilon)$$

则有

$$\begin{aligned} \| z - x_0 \| &\leqslant \| z - x_n \| + \| x_n - x_0 \| \\ &\leqslant h_n(1+\varepsilon) + \frac{1}{2n} < \frac{1}{n}. \end{aligned}$$

即 $z \in B\left(x_0, \frac{1}{n}\right) \cap K$.

故对 z，有 $u \in B\left(v, \frac{\varepsilon}{2}\right) \cap T_K(z)$. 从而有 $k_p \to 0^+$，$u_p \to u$ 使得 $\forall\, p$，$z + k_p u_p \in K$. 从而对充分大的 p 有 $k_p \in [0, \alpha h_n)$，$u_p \in B(v, \varepsilon/2)$. 所以

$$z + k_p u_p \in x_n + [0, h_n]B(v, \varepsilon).$$

即存在 p 使

$$z + k_p u_p \in \boldsymbol{Q}, u_p \in B(v, \varepsilon).$$

于是在 δ 极小化问题的变分不等式中取 $x = z + k_p u_p = x_n + (1-\alpha) h_n w_n + k_p u_p$ 有

$$((1-\alpha)h_n + k_p) \| w_n \| - k_p \| u_p - w_p \|$$

$$\begin{aligned}&\leqslant \|(1-\alpha)h_n w_n + k_p w_n + k_p(u_p - w_n)\| \\ &= \|(1-\alpha)h_n w_n + k_p u_p\| \\ &= \|x - x_n\| \leqslant \|z - x_n\| + \delta\|z - x\| \\ &= (1-\alpha)h_n\|w_n\| + \delta k_p\|u_p\|.\end{aligned}$$

又由 $\|w_n - v\| \leqslant \varepsilon$ 知，$\|u_p - w_n\| \leqslant 2\varepsilon$. 所以有

$$\begin{aligned}k_p\|w_n\| &\leqslant \delta k_p\|u_p\| + k_p\|u_p - w_n\| \\ &\leqslant k_p(\delta(1+\varepsilon) + 2\varepsilon).\end{aligned}$$

从而有

$$1 - \varepsilon \leqslant \|w_n\| \leqslant \delta(1+\varepsilon) + 2\varepsilon \leqslant 3\varepsilon,$$

所以，有 $\varepsilon \geqslant \frac{1}{4}$. 这与假设 $\varepsilon \in \left(0, \frac{1}{4}\right)$ 矛盾. 故 $v \in C_K(x)$.

余下的. 由 K 在 x_0 光滑知集值映射 T_K 在 x_0 点是 lsc 的，故有

$$T_K(x_0) \subset \liminf_{x \xrightarrow[K]{} x_0} T_K(x).$$

又 $C_K(x_0) \subset T_K(x_0)$ 显然. 故 $T_K(x_0) = C_K(x_0)$ 为闭凸的. 证毕.

其实，在有限维空间，Hilbert 空间或一致光滑 Banach 空间上，定理 4.1.6 的结论还可加强. 本书仅对前两者论述，读者参见文献[3].

定理 4.1.7　设 X 为有限维空间，$K \subset X$ 非空，则

$$C_K(x_0) \subset \liminf_{x \xrightarrow[K]{} x_0} T_K(x_0), \qquad \forall x_0 \in K.$$

证明　因为由 $C_K(x_0)$ 的特征知

$$C_K(x_0) = \bigcap_{\varepsilon>0} \bigcup_{\alpha>0} \bigcup_{\beta>0} \bigcap_{h \in (0,\alpha]} \bigcap_{x \in B(x_0,\beta) \cap K} \left(\frac{1}{h}(K - x) + B(0,\varepsilon)\right).$$

现取定 ε 和 β，显然有

$$\begin{aligned}&\bigcup_{\alpha>0} \bigcap_{h \in (0,\alpha]} \bigcap_{x \in B(x_0,\beta) \cap K} \left(\frac{1}{h}(K - x) + B(0,\varepsilon)\right) \\ &\subset \bigcap_{x \in B(x_0,\beta) \cap K} \bigcup_{\alpha>0} \bigcap_{h \in (0,\alpha]} \left(\frac{1}{h}(K - x) + B(0,\varepsilon)\right).\end{aligned}$$

对任意的

$$v \in \bigcup_{\alpha>0} \bigcap_{h \in (0,\alpha]} \left(\frac{1}{h}(K - x) + B(0,\varepsilon)\right)$$

存在 α，$\forall h \in (0,\alpha]$ 有 x_h 使得

$$v \in \frac{x_h - x}{h} + B(0,\varepsilon).$$

因为 X 为有限维，故 $\frac{x_h - x}{h}$ 必有子列收敛于某个 w，由 $T_K(x)$ 的定义知 $w \in T_K(x)$，故 $v \in T_K(x) + B(0,\varepsilon)$. 所以有

$$C_K(x_0) \subset \bigcap_{\varepsilon>0} \bigcup_{\beta>0} \bigcap_{x \in B(x_0,\beta)\cap K} (T_k(x) + B(0,\varepsilon))$$
$$= \liminf_{x \to_K x_0} T_K(x).$$

证毕.

引理 4.1.8　设 X 为 Hilbert 空间, K 为 X 的弱闭子集, $y \in X$. 记 $\pi_K(y) = \{x \in K \mid \| x - y \| = d(y,K)\}$, 则, $\forall y \notin K$, $\forall x \in \pi_K(y)$, $\forall v \in \overline{\mathrm{co}} T_K(x)$, $\langle y - x, v \rangle \leqslant 0$.

证明　设 $x \in \pi_K(y)$, $v \in T_K(x)$, 则由函数 $u \mapsto \| u \|$ 在 $u \neq 0$ 时可微, 及

$$\| y - x \| - d(x + hv, K) = d(y,K) - d(x + hv, K) \leqslant \| y - x - hv \|$$

知对 $y \neq x$ 有

$$\frac{\langle y - x, v \rangle}{\| y - x \|} = \lim_{h \to 0^+} \frac{\| y - x \| - \| y - x - hv \|}{h}$$
$$\leqslant \liminf_{h \to 0^+} \frac{d_K(x + hv)}{h} = 0.$$

所以 $\langle y - x, v \rangle \leqslant 0$, $\forall v \in T_k(x)$. 当然对 $v \in \overline{\mathrm{co}} T_K(x)$ 也成立. 证毕.

引理 4.1.9　设 X 为 Hilbert 空间, $K \subset X$ 为弱闭集, $y \in X$, 则

$$\liminf_{h \to 0^+} \frac{1}{2h}(d_K(y + hv)^2 - d_K(y)^2) \leqslant d_K(y) d(v, \overline{\mathrm{co}} T_K(\pi_K(y))).$$

证明　设 $x \in \pi_K(y)$, 则由 $d_K(y) = \| y - x \|$ 知

$$\frac{1}{2h}(d_K(y + hv)^2 - d_K(y)^2) \leqslant \frac{1}{2h}(\| y + hv - x \|^2 - \| y - x \|^2).$$

所以有

$$\liminf_{h \to 0^+} \frac{1}{2h}(d_K(y + hv)^2 - d_K(y)^2) \leqslant \langle y - x, v \rangle.$$

由引理 4.1.8, $\forall w \in \overline{\mathrm{co}} T_K(x)$, 有

$$\liminf_{h \to 0^+} \frac{1}{2h}(d_K(y + hv)^2 - d_K(y)^2) \leqslant \langle y - x, v - w \rangle$$
$$\leqslant \| y - x \| \| v - w \| = d_K(y) \| v - w \|.$$

故由 $x \in \pi_K(y)$ 的任意性及 $w \in \overline{\mathrm{co}} T_K(x)$ 的任意性知引理成立. 证毕.

引理 4.1.10　设 X 为 Hilbert 空间, $K \subset X$ 为弱闭集, 考虑 Lipschitz 函数 $f(t) = \frac{1}{2} d_K(x + tv)^2$, 则对几乎所有的 $t \geqslant 0$ 有

$$f'(t) \leqslant d_K(x + tv) d(v, \overline{\mathrm{co}} T_K(\pi_K(x + tv))).$$

这是引理 4.1.9 的明显推论.

定理 4.1.11　设 X 为 Hilbert 空间, $K \subset X$ 为弱闭集, $x_0 \in K$, 则

$$\liminf_{x \to_K x_0} T_K(x) \subset \liminf_{x \to_K x_0} \overline{\mathrm{co}} T_K(x) \subset C_K(x_0).$$

当 X 为有限维时有

$$\liminf_{x \xrightarrow{K} x_0} T_K(x) = \liminf_{x \xrightarrow{K} x_0} \overline{\text{co}}\, T_K(x) = C_K(x_0).$$

集值映射 T_K 在 x_0 点 lsc 当且仅当 $T_K(x_0)=C_K(x_0)$. 这就是为何此时称 K 在 x_0 点光滑的道理.

证明 设 $v_0 \in \liminf_{x \xrightarrow{K} x_0} \overline{\text{co}}\, T_K(x)$. 则 $\forall\, \varepsilon>0$, $\exists\, \eta>0$ 使得 $\forall\, x\in B(x_0,\eta)\cap K$, $v_0\in \overline{\text{co}}\, T_K(x)+B(0,\varepsilon)$. 记 $\alpha=\frac{\eta}{4}$, $\beta=\frac{\eta}{2\|v_0\|}$. 则当 $x\in B(x_0,\alpha)\cap K$, $t\in (0,\beta)$ 时, $\pi_K(x+tv_0)\subset B(x_0,\eta)\cap K$. 记

$$f(t)=\frac{1}{2}d_K(x+tv_0)^2.$$

由引理 4.1.10, 因 $d_K(x+tv_0)\leqslant t\|v_0\|$, 所以

$$\begin{aligned} f'(t) &\leqslant d_K(x+tv_0)d(v_0,\overline{\text{co}}\, T_K(\pi_K(x+tv_0))) \\ &\leqslant \varepsilon d_K(x+tv_0)\leqslant \varepsilon t\|v_0\|. \end{aligned}$$

故 $\forall\, x\in B(x_0,\alpha)\cap K$, $\forall\, h\in(0,\beta]$.

$$\begin{aligned} \frac{1}{h}d_K(x+hv_0)^2 &= f(h)-f(0)=\int_0^h f'(t)dt \\ &\leqslant \varepsilon\|v_0\|\frac{h^2}{2}. \end{aligned}$$

所以

$$\lim_{\substack{x \xrightarrow{K} x_0 \\ h\to 0^+}} \frac{d_K(x+hv_0)}{h}=0.$$

即有 $v_0\in C_K(x_0)$, 从而有

$$\liminf_{x \xrightarrow{K} x_0} T_K(x) \subset \liminf_{x \xrightarrow{K} x_0} \overline{\text{co}}\, T_K(x) \subset C_K(x_0).$$

当 X 为有限维时, 由定理 4.1.7 知, 定理 4.1.11 中等式成立, 及 $T_K(x_0)=C_K(x_0)$ 为 K 在 x_0 光滑的充要条件由定理 4.1.6 知. 证毕.

由定理 4.1.11 和定理 3.3.6 可得如下点态逆映射定理.

定理 4.1.12(点态逆映射定理) 设 X 为 Banach 空间, $K\subset X$ 为闭子集, Y 为有限维空间, $f:X\to Y$ 在点 $x_0\in K$ 附近连续可微, 若

$$f'(x_0)(C_K(x_0))=Y,$$

则集值映射 $y\mapsto f^{-1}(y)\cap K$ 在 $(f(x_0),x_0)$ 周围伪 Lipschitz.

特别地, 我们有如下推论:

推论 4.1.13 若 K 为有限维空间 X 的闭子集, 则 $x_0\in \text{Int}K$ 当且仅当 $C_K(x_0)=X$.

又若 X 为 Banach 空间，则 $x_0 \in \mathrm{Int}(K)$ 当且仅当 $\exists\, \alpha \in [0,1)$ 及 $\eta > 0$ 使得 $\forall\, x \in B(x_0, \eta) \cap K, B_X \subset T_K(x) + \alpha B_X$.

4.1.2　凸集的切锥

当 K 为凸集时，由 $K - x$ 生成的中间锥、相依锥与 Clarke 切锥全部重合，这就是下面定理.

定理 4.1.14(凸集切锥)　设 K 为凸集，则 $T_K(x)$ 是凸的，且

$$C_K(x) = T_K^b(x) = T_k(x) = \overline{S_K(x)}.$$

证明　只须证 $S_K(x) \subset C_K(x)$ 即可.

$$\forall\, v \in S_K(x) = \bigcup_{h>0} \frac{K - x}{h}, \exists\, h > 0,$$

$$\text{使 } y = x + hv \in K. \text{故 } \forall\, t \in [0,h],$$

$$x + tv = \left(1 - \frac{t}{h}\right)x + \frac{t}{h}(x + hv) = \left(1 - \frac{t}{h}\right)x + \frac{t}{h}y.$$

由 K 为凸集及 $x \in K$ 知　$x + tv \in K$.

现对任意的 $h_n \to 0^+$ 及 $x_n \to_K x$，则有 $v_n = (y - x_n)/h \to (y - x)/h = v$，且

$$x_n + h_n v_n = \left(1 - \frac{h_n}{h}\right)x_n + \frac{h_n}{h}y \in K, \forall\, n.$$

故由 $C_K(x)$ 的特征知 $v \in C_K(x)$. 证毕.

对子集 $K \subset X, L \subset X^*$，我们引进(负)极锥 K^- 的概念，记为

$$K^- = \{p \in X^* \mid \forall\, x \in K, \langle p, x\rangle \leqslant 0\},$$

$$L^- = \{x \in X \mid \forall\, p \in L, \langle p, x\rangle \leqslant 0\}$$

定义 4.1.15　设 K 为凸集，记

$$N_K(x) = T_K(x)^- = S_K(x)^-.$$

称为 K 在 x 点的法锥.

命题 4.1.16　对闭凸集 $K, N_K(x) = \{p \in X^* \mid \langle p, x\rangle = \max_{y \in K}\langle p, y\rangle = \sigma_K(p)\}, T_K(x) = N_K(x)^-$.

证明　$\forall\, p \in N_K(x), \forall\, y \in K, y - x \in T_K(x)$. 故 $\langle p, y - x\rangle \leqslant 0$，即 $\langle p, y\rangle \leqslant \langle p, x\rangle$. 反之，若 $\langle p, x\rangle = \sigma_K(p)$，设 $\lambda_n \geqslant 0, y_n \in K, v = \lim_{n\to\infty}\lambda_n(y_n - x) \in T_K(x)$. 故由 $\langle p, \lambda_n(y_n - x)\rangle = \lambda_n\langle p, y_n - x\rangle \leqslant 0$ 知 $\langle p, v\rangle \leqslant 0$. 即 $p \in N_K(x)$. 又 $T_K(x)$ 为闭凸锥，所以 $T_K(x) = N_K(x)^-$. 证毕.

为了借助法锥讨论切锥的性质，我们先给出一个关于负极锥上极限的极锥刻画闭凸锥下极限的结论.

定理 4.1.17　设 $\{K_n\}_{n \in \mathbf{N}}$ 为 Banach 空间 X 中的一列闭凸锥，则

$$\liminf_{n\to\infty} K_n = (\sigma - \limsup_{n\to\infty} K_n^-)^-,$$

其中 $\sigma - \limsup_{n\to\infty} K_n^-$ 表示极锥列的列弱上极限.

证明 设 $x \in \liminf_{n\to\infty} K_n$,则 $\exists\, x_n \in K_n$, $x = \lim_{n\to\infty} x_n$. 设 $p \in \sigma - \limsup_{n\to\infty} K_n^-$ 为子列 $p_{n'} \in K_{n'}^-$ 的弱 * - 极限,则,$\langle p_{n'}, x_{n'}\rangle \leqslant 0$,故有$\langle p, x\rangle \leqslant 0$. 所以

$$x \in (\sigma - \limsup K_n^-)^-.$$

反之,设 $x \in (\sigma - \limsup_{n\to\infty} K_n^-)^-$. 若 $x \notin \liminf_{n\to\infty} K_n^-$,则 $\exists\, \varepsilon > 0$,及子列(不妨仍记为)$K_n$,使得

$$B(x, \varepsilon) \cap K_n = \varnothing, \forall\, n.$$

分离定理表明存在元素 $p_n \in X^*$ 使 p_n 的范数为 1,且

$$\sigma_{K_n}(p_n) \leqslant \langle p_n, x\rangle - \varepsilon \| p_n \| = \langle p_n, x\rangle - \varepsilon.$$

因为 K_n 为锥,所以 $p_n \in K_n^-$ 且 $\sigma_{K_n}(p_n) = 0$. 则 p_n 有子列(不妨仍记为 p_n 弱 * 收敛于 p),$p \in \sigma - \limsup_{n\to\infty} K_n^-$,故$\langle p, x\rangle \leqslant 0$. 又

$$0 \leqslant \langle p_n, x\rangle - \varepsilon$$

表明 $\varepsilon \leqslant 0$ 与 $\varepsilon > 0$ 矛盾,故 $x \in \liminf_{n\to\infty} K_n$. 证毕.

由定理 4.1.11 和定理 4.1.17 的对偶可得

定理 4.1.18 设 X 为有限维空间,$K \subset X$ 为闭集,则

$$N_K(x) = \overline{\mathrm{co}}(\limsup_{y \to_K x} (T_K(y))^-).$$

定理 4.1.19 Banach 空间的任一闭凸子集是光滑的.

证明 首先我们证明映射 $K \ni x \mapsto N_K(x)$在 $X \times X^*$ 中的图像关于范-弱 * 拓扑是闭的.

设 $x_n \in K$, x_n 收敛于x, $p_n \in N_K(x_n)$弱收敛于 p,则由 $\forall\, y \in K$ 有

$$\langle p_n, y\rangle \leqslant \langle p_n, x_n\rangle,$$

知

$$\langle p, y\rangle \leqslant \langle p, x\rangle.$$

故 $p \in N_K(x)$. 所以 $\mathrm{Graph}(\mathrm{N_K})$为闭的.

再由定理 4.1.17 知,$T_K(x)$是下半连续映射. 证毕.

定理 4.1.20(切锥的内部) 设 $K \subset X$ 为内部非空的凸集,则

$$\mathrm{Int}(T_K(x)) = \bigcup_{h>0} \left(\frac{\mathrm{Int}K - x}{h}\right), \forall\, x \in K.$$

进而,集值映射 $K \ni x \mapsto \mathrm{Int}(T_K(x))$的图像是开的.

证明 因为锥 $\bigcup_{h>0} \left(\frac{\mathrm{Int}K - x}{h}\right) \subset S_K(x)$ 为开锥. 又 $\mathrm{Int}(T_K(x)) = \mathrm{Int}(S_K(x))$,故 $\bigcup_{h>0} \left(\frac{\mathrm{Int}K - x}{h}\right) \subset \mathrm{Int}(T_K(x))$. 反之,$\forall\, v \in \mathrm{Int}(S_K(x))$. 设 $\eta > 0$

使得$B(v,\eta)\subset S_K(x)$. 若 $x+v\in \mathrm{Int}K$，则 $v\in \bigcup_{h>0}\left(\frac{\mathrm{Int}K-x}{h}\right)$. 若 $x+v\notin \mathrm{Int}K$，取 $x_0\in \mathrm{Int}K$. 记 $v_0=x_0-x$，则 $v-\frac{\eta}{\|v_0\|}v_0\in S_K(x)$，所以 $\exists h>0$ 使得 $x+h\left(v-\frac{\eta}{\|v_0\|}v_0\right)\in K$. 记 $\alpha=\frac{h\eta}{h\eta+\|v_0\|}$，则

$$x+(1-\alpha)hv=\alpha x_0+(1-\alpha)\left(x+h\left(v-\frac{\eta}{\|v_0\|}v_0\right)\right).$$

因为 $x_0\in \mathrm{Int}K$，$\alpha\in(0,1)$，故 $x+(1-\alpha)hv\in \mathrm{Int}K$. 所以

$$v\in\frac{1}{(1-\alpha)h}(\mathrm{Int}K-x)，即\ v\in\bigcup_{h>0}\left(\frac{\mathrm{Int}K-x}{h}\right).$$

现设 $v_0\in \mathrm{Int}T_K(x_0)$，则 $\exists h_0>0$，$v_0\in\frac{\mathrm{Int}K-x_0}{h_0}$，所以 $\exists \varepsilon>0$ 使

$$B(x_0+h_0v_0,\varepsilon)=x_0+h_0\left(v_0+\frac{\varepsilon}{h_0}B(0,1)\right)\subset \mathrm{Int}K.$$

所以 $\forall x\in x_0+\frac{\varepsilon}{2}B(0,1)$，$\forall v\in v_0+\frac{\varepsilon}{2h_0}B(0,1)$，有

$$x+h_0v\in B(x_0+h_0v_0,\varepsilon)\subset \mathrm{Int}K.$$

所以 $v\in \mathrm{Int}T_K(x)$，即 $x\mapsto \mathrm{Int}T_K(x)$的图像是开的. 证毕.

关于凸集的切锥的运算性质，可在文献[3]中看到，这里仅记录如下：

定理 4.1.21 设 X,Y 为 Banach 空间，$L(X,Y)$为连续线性算子空间，K，K_i，L，M，…均为凸集.

(1)若 $K\subset L\subset X$，则

$$T_K(x)\subset T_L(x),\quad N_L(x)\subset N_K(x).$$

(2)若 $x_i\in K_i\subset X_i$，$i=1,\cdots,n$，则

$$T_{\prod_{i=1}^n K_i}(x_1,\cdots,x_n)=\prod_{i=1}^n T_{K_i}(x_i),N_{\prod_{i=1}^n K_i}(x_1,\cdots,x_n)=\prod_{i=1}^n N_i(x_i).$$

(3)若 $A\in L(X,Y)$，$x\in K\subset X$，则

$$T_{A(K)}(Ax)=\overline{A(T_K(x))},N_{A(K)}(Ax)=A^{*-1}N_K(x).$$

(4)若 $x_i\in K_i\subset X$，$i=1,2$，则

$$T_{K_1+K_2}(x_1+x_2)=\overline{T_{K_1}(x_1)+T_{K_2}(x_2)},$$

$$N_{K_1+K_2}(x_1+x_2)=N_{K_1}(x_1)\cap N_{K_2}(x_2).$$

特别当 $x_2\in P=K_2$，P 为 X 的子空间，则

$$T_{K_1+P}(x_1+x_2)=\overline{T_{K_1}(x_1)+P},$$

$$N_{K_1+P}(x_1+x_2)=N_{K_1}(x_1)\cap P^{\perp}.$$

(5)设 $L\subset X,M\subset Y$ 为闭凸集,$A\in L(X,Y)$ 满足 $0\in \mathrm{Int}(M-A(L))$. 则 $\forall x\in L\cap A^{-1}(M)$ 有

$$T_{L\cap A^{-1}(M)}(x)=T_L(x)\cap A^{-1}T_M(Ax),$$

$$N_{L\cap A^{-1}(M)}(x)=N_L(x)+A^*N_M(Ax).$$

(6)设 $M\subset Y$ 为闭凸集,$A\in L(X,Y)$ 满足 $0\in \mathrm{Int}(\mathrm{Im}(A)-M)$,则 $\forall x\in A^{-1}(M)$,

$$T_{A^{-1}(M)}(x)=A^{-1}T_M(Ax),N_{A^{-1}(M)}(x)=A^*N_M(Ax).$$

(7)设 $K_1,K_2\subset X$ 为闭凸集且 $0\in \mathrm{Int}(K_1-K_2)$,则 $\forall x\in K_1\cap K_2$,

$$T_{K_1\cap K_2}(x)=T_{K_1}(x)\cap T_{K_1}(x),$$

$$N_{K_1\cap K_2}(x)=N_{K_1}(x)+N_{K_2}(x).$$

(8)若 $K_i\subset X$ 是闭凸的,$i=1,\cdots,n$,$0\in \bigcap_{i=1}^n K_i$ 且 $\exists\gamma>0$ 使得 $\forall x_i$,$\|x_i\|\leqslant\gamma$,$\bigcap_{i=1}^n(K_i-x_i)\neq\varnothing$,则

$$T_{\bigcap_{i=1}^n K_i}(x)=\bigcap_{i=1}^n T_{K_i}(x).$$

(9)若 $K\subset X$ 为闭凸锥,则 $N_K(x)=K^-\cap\{x\}^\perp$,即

$v\in T_K(x)$ 当且仅当 $\forall p\in K^-$ 满足 $\langle p,x\rangle\geqslant 0$ 有 $\langle p,v\rangle\leqslant 0$.

又若 K 为闭子空间,则 $T_K(x)=K,N_K(x)=K^\perp$.

(10)设 $A\in L(X,Y),K=A^{-1}(y)$ 为仿射子空间,$Ax=y$,则

$$T_{A^{-1}(y)}(x)=\mathrm{Ker}A.$$

(11)设 B 为 Hilbert 空间 X 的单位球,则

当 $x\in \mathrm{Int}B$ 时 $T_B(x)=X,N_B(x)=\{0\}$.

当 $\|x\|=1$ 时,$T_B(x)=\{x\}^-,N_B(x)=\boldsymbol{R}_+x$.

(12)设 $\sum^n=\left\{x\in\boldsymbol{R}_+^n\,\middle|\,\sum_{i=1}^n x_i=1\right\}$, $I(x)=\{i=1,\cdots,n\mid x_i=0\}$,则

$$T_{\boldsymbol{R}_+^n}(x)=\{v\in\boldsymbol{R}^n\mid\forall i\in I(x),v_i\geqslant 0\},$$

$$T_{\sum^n}(x)=\{v\in\boldsymbol{R}^n\mid\forall i\in I(x),v_i\geqslant 0\text{ 且}\sum_{i=1}^n v_i=0\}.$$

§4.2　集值映射的导数

为了给出集值映射的反函数定理或其他更重要的目的,有必要像微分单值函数一样微分集值映射,怎样才能办到这一点呢?其实思想方法也很简单,我们回忆

一下 Fermat 关于函数的图像在一点的切线思想.

函数 $y=f(x)$在它的图像上一点(x,y)处的关于图像的切线就是过这一点的斜率为$f'(x)$的直线,或把切线说成线性函数 $u\mapsto f'(x)u$ 的图像.

这启发我们对集值映射 F,可以用上一节介绍的子集的切锥来刻画导数,这就是本节关于集值映射的导数的思想.我们像对单值函数一样主要是通过 F 的图像在其上一点处的切锥来刻画导数.

4.2.1 相依导数

定义 4.2.1 设 X,Y 为赋范空间,$F:X\to p_0(Y)$为集值映射,F 在点$(x,y)\in \mathrm{Graph}(F)$的相依导数 $DF(x,y)$是一个从 X 到 Y 的集值映射,其图像

$$\mathrm{Graph}(DF(x,y)) = T_{\mathrm{Graph}(F)}(x,y).$$

即 $v\in DF(x,y)(u)$当且仅当$(u,v)\in T_{\mathrm{Graph}(F)}(x,y)$.

由此可见 $v\in DF(x,y)(u)$当且仅当存在 $h_n\to 0^+,u_n\to u,v_n\to v$ 使得

$$\forall n,\quad (x,y)+h_n(u_n,v_n)\in \mathrm{Graph}(F).$$

当且仅当存在 $h_n\to 0^+,u_n\to u,v_n\to v$ 使得

$$\forall n,\quad v_n\in \frac{F(x+h_nu_n)-y}{h_n}.$$

当且仅当

$$\liminf_{\substack{h\to 0^+\\ u'\to u}} d\left(v,\frac{F(x+hu')-y}{h}\right)=0.$$

当且仅当 $v\in \limsup\limits_{\substack{h\to 0^+\\ u'\to u}}\dfrac{F(x+hu')-y}{h}$.

若 F 为单值函数f,则记 $Df(x)=Df(x,f(x))$.显然 $v=Df(x)(u)$当且仅当

$$\liminf_{\substack{h\to 0^+\\ u'\to u}}\frac{\| f(x+hu')-f(x)-hv\|}{h}=0,$$

且当 f 为C^1 时,$Df(x)(u)=f'(x)(u)$(其实,只要 Fréchet 可微即可).

显然,映射 $DF(x,y)$是一个正齐次集值映射,即为一个过程,且图像是闭的.

又因为$(u,v)\in T_{\mathrm{Graph}(F)}(x,y)$当且仅当$(v,u)\in T_{\mathrm{Graph}(F^{-1})}(y,x)$.故有

$$D(F^{-1})(y,x) = DF(x,y)^{-1}.$$

相依导数又定义了一个集值映射,$\forall (x,y)\in \mathrm{Graph}(F)$

$$\mathrm{Graph}(F):(x,y)\mapsto \mathrm{Graph}(DF(x,y)) = T_{\mathrm{Graph}(F)}(x,y).$$

称 F 在点$(x,y)\in \mathrm{Graph}(F)$光滑,若 $\mathrm{Graph}(F)$在点(x,y)光滑.称 F 在点(x,y)

$\in \mathrm{Graph}(F)$可导，若 $\mathrm{Graph}(F)$在(x,y)可导. 称 F 为光滑的(可导的)，若 F 在 $\mathrm{Graph}(F)$ 上点点光滑(可导).

显然，当 F 在(x,y)光滑时，相依导数 $DF(x,y)$为一个闭凸过程.

命题 4.2.2　设 F 为集值映射，$x_0\in \mathrm{Int\,Dom}(F)$，$y_0\in F(x_0)$，若 F 在x_0 的邻域内是 Lipschitz 映射，则

$v_0\in DF(x_0,y_0)(u_0)$当且仅当

$$\liminf_{h\to 0^+} d\left(v_0,\frac{F(x_0+hu_0)-y_0}{h}\right)=0.$$

又若 Y 为有限维，且 l 为F 在x_0 的 Lipschitz 常数，则

$$\mathrm{Dom}(DF(x_0,y_0))=X,\text{且 } DF(x_0,y_0)\text{ 为 } l\text{-Lipschitz 映射}.$$

证明　对第一个结论，只要注意到当 h 与 $\|u-u_0\|$ 充分小时

$$F(x_0+hu)-y_0\subset F(x_0+hu_0)-y_0+lh\|u-u_0\|B(0,1)$$

即可.

对第二个结论，设 $u_0\in X$，则$\forall h>0$ 当 h 充分小时有

$$y_0\in F(x_0)\subset F(x_0+hu_0)+lh\|u_0\|B(0,1).$$

所以$\exists y_h\in F(x_0+hu_0)$使

$$v_h=\frac{y_h-y_0}{h}\in l\|u_0\|B(0,1).$$

由 Y 有限维知，$l\|u_0\|B(0,1)$是紧的，故 v_h 有一个聚点 v_0. 由前一结论知 $v_0\in DF(x_0,y_0)(u_0)$，即 $\mathrm{Dom}(DF(x_0,y_0))=X$.

又设 $u_1,u_2\in X$，$v_1\in DF(x_0,y_0)(u_1)$，取 $h_n\to 0^+$，$v_{1n}\to v_1$，满足

$$y_0+h_nv_{1n}\in F(x_0+h_nu_1).$$

又设 $z_n\in F(x_0+h_nu_2)$使得对充分大的 n，有

$$\|z_n-y_0-h_nv_{1n}\|\leqslant lh_n\|u_1-u_2\|,$$

则$\dfrac{z_n-y_0}{h_n}$为有界的，故有收敛子列，设收敛于 $v_2\in DF(x_0,y_0)(u_2)$，显然有 $\|v_1-v_2\|\leqslant l\|u_1-u_2\|$. 证毕.

命题 4.2.3　设 $\Omega\subset X$ 为开子集，$x_0\in\Omega$，$f:\Omega\to Y$ 为单值函数在x_0 点周围 Frechet 可微，$K\subset\Omega$，$x_0\in X$，则

$$Df|_K(x_0)(u)=\begin{cases}f'(x_0)u, & u\in T_K(x_0),\\ \varnothing, & u\notin T_K(x_0).\end{cases}$$

证明　设 $u\in T_K(x_0)$，则存在 $h_n\to 0^+$ 及 $u_n\to u$ 使$x_0+h_nu_n\in K$. 因 f 在x_0 周围 Fréchet 可微，所以

$$f|_K(x_0+h_nu_n)=f(x_0+h_nu_n)=f(x_0)+h_n(f'(x_0)u_n+\varepsilon(h_n)),$$

其中 $\varepsilon(h_n) \to 0$. 则 $v_n = f'(x_0)u_n + \varepsilon(h_n)$ 收敛于 $f'(x_0)u$，且 $v_n \in \dfrac{f|_K(x_0+h_nu_n) - f|_K(x_0)}{h_n}$,所以

$$Df|_K(x_0, f(x_0))(u) = f'(x_0)u.$$

命题 4.2.4 设 $\Omega \subset X$ 为开子集,$f:\Omega \to Y$ 为单值函数,$M:X \to p_0(Y)$为集值函数.定义集值映射 $F:X \to p(Y)$:

$$F(x) = \begin{cases} f(x) - M(x), & x \in \Omega, \\ \varnothing, & x \notin \Omega. \end{cases}$$

若 f 在$x \in \Omega \cap \mathrm{Dom}(M)$点 Fréchet 可微,则 $\forall\, y \in F(x)$,

$$DF(x,y)(u) = f'(x)u - DM(x, f(x) - y)(u).$$

证明 设 $v \in DF(x,y)u$,则存在 $h_n \to 0, u_n \to u, v_n \to v$ 使得

$$y + h_nv_n \in f(x + h_nu_n) - M(x + h_nu_n), \forall\, n.$$

因为

$$f(x + h_nu_n) = f(x) + h_n(f'(x)u_n + \varepsilon(h_n)),$$

所以

$$f(x) - y + h_n(f'(x)u_n - v_n + \varepsilon(h_n)) \in M(x + h_nu_n).$$

因此有

$$f'(x)u - v \in DM(x, f(x) - y)(u).$$

反之,设 $f'(x)u - v \in DM(x, f(x) - y)(u)$,则存在 $h_n \to 0, u_n \to u, w_n \to f'(x)u - v$使得

$$f(x) - y + h_nw_n \in M(x + h_nu_n).$$

因此存在 $\varepsilon(h_n) \to 0$ 使 $v_n = f'(x)u - \varepsilon(h_n) - w_n \to v$,且满足

$$y + h_nv_n \in f(x + h_nu_n) - M(x + h_nu_n).$$

故 $v \in DF(x,y)(u)$. 证毕.

在命题 4.2.4 中若假设 f 是局部 Lipschitz 函数或 Gâteaux 可微函数,则结论仍成立.将命题 4.2.3 与命题 4.2.4 结合,还可以将命题 4.2.4 的结论推广到限制在一个子集 $L \subset X$ 的结论.

4.2.2 相邻导数与约切导数

我们也可以用邻切锥和 Clarke 切锥引进两种更具图解式的导数.

定义 4.2.5 设 X, Y 为赋范空间,$F:X \to p_0(Y)$为集值映射,$y \in F(x)$.

(1)相邻导数 $D^bF(x,y)$是一个从 X 到 Y 的集值映射,其图像为

$$\mathrm{Graph}(D^bF(x,y)) = T^b_{\mathrm{Graph}(F)}(x,y).$$

(2)约切导数 $CF(x,y)$是一个从 X 到 Y 的集值映射,其图像为

$$\mathrm{Graph}(CF(x,y)) = C_{\mathrm{Graph}(F)}(x,y).$$

$CF(x,y)$又直接称为导数.

显然,这些导数都是闭过程,且 $CF(x,y)$总是闭凸过程,同时又有

$$CF(x,y)(u) \subset D^bF(x,y)(u) \subset DF(x,y)(u), \forall u.$$

由定义可见,$v \in D^bF(x,y)(u)$当且仅当$(u,v) \in T^b_{\mathrm{Graph}(F)}(x,y)$.
当且仅当

$$\forall h_n \to 0^+, \exists u_n \to u, v_n \to v, \text{使得}(x,y) + h_n(u_n,v_n) \in \mathrm{Graph}(F)$$

当且仅当$\forall h_n \to 0^+, \exists u_n \to u, v_n \to v$ 使得$\forall n$,

$$v_n \in \frac{F(x+h_nu_n)-y}{h_n}, \text{即 } y + h_nv_n \in F(x+h_nu_n).$$

当且仅当$\forall \varepsilon_1 > 0, \varepsilon_2 > 0, \exists \alpha > 0$,使得$\forall h \in (0,\alpha], \exists u' \in u + B(0,\varepsilon_1), v' \in v + B(0,\varepsilon_2)$使得$(x,y) + h(u',v') \in \mathrm{Graph}(F)$,即

$$v' \in \frac{F(x+hu')-y}{h},$$

即

$$y + hv' \in F(x+hu').$$

$$v \in CF(x,y)(u), \text{当且仅当}(u,v) \in C_{\mathrm{Graph}(F)}(x,y).$$

当且仅当$\forall h_n \to 0^+, \forall (x_n,y_n) \xrightarrow[\mathrm{Graph}(F)]{} (x,y), \exists u_n \to u, v_n \to v$,使得$\forall n$,

$$(x_n,y_n) + h_n(u_n,v_n) \in \mathrm{Graph}(F)$$

当且仅当$\forall h_n \to 0^+, \forall (x_n,y_n) \xrightarrow[\mathrm{Graph}(F)]{} (x,y), \exists u_n \to u, v_n \to v$,使得$\forall n$,

$$v_n \in \frac{F(x_n+h_nu_n)-y_n}{h_n}, \text{即 } y_n + h_nv_n \in F(x_n+h_nu_n).$$

当且仅当$\forall \varepsilon_1 > 0, \varepsilon_2 > 0, \exists \alpha > 0, \beta > 0$,使得$\forall h \in (0,\alpha], \forall (x',y') \in B((x,y),\beta) \cap \mathrm{Graph}(F), \exists u' \in B(u,\varepsilon_1), v' \in B(v,\varepsilon_2)$.满足

$$(x',y') + h(u',v') \in \mathrm{Graph}(F),$$

即

$$v' \in \frac{F(x'+hu')-y'}{h},$$

即

$$y' + hv' \in F(x'+hu').$$

为了进一步用微商的极限刻画相邻导数和约切导数,我们引进二元函数的上-下极限(或称为 Γ-收敛)的概念.

定义 4.2.6 设 L, M 为度量空间,$\varphi: L \times M \to \boldsymbol{R}$ 为二元函数,记 φ 的上-下极限为

$$\limsup_{x'\to x}\inf_{y'\to y}\varphi(x',y')=\sup_{\varepsilon>0}\inf_{\eta>0}\sup_{x'\in B(x,\eta)}\inf_{y'\in B(y,\varepsilon)}\varphi(x',y').$$

对集值映射 F,我们记$(x',y')\to_F(x,y)$为$(x',y')\to_{\mathrm{Graph}(F)}(x,y)$.从而我们可得相邻导数和约切导数的微商极限刻画.

命题 4.2.7 设$(x,y)\in\mathrm{Graph}(F)$,则

(1)$v\in D^bF(x,y)(u)$当且仅当

$$\limsup_{h\to 0^+}\inf_{u'\to u}d\left(v,\frac{F(x+hu')-y}{h}\right)=0$$

和

$$v\in CF(x,y)(u)\text{ 当且仅当}$$

$$\limsup_{\substack{h\to 0^+\\(x',y')\to_F(x,y)}}\inf_{u'\to u}d\left(v,\frac{F(x'+hu')-y'}{h}\right)=0.$$

(2)若 F 在 x 点的邻域内 Lipschitz,则上式变为

$$v\in D^bF(x,y)(u)\text{ 当且仅当}\lim_{h\to 0^+}d\left(v,\frac{F(x+hu)-y}{h}\right)=0.$$

$$v\in CF(x,y)(u)\text{ 当且仅当}\lim_{\substack{h\to 0^+\\(x',y')\to_F(x,y)}}d\left(v,\frac{F(x'+hu)-y'}{h}\right)=0.$$

证明 1. 由 $v\in D^bF(x,y)(u)$的等价描述可知

$$v\in D^bF(x,y)(u)$$

当且仅当

$$\sup_{\varepsilon_1>0}\inf_{\alpha>0}\sup_{h\in(0,\alpha]}\inf_{u'\in B(u,\varepsilon_1)}d\left(v,\frac{F(x+hu')-y}{h}\right)=0,$$

即

$$\limsup_{h\to 0^+}\inf_{u'\to u}d\left(v,\frac{F(x+hu')-y}{h}\right)=0,$$

$$v\in CF(x,y)(u)$$

当且仅当

$$\sup_{\varepsilon_1>0}\inf_{\substack{\alpha>0\\\beta>0}}\sup_{\substack{h\in(0,\alpha]\\(x',y')\in B((x,y),\beta)\cap\mathrm{Graph}(F)}}\inf_{u'\in B(u,\varepsilon_1)}d\left(v,\frac{F(x'+hu')-y'}{h}\right)=0,$$

即

$$\limsup_{\substack{h\to 0^+\\(x',y')\to_F(x,y)}}\inf_{u'\to u}d\left(v,\frac{F(x'+hu')-y'}{h}\right)=0.$$

2. 设 F 在x_0 周围是 Lipschitz 映射,常数为 l,从而

$$\left|\inf_{u'\in B(u,\varepsilon_1)}d\left(v,\frac{F(x+hu')-y}{h}\right)-d\left(v,\frac{F(x+hu)-y}{h}\right)\right|\leqslant l\varepsilon_1,$$

及

$$\left|\inf_{u'\in B(u,\varepsilon_1)} d\left(v,\frac{F(x'+hu')-y'}{h}\right)-d\left(v,\frac{F(x'+hu)-y'}{h}\right)\right|\leqslant l\varepsilon_1.$$

故上述极限式分别变为

$$\inf_{\alpha>0}\sup_{h\in(0,\alpha]} d\left(v,\frac{F(x+hu)-y}{h}\right)=0,$$

及

$$\inf_{\substack{\alpha>0\\ \beta>0}}\sup_{\substack{h\in(0,\alpha]\\ (x',y')\in B((x,y),\beta)\cap\mathrm{Graph}(F)}} d\left(v,\frac{F(x'+hu)-y'}{h}\right)=0.$$

故

$$v\in D^bF(x,y)(u)\ \text{当且仅当}\ \lim_{h\to 0^+} d\left(v,\frac{F(x+hu)-y}{h}\right)=0$$

$$v\in CF(x,y)(u)\ \text{当且仅当}\ \lim_{\substack{h\to 0^+\\ (x',y')\to_F (x,y)}} d\left(v,\frac{F(x'+hu)-y'}{h}\right)=0.$$

证毕.

当 $F=f$ 为单值函数时,记

$$D^bf(x)=D^bf(x,f(x)),Cf(x)=Cf(x,f(x)),$$

且 $D^bf(x)(u)$与 $Cf(x)(u)$是空集或仅为一点,特别

(1)若 f 在 x 是 Fréchet 可微的,则 $D^bf(x)(u)=f'(x)(u)$

(2)若 f 在 x 是连续可微的,则 $Cf(x)(u)=f'(x)(u)$.

这由上命题可以得到.

另外,显然有

$$D^bF(x,y)^{-1}=D^b(F^{-1})(x,y),CF(x,y)^{-1}=C(F^{-1})(x,y).$$

又因为 $CF(x,y)$是闭凸过程,所以它等于自身的二次转置 $CF(x,y)^{**}$,而其转置 $CF(x,y)^*:Y^*\to p(X^*)$称为 F 在(x,y)的上微分,其定义为 $p\in CF(x,y)^*(q)$当且仅当$\forall u\in X,\forall v\in CF(x,y)(u),\langle p,u\rangle-\langle q,v\rangle\leqslant 0$.

同相依导数一样,我们有如下结论:

命题 4.2.8　设 $f:X\to Y$ 为单值函数在 x 点周围连续可微,$K\subset X,x\in K$.则

(1)$D^b(f|K)(x)(u)=\begin{cases}f'(x)(u), & u\in T_K^b(x),\\ \varnothing, & u\notin T_K^b(x);\end{cases}$

(2)$C(f|K)(x)(u)=\begin{cases}f'(x)(u), & u\in C_K(x),\\ \varnothing, & u\notin C_K(x).\end{cases}$

命题 4.2.9　设 Ω 为 X 的开子集,$f:\Omega\to Y$ 为单值映射,集值映射 $M:X\to p(Y)$.定义集值映射 $F:X\to p(Y)$.

$$F(x)=\begin{cases}f(x)-M(x), & x\in\Omega,\\ \varnothing, & x\notin\Omega.\end{cases}$$

若 f 在 $x\in\Omega\cap\mathrm{Dom}(M)$ Fréchet 可微,则 $\forall y\in F(x)$,

$$D^bF(x,y)(u) = f'(x)u - D^bM(x,f(x)-y)(u).$$

若 f 在 $x\in\Omega\cap\mathrm{Dom}(M)$ 连续可微,则 $\forall y\in F(x)$

$$CF(x,y)(u) = f'(x)u - CFM(x,f(x)-y)(u).$$

命题 4.2.10 设 F 为凸值集值映射且在 x 点周围是 Lipschitz 映射,则 $\forall y\in F(x)$,$D^bF(x,y)$ 也为凸值集值映射,且

$$D^bF(x,y)(0) = T_{F(x)}(y),$$

$$D^bF(x,y)(u) + D^bF(x,y)(0) = D^bF(x,y)(u).$$

证明 设 $v_1,v_2\in D^bF(x,y)(u)$,则 $\forall h_n\to 0^+$,$\exists u_{1n}\to u$,$u_{2n}\to u$ 及 $v_{1n}\to v_1$,$v_{2n}\to v_2$ 使得 $\forall n$,

$$y + h_nv_{in} \in F(x+h_nu_{in}),i=1,2.$$

又 F 在 x 是 Lipschitz 映射,所以 $\exists l>0$,$\forall$ 充分大的 n,

$$y \in h_nv_{2n} \in F(x+h_nu_{1n}) + lh_n\|u_{2n}-u_{1n}\|.$$

所以也有 $v_{3n}\to v_2$ 使 $y+h_nv_{3n}\in F(x+h_nu_{1n})$,而 $F(x+h_nu_{1n})$ 为凸集,故 $\forall\lambda\in[0,1]$,

$$y + h_n(\lambda v_{1n} + (1-\lambda)v_{3n}) \in F(x+h_nu_{1n}).$$

而 $\lambda v_{1n}+(1-\lambda)v_{3n}\to\lambda v_1+(1-\lambda)v_2\in D^bF(x,y)(u)$ 故 $D^bF(x,y)(u)$ 为凸集.

由命题 4.2.7,$v\in D^bF(x,y)(0)$ 当且仅当 $d\left(v,\frac{F(x)-y}{h}\right)\to 0$,即当且仅当 $v\in T^b_{F(x)}(y)$. 又 $F(x)$ 是凸的,故 $T^b_{F(x)}(y)=T_{F(x)}(y)$,故当且仅当 $v\in T_{F(x)}(y)$.

因 $0\in D^bF(x,y)(0)$ 显然,故

$$\forall u, D^bF(x,y)(u) \subset D^bF(x,y)(u) + D^bF(x,y)(0).$$

又设 $v\in D^bF(x,y)(u)$,$w\in D^bF(x,y)(0)$. 设 $h_n\to 0$,$v_n\to v$ 使得

$$\forall n,\quad y + h_nv_n \in F(x+h_nu).$$

由 $F(x)$ 的凸性,存在 $w_n\to w$ 使得 $\forall$ 充分大的 n,$y+\sqrt{h_n}w_n\in F(x)$. 由 F 的 Lipschitz 连续性 $\forall n$,以及某些 w'_n 有

$$y+\sqrt{h_n}w'_n \in F(x+h_nu) \text{ 及 } \|w'_n - w_n\| \leqslant l\sqrt{h_n}\|u\|.$$

因此

$$\begin{aligned}
&(1-\sqrt{h_n})(y+h_nv_n) + \sqrt{h_n}(y-\sqrt{h_n}w'_n)\\
&= y + h_n(v_n + w'_n) - \sqrt{h_n}h_nv_n\\
&= y + h_n(v+w) + h_n\varepsilon(h_n)\\
&\in F(x+h_nu),
\end{aligned}$$

其中 $\varepsilon(h_n)\to 0$(在 $h_n\to 0^+$ 时).

故

$$\lim_{h_n \to 0^+} d\left(v + w, \frac{F(x + h_n u) - y}{h_n}\right) = 0,$$

从而知

$$v + w \in D^b F(x, y)(u).$$

4.2.3 单调映射的导数

在第三章§3.4中我们介绍了单调映射和最大单调映射的内容,我们知道 F: $X \to p_0(X)$是单调的当且仅当

$$\forall (x, p), (y, q) \in \text{Graph}(F), \langle p - q, x - y\rangle \geqslant 0.$$

我们还知道对单调映射 F,其预解式 $J = (1 + F)^{-1}$是单值 Lipschitz 函数.这样,我们便可以用其预解式的导数计算 F 的导数.在这里我们要求 X 为 Hilbert 空间,并认同其对偶 X^* 与 X 一致.

命题 4.2.11 设 X 为 Hilbert 空间,对偶 X^* 带有弱 * 拓扑. $F: X \to p(X^*)$是单调的,则 $\forall (x, p) \in \text{Graph}(F)$,相依导数 $DF(x, p)$是半正定的,即

$$\forall (u, r) \in \text{Graph}(DF(x, p)), \langle r, u\rangle \geqslant 0.$$

进而,如下结论等价:

(a) $r \in DF(x, p)(u)$;

(b) $u \in DJ(x + p)(r + u)$.

上述结果对相邻导数和约切导数也成立.

证明 因为 $r \in DF(x, p)(u)$,所以 $\exists h_n \to 0^+$, $u_n \xrightarrow{\text{强}} u$, $r_n \xrightarrow{\text{弱}} r$,使 $p + h_n r_n \in F(x + h_n u_n)$.由单调性.

$$h_n^2 \langle r_n, u_n\rangle = \langle x + h_n u_n - x, p + h_n r_n - p\rangle \geqslant 0,$$

故$\langle r_n, u_n\rangle \geqslant 0$.又$\langle r_n, u_n\rangle \to \langle r, u\rangle$,故$\langle r, u_n\rangle \geqslant 0$.

由 F 单调, $p \in F(x)$当且仅当 $x + p \in (1 + F)(x)$而 $J = (1 + F)^{-1}$,故当且仅当 $x = J(x + p)$.

从而有如下等价的两个结论:

(i) $r + u \in D(1 + F)(x, x + p)(u)$;

(ii) $u \in DJ(x + p, x)(r + u) = DJ(x + p)(r + u)$.

又由命题 4.2.4 知

$$D(1 + F)(x, x + p)(u) = u + DF(x, p)(u).$$

故知结果成立.证毕.

§4.3 集值映射的反函数定理

本节主要是用集值映射的导数讨论集值映射的反函数定理,更一般地是推广非线性约束问题的 Lax 原理(定理 3.3.3)到集值映射.

设 X, Y 为 Banach 空间, $F: X \to p_0(Y)$, $F_n: X \to p_0(Y)$ 为闭映射. 我们的目的由解逼近包含:

"求 $x_n \in X$ 使得 $y_n \in F_n(x_n)$"

来求包含:

"求 $x_0 \in X$ 使得 $y_0 \in F(x_0)$"

的一个解的逼近.

定义 4.3.1 我们称 F_n 在 $(x_0, y_0) \in \mathrm{Graph}(F)$ 是相容的,若存在列

$$(x_{0n}, y_{0n}) \in \mathrm{Graph}(F_n)$$

使得 $x_{0n} \to x_0$ 且 $y_{0n} \to y_0$.

称集值映射族 F_n 在 (x_0, y_0) 周围是稳定的,若 $\exists C > 0$, $\alpha \in [0,1)$ 及 $\eta > 0$ 使得 $\forall (x_n, y_n) \in \mathrm{Graph}(F_n) \cap B((x_0, y_0), \eta)$, $\forall v \in Y$, $\exists u_n \in X$, $w_n \in Y$ 满足

$$v \in DF_n(x_n, y_n)(u_n) + w_n$$

及

$$\| u_n \| \leqslant C \| v \| \text{ 且 } \| w_n \| \leqslant \alpha \| v \|.$$

定理 4.3.2(Lax 原理) 设 X, Y 为 Banach 空间, $F_n: X \to p_0(Y)$ 及 $F: X \to p_0(Y)$ 均为闭映射, $y_0 \in Y$, x_0 为包含 $y_0 \in F(x_0)$ 的一个解.

假设 F_n 在 (x_0, y_0) 点相容,在 (x_0, y_0) 周围稳定,则存在常数 $l > 0$ 使得对任意收敛于 (x_0, y_0) 的列 $(x_{0n}, y_{0n}) \in \mathrm{Graph}(F_n)$,及任意收敛于 y_0 的列 y_n,当 n 充分大时有

$$d(x_{0n}, F_n^{-1}(y_n)) \leqslant l \| y_{0n} - y_n \|.$$

作为一个推论,我们得到如下误差估计:对任意收敛于 y_0 的列 y_n,

$$d(x_0, F_n^{-1}(y_n)) \leqslant l(d((x_0, y_0), \mathrm{Graph}(F_n)) + \| y_0 - y_n \|),$$

所以 x_0 可以用解 $x_n \in F_n^{-1}(y_n)$ 来逼近.

证明 我们用定理 3.3.3(Lax 原理),用 $X \times Y$ 代换那里的 X, $\mathrm{Graph}(F_n)$ 代换 K_n, $X \times Y$ 到 Y 的射影 Π_Y 代换 f_n,则这里的稳定性假设蕴含了定理 3.3.3 中的横截性假设,即, $\forall v \in Y$, $\exists (u_n, v_n) \in T_{\mathrm{Graph}(F_n)}(x_n, y_n)$ 及 $w_n \in Y$ 满足

$$v = v_n + w_n, \max(\| u_n \|, \| v_n \|) \leqslant C \| v \|, \| w_n \| \leqslant \alpha \| v \|.$$

其实,因为集值映射图像在一点的相依锥就是相依导数的图像,故由稳定性假设有上述横截性假设,且可使 $\| v_n \| = \| v - w_n \| \leqslant (1 + \alpha) \| v \|$. 故得证. 证毕.

在上述定理中取 $F_n = F$,则有如下反函数定理:

定理 4.3.3(反函数定理) 设 $F: X \to p_0(Y)$ 为闭映射,$(x_0, y_0) \in \text{Graph}(F)$. 假设 $\exists C > 0, \alpha \in [0,1)$ 及 $\eta > 0$ 使得 $\forall (x, y) \in \text{Graph}(F) \cap B((x_0, y_0), \eta)$, $\forall v \in Y, \exists u \in X, w \in Y$ 使得 $v \in DF(x, y)(u) + w$,且 $\| u \| \leqslant C \| v \|$, $\| w \| \leqslant \alpha \| v \|$. 则 $y_0 \in \text{Int}(\text{Im}(F))$,且 F^{-1} 在 (y_0, x_0) 周围是伪- Lipschitz 的,即:

存在 y_0 的邻域 W,及 x_0 的邻域 U 和 $V(U \subset V)$,且存在 $l > 0$ 使得

$$\forall y \in W, F^{-1}(y) \cap U \neq \varnothing \text{ 且 } \forall y_1, y_2 \in W,$$
$$d(F^{-1}(y_1) \cap U, F^{-1}(y_2) \cap V) \leqslant l \| y_1 - y_2 \|.$$

我们还可以推广 Graves 的点态反函数定理(定理 3.3.6)如下:

定义 4.3.4 我们称 F 在点 $(x_0, y_0) \in \text{Graph}(F)$ 是一致光滑的,若它的图像 $\text{Graph}(F)$ 在 (x_0, y_0) 一致光滑,即若 $(x, y) \underset{F}{\to} (x_0, y_0)$ 时有

$$\sup_{(u,v) \in \text{Graph}(DF(x_0, y_0)) \cap (B(0,1) \times B(0,1))} d((u, v), \text{Graph}(DF(x, y)))$$

收敛于 0.

定理 4.3.5(Graves 定理) 设 X, Y 为 Banach 空间,$F: X \to p_0(Y)$ 为闭映射,$(x_0, y_0) \in \text{Graph}(F)$,假设 $DF(x_0, y_0)$ 为满射.

(1)若 F 在 (x_0, y_0) 一致光滑,则 $y_0 \in \text{Int}(\text{Im}F)$ 且 F^{-1} 在 (y_0, x_0) 周围伪- Lipschitz.

(2)若 Y 为有限维,则 F 在 (x_0, y_0) 光滑就可得到同样结论.

这一证明由定理 3.3.6 可得,与那里的证明完全一样.

定理 4.3.6 设 X, Y 为 Banach 空间,$F: X \to p_0(Y)$ 为闭映射. $(x_0, y_0) \in \text{Graph}(F)$. 设 Y 为有限维且 $CF(x_0, y_0)$ 为满射,则 $y_0 \in \text{Int}(\text{Im}F)$ 且 F^{-1} 在 (y_0, x_0) 周围伪- Lipschitz.

§4.4 扩充实函数的上导数

本节主要借助单值实函数的上图和集值映射的导数建立单值实函数的上导数概念,讨论上导数的性质. 总设 X 为赋范空间.

设 $V: X \to \mathbf{R} \cup \{\pm\infty\}$ 为一个扩充实函数,其定义域记为

$$\text{Dom}(V) = \{x \in X \mid , V(x) \neq \pm \infty\}.$$

设 $\text{Dom}(V) \neq \varnothing$,这时称 V 为不平凡函数,在凸分析和非光滑分析中也称为真函数. V 的上图(见命题 1.6.5)为

$$Ep(V) = \{(x, \lambda) \in X \times \mathbf{R} \mid V(x) \leqslant \lambda\}.$$

若 $Ep(V)$ 是凸的(或一个锥),则 V 为凸的(或正齐次的). 显然,任一个正齐次函

数 V 由于 $V(0)=0$,故必是不平凡的. V 的下图定义为

$$Hp(V)=\{(x,\lambda)\in X\times\boldsymbol{R}\mid V(x)\geqslant\lambda\}=-Ep(-V).$$

可见 V 凹当且仅当 $-V$ 是凸的,当且仅当下图为凸的.

设 $K\subset X$,则定义在 K 上的任一个函数 V 都可被看作一个扩充函数 V_K.

$$V_K(x)=\begin{cases}V(x), & x\in K,\\ +\infty, & x\notin K.\end{cases}$$

作为重要的扩充函数的例子是 K 的指标函数 ψ_K.

$$\psi_K(x)=\begin{cases}0, & x\in K,\\ +\infty, & x\notin K.\end{cases}$$

ψ_K 下半连续当且仅当 K 是闭的,ψ_K 凸当且仅当 K 凸. $V+\psi_K$ 可看作任一个函数 V 在 K 上的限制.

我们总约定 $\inf\varnothing=+\infty$.

对一个上图为闭锥的函数,有如下的结果:

引理 4.4.1 设 $V:X\to\boldsymbol{R}\cup\{\pm\infty\}$,$Ep(V)$是闭的当且仅当

$$\forall x\in X,\quad V(x)=\liminf_{x'\to x}V(x').$$

又假设 $Ep(V)$为闭锥,则下述条件等价:

(1) $\forall x\in X, V(x)>-\infty$;

(2) $V(0)=0$;

(3) $(0,-1)\notin Ep(V)$.

证明 设 $Ep(V)$闭,$\forall x\in X$,因存在 $x_n\to x$,使得

$$\lim_{n\to\infty}V(x_n)=\liminf_{x'\to x}V(x').$$

所以 $\forall\lambda>\liminf\limits_{x'\to x}V(x')$存在 N, $\forall n\geqslant N$, $V(x_n)\leqslant\lambda$,即$(x_n,\lambda)\in Ep(V)$. 因为 $Ep(V)$闭,所以 $V(x)\leqslant\lambda$. 因此 $V(x)\leqslant\liminf\limits_{x'\to x}V(x')$. 反之显然.

又因 $Ep(V)$为锥,则$(0,0)\in Ep(V)$. 所以 $V(0)\leqslant 0$. (2)与(3)等价显然. 现设(1)成立,但 $V(0)<0$,则

$$(0,-1)=\frac{1}{-V(0)}(0,V(0))\in Ep(V),$$

且所有的$(0,-\lambda)\in Ep(V)$,故 $V(0)=-\infty$. 这表明(1)蕴含(2). 反之设 $V(0)=0$,但 $\exists x\in X$, $V(x)=-\infty$,则 $\forall\varepsilon>0$, $\left(x,-\dfrac{1}{\varepsilon}\right)\in Ep(V)$. 所以$(\varepsilon x,-1)\in Ep(V)$. 由 $Ep(V)$闭,取 $\varepsilon\to 0$,则$(0,-1)\in Ep(V)$. 所以 $V(0)<0$. 故(2)蕴含(1). 证毕.

记$\boldsymbol{R}_+=[0,+\infty)$. 对 $V:X\to\boldsymbol{R}\cup\{\pm\infty\}$引入两个集值映射,

$$V_{\uparrow}(x)=\begin{cases}V(x)+\boldsymbol{R}_+, & x\in\mathrm{Dom}(V),\\ \varnothing, & V(x)=+\infty,\\ \boldsymbol{R}, & V(x)=-\infty.\end{cases}$$

和

$$V_{\downarrow}(x)=\begin{cases}V(x)-\boldsymbol{R}_{+}, & x\in \mathrm{Dom}(V),\\ \varnothing, & V(x)=-\infty,\\ \boldsymbol{R}, & V(x)=+\infty.\end{cases}$$

则显然

$$\mathrm{Graph}(V_{\uparrow})=Ep(V),\mathrm{Graph}(V_{\downarrow})=Hp(V).$$

我们考虑 $V_{\uparrow}$ 的相依导数，显然是半直线，即 $\forall \lambda\geqslant V(x)$，$\forall u\in X$，$DV_{\uparrow}(x,\lambda)(u)=\boldsymbol{R}$ 或$[u,+\infty)$，或为$\varnothing$，$\forall x\in \mathrm{Dom}(V)$，$DV_{\uparrow}(x,\lambda)(u)=DV_{\uparrow}(x,\lambda)+\boldsymbol{R}_{+}$记

$$D_{\uparrow}V(x)(u)=\inf\{v\mid v\in DV_{\uparrow}(x,V(x))(u)\}.$$

4.4.1 相依上导数

定义 4.4.2 设 $V:X\to\boldsymbol{R}\cup\{\pm\infty\}$是不平凡的，$x\in \mathrm{Dom}(V)$. 我们称函数 $D_{\uparrow}V(x):X\to\boldsymbol{R}\cup\{\pm\infty\}$：

$$D_{\uparrow}V(x)(u)=\inf\{v\mid v\in DV_{\uparrow}(x,V(x))(u)\},\forall u\in X.$$

为 V 在 x 点的方向 u 上的相依上导数.

称 V 在 x 点相依上可微，若相依上导数不取值 $-\infty$.

称 V 在 x 点上光滑，若 $Ep(V)$在$(x,V(x))$光滑.

命题 4.4.3 设 $V:X\to\boldsymbol{R}\cup\{\pm\infty\}$不平凡，$x\in \mathrm{Dom}(V)$，则

$$D_{\uparrow}V(x)(u)=\liminf_{\substack{h\to 0^{+}\\ u'\to u}}\frac{V(x+hu')-V(x)}{h}.$$

V 在 x 点相依上可微当且仅当$D_{\uparrow}V(0)=(0)$.

证明 首先设 $D_{\uparrow}V(x)(u)<+\infty$，由定义 $\forall\lambda>D_{\uparrow}V(x)(u)$存在 $v\in DV_{\uparrow}(x,V(x))(u)$使 $v<\lambda$. 所以对 $\varepsilon>0$，可取 $h\in(0,\varepsilon)$. $(u',v')\in B((u,v),\varepsilon)$满足 $V(x)+hv'\geqslant V(x+hu')$. 所以

$$\frac{V(x+hu')-V(x)}{h}\leqslant\lambda+\varepsilon.$$

所以

$$\liminf_{\substack{h\to 0^{+}\\ u'\to u}}\frac{V(x+hu')-V(x)}{h}\leqslant D_{\uparrow}V(x)(u).$$

反之，设 $h_n>0$，$h_n\to 0^{+}$，$u_n\to u$，$\lambda_n\geqslant V(x+h_nu_n)$，使得

$$v_n=\frac{\lambda_n-V(x)}{h_n}$$

收敛于

$$v = \liminf_{\substack{h\to 0^+\\ u'\to u}} \frac{V(x+hu')-V(x)}{h}.$$

则$(x+h_nu_n, V(x)+h_nv_n)\in \text{Graph}(V_\uparrow)$. 所以 $v\in DV_\uparrow(x)(u)$,所以

$$\liminf_{\substack{h\to 0^+\\ u'\to u}} \frac{V(x+hu')-V(x)}{h} \geqslant D_\uparrow V(x)(u).$$

当 $D_\uparrow V(x)(u)=+\infty$时,即 $DV_\uparrow(x, V(x))(u)=\varnothing$. 则 $\forall v\in \boldsymbol{R}$, $\forall h_n\to 0^+$及$\forall u_n\to u$ 都有对充分大的n,

$$V(x+h_nu_n)\geqslant V(x)+h_nv.$$

所以

$$\liminf_{\substack{h\to 0^+\\ u'\to u}} \frac{V(x+hu')-V(x)}{h} =+\infty.$$

V 在x 相依上可微当且仅当$D_\uparrow V(x)(0)=0$ 显然. 证毕.

我们也可以用对称的办法定义相依下导数, $\forall x\in \text{Dom}(V)$,

$$\begin{aligned} D_\downarrow V(x)(u) &= -D_\uparrow(-V)(x)(u) \\ &= \limsup_{\substack{h\to 0^+\\ u'\to u}} \frac{V(x+hu')-V(x)}{h}, \forall u\in X. \end{aligned}$$

命题 4.4.4 设 $V: X\to \boldsymbol{R}\cup\{\pm\infty\}$不平凡, $x\in \text{Dom}(V)$,则

$$Ep(D_\uparrow V(x)) = T_{Ep}(V)(x, V(x))$$

为闭锥,当 V 在x 相依上可微时, $D_\uparrow V(x)$是下半连续正齐次的.

进而,

$$\forall w\geqslant V(x), T_{Ep}(V)(x,w)\subset T_{\text{Dom}(V)}(x)\times \boldsymbol{R},$$

且

$$\forall w > V(x), \text{Dom}(D_\uparrow V(x))\times \boldsymbol{R}\subset T_{Ep(V)}(x,w).$$

又若 V 限制在定义域 Dom(V)上是上半连续的,则

$$\forall w > V(x) \qquad T_{Ep(V)}(x,w) = T_{\text{Dom}(V)}(x)\times \boldsymbol{R}.$$

证明 前半部分结论由定义知显然.

(1)设 $w\geqslant V(x)$, $(u,v)\in T_{Ep(V)}(x,w)$,则存在 $h_n\to 0^+$, $u_n\to u$, $v_n\to v$,使得

$$w+h_nv_n\geqslant V(x+h_nu_n).$$

因此 $u\in T_{\text{Dom}(V)}(x)$,故有 $T_{Ep(V)}(x,w)\subset T_{\text{Dom}(V)}(x)\times \boldsymbol{R}$.

(2)设 $u\in \text{Dom}(D_\uparrow V(x))$, $w>V(x)$, $v\in \boldsymbol{R}$,则存在 $h_n\to 0^+$, $u_n\to u$, $v_n\to D_\uparrow V(x)(u)$使得

$$(x+h_nu_n, V(x)+h_nv_n)\in Ep(V).$$

又记

$$\begin{aligned}&(x+h_nu_n, w+h_nv)\\ =\ &(x+h_nu_n, V(x)+h_nv_n)+(0, w-V(x)+h_n(v-v_n)).\end{aligned}$$

因为 h_n 充分小时 $w-V(x)+h_n(v-v_n)>0$，所以 $(x+h_nu_n, w+h_nv)\in Ep(V)$，即有 $(u,v)\in T_{Ep(V)}(x,w)$.

(3)设 $w>V(x)$，$u\in T_{\mathrm{Dom}(V)}(x)$，则存在 $h_n\to 0^+$，$u_n\to u$. 使得

$$V(x+h_nu_n)<+\infty, \forall n$$

因 V 在 Dom(V)上上半连续，故 $\forall\varepsilon\in\left(0,\dfrac{w-V(x)}{2}\right)$，$\exists\eta>0$，使得所有的 $h_n\|u_n\|<\eta$ 有

$$V(x+h_nu_n)\leqslant V(x)+\varepsilon<w-\varepsilon.$$

设 $v\in\boldsymbol{R}$，当 $v\geqslant 0$ 时对任意的 $h_n>0$，当 $v<0$ 时对任意的 $h_n\in\left(0,\dfrac{\varepsilon}{-v}\right)$，不等式 $w-\varepsilon\leqslant w+h_nv$ 蕴含有 $V(x+h_nu_n)\leqslant w+h_nv$，即 $(u,v)\in T_{Ep(V)}(x,w)$. 证毕.

关于相依上导数的如下结论都是从定义可直接得到的.

命题 4.4.5 设 $V: X\to\boldsymbol{R}\cup\{\pm\infty\}$ 为不平凡的，$x\in\mathrm{Dom}(V)$，$K\subset X$

(1)若 V 在 x 点 Fréchet 可微，则 $D_\uparrow V(x)(u)=\langle f'(x),u\rangle$.

(2)若 V 在 $x\in K$ 处 Fréchet 可微，则

$$D_\uparrow(V|_K)(x)(u)=\begin{cases}\langle f'(x),u\rangle, & u\in T_K(x),\\ +\infty, & u\notin T_K(x).\end{cases}$$

(3)若 V 在 x 周围是 Lipschitz 函数，则

$$D_\uparrow V(x)(u)=\liminf_{h\to 0^+}\frac{V(x+hu)-V(x)}{h},$$

且对某个 $l>0$，

$$|D_\uparrow V(x)(u)|\leqslant l\|u\|, \forall u\in X.$$

命题 4.4.6 设 $K\subset X$，则

(1)指标函数 ψ_K 的相依上导数为

$$D_\uparrow(\psi_K)(x)=\psi_{T_K}(x), \forall x\in K.$$

(2) $\forall x\in K$，$T_K(x)=\{v\in X\mid D_\uparrow d_K(x)(v)=0\}$，其中，$d_K: X\to\boldsymbol{R}\cup\{\pm\infty\}$ 为到 K 的距离函数.

(3) $\forall y\in X$，记 $\pi_K(y)=\{z\in K\mid \|y-z\|=d_K(y)\}$ 为 y 在 K 的射影，则当 $\pi_K(y)\neq\varnothing$ 时

$$D_\uparrow d_K(y)(v)\leqslant d(v, T_K(\pi_K(y))).$$

我们可以用相依上导数推广关于极小化问题的 Fermat 定律：

命题 4.4.7 设 $V:X\to\boldsymbol{R}\cup\{+\infty\}$为不平凡扩充函数，$x\in\mathrm{Dom}(V)$为 V 在 X 上的一个局部极小点，则 x 为下变分不等式的一个解：

$$0\leqslant D_{\uparrow}V(x)(u),\ \forall\, u\in X.$$

证明 其实对 $h\to0^+$，$\forall\, u'\in X$，

$$0\leqslant\frac{V(x+hu')-V(x)}{h}.$$

故 $h\to0^+$，$u'\to u$ 时的下极限非负. 证毕.

Fermat 定律的逆一般是不成立的，除非加上凸、伪凸或其他条件. 函数 V 在 $x\in\mathrm{Dom}(V)$伪凸是指，$\forall\, y\in X$，

$$D_{\uparrow}V(x)(y-x)\leqslant V(y)-V(x).$$

由此可知：

命题 4.4.8 若 $V:X\to\boldsymbol{R}\cup\{+\infty\}$在 $x\in\mathrm{Dom}(V)$伪凸且

$$\forall\, u\in X,\quad 0\leqslant D_{\uparrow}V(x)(u).$$

则 x 为 V 的极小值点.

更进一步，也可以给出 Ekeland 变分原理的上微分形式：

定理 4.4.9(Ekeland 定律) 设 X 为 Banach 空间. $V:X\to\boldsymbol{R}\cup\{+\infty\}$为不平凡下半连续下有界函数，$x_0\in\mathrm{Dom}(V)$. 则$\forall\,\varepsilon>0$，$\exists\, x_\varepsilon\in\mathrm{Dom}(V)$满足

(1) $V(x_\varepsilon)+\varepsilon\|x_\varepsilon-x_0\|\leqslant V(x_0)$；

(2) $\forall\, u\in X, 0\leqslant D_{\uparrow}V(x_\varepsilon)(u)+\varepsilon\|u\|$.

证明 由 Ekeland 变分原理，$\exists\, x_\varepsilon\in\mathrm{Dom}(V)$满足(1)且

$$V(x_\varepsilon)=\min_{x\in X}(V(x)+\varepsilon\|x-x_\varepsilon\|).$$

设 $u\in\mathrm{Dom}(D_{\uparrow}V(x_\varepsilon))$. 则$\forall\,\eta>0,\delta>0,\alpha>0$，$\exists\, h\in(0,\alpha]$，$v\in B(u,\delta)$

$$\frac{V(x_\varepsilon+hv)-V(x_\varepsilon)}{h}\leqslant D_{\uparrow}V(x_\varepsilon)(u)+\eta.$$

再由 Ekeland 变分原理，

$$-\varepsilon\delta-\varepsilon\|u\|\leqslant-\varepsilon\|v\|\leqslant\frac{V(x_\varepsilon+hv)-V(x_\varepsilon)}{h}.$$

所以有

$$0\leqslant D_{\uparrow}V(x_\varepsilon)(u)+\varepsilon\|u\|+\varepsilon\delta+\eta.$$

取 $\eta\to0^+$，$\delta\to0^+$，则得到结论. 证毕.

4.4.2 相邻上导数与约切上导数

定义 4.4.10 设 $V:X\to\boldsymbol{R}\cup\{\pm\infty\}$为不平凡扩充函数，$x\in\mathrm{Dom}(V)$. 定义

函数 $D^b_\uparrow V(x):X\to\boldsymbol{R}\cup\{\pm\infty\}$,$C_\uparrow V(x):X\to\boldsymbol{R}\cup\{\pm\infty\}$为

(1)$\forall u\in X, D^b_\uparrow V(x)(u)=\inf\{v\mid v\in D^bV_\uparrow(x,V(x))(u)\}$;

(2)$\forall u\in X, C_\uparrow V(x)(u)=\inf\{v\mid v\in CV_\uparrow(x,V(x))(u)\}$

分别称为 V 在 x 点的 u 方向上的相邻上导数和约切上导数.

这些上导数也可以用微商的极限刻画.

命题 4.4.11 设 $V:X\to\boldsymbol{R}\cup\{\pm\infty\}$不平凡,$x\in\mathrm{Dom}(V)$,则

$$D^b_\uparrow V(x)(u)=\limsup_{h\to 0^+}\inf_{u'\to u}\frac{V(x+hu')-V(x)}{h},$$

$$C_\uparrow V(x)(u)=\lim\sup_{\substack{h\to 0^+\\ x'\to x\\ V(x')<\lambda'\to V(x)}}\inf_{u'\to u}\frac{V(x'+hu')-\lambda'}{h}.$$

自然,当 V 相依上可微时,$D^b_\uparrow V(x)$为下半连续正齐次的,$C_\uparrow V(x)$是下半连续正齐次凸函数.当 V 是 Fréchet 可微和连续可微时,它们分别等于方向导数 $\langle V'(x),u\rangle$.

又设 $K\subset X, x\in K$, V 在 x 点 Fréchet 可微,则

$$D^b_\uparrow(V|_K)(x)(u)=\begin{cases}\langle V'(x),u\rangle, & u\in T^b_K(x),\\ +\infty, & u\notin T^b_K(x).\end{cases}$$

V 在 x 连续可微,则

$$C_\uparrow(V|_K)(x)(u)=\begin{cases}\langle V'(x),u\rangle, & u\in C_K(x),\\ +\infty, & u\notin C_K(x).\end{cases}$$

又设 V 在 $x\in\mathrm{Dom}(V)$周围是 Lipschitz 函数,则

$$D^b_\uparrow V(x)(u)=\limsup_{h\to 0^+}\frac{V(x+hu)-V(x)}{h},$$

$$C_\uparrow V(x)(u)=\limsup_{\substack{h\to 0^+\\ x'\to x}}\frac{V(x'+hu)-V(x')}{h}.$$

进而,对 x 的某个邻域 U,

映射 $U\times X\ni(y,u)\mapsto C_\uparrow V(y)(u)$上半连续.

映射 $u\mapsto C_\uparrow V(x)(u)$在 X 上是 Lipschitz 函数且有

$$C_\uparrow V(x)(-u)=C_\uparrow(-V)(x)(u).$$

当然,也有如下结论:

$$Ep(D^b_\uparrow V(x))=T^b_{Ep(V)}(x,V(x)),$$

$$Ep(C_\uparrow V(x))=C_{Ep(V)}(x,V(x)).$$

设 $x\in K\subset X$,对指标函数有

$$D^b_\uparrow(\psi_K)(x)=\psi_{T^b_K(x)},\quad C_\uparrow(\psi_K)(x)=\psi_{C_K(x)}.$$

又设 $y\in X$, $\pi_K(y)$为 y 在 K 上的射影,则 $\pi_K(y)\neq\varnothing$时有

$$D^{b}_{\uparrow} d_K(y)(v) \leqslant d(v, T^{b}_{K}(\pi_K(y))),$$
$$C_{\uparrow} d_K(y)(v) \leqslant d(v, C_K(\pi_K(y))).$$

4.4.3 广义梯度与次微分

对 $V:X \to \boldsymbol{R} \cup \{\pm\infty\}$，$x \in \mathrm{Dom}(V)$，若 V 在 x 点可微，其梯度 $V'(x)$ 为一个连续线性泛函，即 $V'(x) \in X^*$，即有

$$\langle V'(x), v\rangle = D_{\uparrow} V(x)(v), \forall v \in X.$$

当 V 不可微时，我们将借助于上导数定义次梯度概念.

定义 4.4.12 设 $V:X \to \boldsymbol{R} \cup \{\pm\infty\}$不平凡，$x \in \mathrm{Dom}(V)$，假设 V 在 x 点相依上可微. 定义

$$\partial_0 V(x) = \{p \in X^* \mid \forall v \in X, \langle p, v\rangle \leqslant D_{\uparrow} V(x)(v)\}$$

称为 V 在 x 的次微分或相依广义梯度. $\forall p \in \partial_0 V(x)$称为次梯度.

定义

$$\partial V(x) = \{p \in X^* \mid \forall v \in X, \langle p, v\rangle \leqslant C_{\uparrow} V(x)(v)\}$$

称为 V 在 x 的(Clarke)广义梯度.

自然地，可以看到：

$$p \in \partial_0 V(x) \text{ 当且仅当} (p, -1) \in T_{Ep(V)}(x, V(x))^-,$$
$$p \in \partial V(x) \text{ 当且仅当} (p, -1) \in N_{Ep(V)}(x, V(x)).$$

$\partial_0 V(x)$与$\partial V(x)$都是闭凸集.

其实，我们还可以定义一些其他的凸上导数和广义梯度. 设

$$\delta V(x): X \to \boldsymbol{R} \cup \{\pm\infty\}$$

是下半连续凸正齐次的，且

$$D_{\uparrow} V(x)(u) \leqslant \delta V(x)(u) \leqslant C_{\uparrow} V(x)(u), \forall u \in X.$$

又记

$$\partial_\delta V(x) = \{p \in X^* \mid \forall u \in X, \langle p, u\rangle \leqslant \delta V(x)(u)\},$$

则称 $\delta V(x)$为 V 在 x 的一个凸上导数，若再没有比 $\delta V(x)$真小的凸上导数存在，就称 $\delta V(x)$是极小的，$\partial_\delta V(x)$称为 V 在 x 的 δ-广义梯度.

显然

$$\partial_0 V(x) \subset \partial_\delta V(x) \subset \partial V(x).$$

当 V 在 x 点 Fréchet 可微时

$$D_{\uparrow} V(x)(v) = \langle V'(x), V\rangle \leqslant \delta V(x)(v).$$

次微分$\partial_0 V(x)$就是梯度 $V'(x)$.

当 V 在 x 连续可微时

$$\partial_0 V(x) = \partial_\delta V(x) = \partial V(x) = \{V'(x)\}.$$

我们也可以用广义梯度来描述 Fermat 和 Ekeland 定律

定理 4.4.13(Fermat 定律)　设 $V: X \to \boldsymbol{R} \cup \{+\infty\}$ 为不平凡的扩充函数，$x \in \mathrm{Dom}(V)$ 是 V 的一个局部极小点，则 x 为下列对任何凸上导数均成立的包含的解：

$$0 \in \partial_0 V(x) \subset \partial_\delta V(x) \subset \partial V(x).$$

定理 4.4.14(Ekeland 定律)　设 X 为 Banach 空间，$V: X \to \boldsymbol{R} \cup \{+\infty\}$ 为不平凡的下半连续下有界函数，$x \in \mathrm{Dom}(V)$，假设 V 相依上可微，且 $\delta V(x)$ 为任意凸上导数，则 $\forall \varepsilon > 0$，$\exists x_\varepsilon \in \mathrm{Dom}(V)$ 满足

(1) $V(x_\varepsilon) + \varepsilon \| x_\varepsilon - x \| \leqslant V(x)$;

(2) $0 \in \partial_\delta V(x_\varepsilon) + \varepsilon B_* \subset \partial V(x_\varepsilon) + \varepsilon B_*$.

其中 $B_* = B(0,1) \subset X^*$ 为 X^* 中单位球.

证明　由定理 4.4.9，$\exists x_\varepsilon \in X$ 满足(1)，及

$$\forall v \in X, 0 \leqslant D_\uparrow V(x_\varepsilon)(v) + \varepsilon \| v \|.$$

所以

$$\begin{aligned} 0 &\leqslant \delta V(x_\varepsilon)(v) + \varepsilon \| v \| \\ &= \sigma(\partial_\delta V(x_\varepsilon), v) + \sigma(\varepsilon B_*, v) \\ &= \sigma(\partial_\delta V(x_\varepsilon) + \varepsilon B_*, v), \end{aligned}$$

即有

$$0 \in \partial_\delta V(x_\varepsilon) + \varepsilon B_* \subset \partial V(x_\varepsilon) + \varepsilon B_*.$$

证毕.

定理 4.4.15　设 X 为有限维空间，$V: X \to \boldsymbol{R} \cup \{+\infty\}$ 为下半连续函数，在 $x \in \mathrm{Dom}(V)$ 的一个邻域内相依上可微，则

$$\limsup_{(x', V(x')) \to (x, V(x))} \partial_0 V(x') \subset \partial V(x).$$

证明　设 $x_n \to x$，$V(x_n) \to V(x)$. $p_n \in \partial_0 V(x_n)$，$p_n \to p$，因为

$$(p_n, -1) \in T_{Ep(V)}(x_n, V(x_n))^-$$

由定理 4.1.18，$(p, -1) \in N_{Ep(V)}(x, V(x))$，故 $p \in \partial V(x)$. 证毕.

4.4.4　凸函数的上导数与次微分

我们已知一个扩充函数是凸的(下半连续的)当且仅当它的上图是凸的(闭的)，定义在有限维上的凸函数在其定义域的内部是局部 Lipschitz 函数，定义在 Banach 空间上的下半连续凸函数在其定义域的内部也是局部 Lipschitz 函数. 从而我们有如下结论：

命题 4.4.16 设 $V:X\to\boldsymbol{R}\cup\{+\infty\}$为凸函数,则相依、相邻、约切上导数均相等且等于

$$D_{\uparrow}V(x)(u)=\liminf_{u'\to u}\left(\inf_{h>0}\frac{V(x+hu')-V(x)}{h}\right).$$

进而,若 $x\in\mathrm{Int}(\mathrm{Dom}(V))$,则 $\forall u\in X$,

$$D_{\uparrow}V(x)(u)=\inf_{h>0}\frac{V(x+hu)-V(x)}{h}\text{ 是有限的.}$$

对凸函数 V,广义梯度与次微分重合且

$$\partial V(x)=\{p\in X^*\mid\forall y\in X,\langle p,y-x\rangle\leqslant V(y)-V(x)\}.$$

这样,凸分析的一些基本内容便可由此开始展开讨论,本节在此基础上只就凸分析的基本定理加以介绍,并不严格证明.

定义 4.4.17 设 X 为 Banach 空间,$V:X\to\boldsymbol{R}\cup\{+\infty\}$不平凡,定义共轭函数 $V^*:X^*\to\boldsymbol{R}\cup\{+\infty\}$,

$$V^*(p)=\sup_{x\in X}(\langle p,x\rangle-V(x)),\forall p\in X^*.$$

二次共轭 $V^{**}:X\to\boldsymbol{R}\cup\{+\infty\}$:

$$V^{**}(x)=\sup_{p\in X^*}(\langle p,x\rangle-V^*(p)),\forall x\in X.$$

从定义可知如下著名的 Fenchel 不等式:

$$\forall x\in X,\forall p\in X^*,\langle p,x\rangle\leqslant V(x)+V^*(p).$$

共轭及二次共轭的上图是闭凸集,所以均是下半连续凸函数.同时有

$$V^{**}(x)\leqslant\sup_{p\in X^*}(\langle p-x\rangle-(\langle p,x\rangle-V(x)))\leqslant V(x),\forall x\in X.$$

当等号成立时 V 也是下半连续凸函数,这一结论的逆就是凸分析的第一个基本定理,是 Hahn-Banach 分离定理的一个推论.

定理 4.4.18 一个不平凡函数 $V:X\to\boldsymbol{R}\cup\{+\infty\}$是凸下半连续的当且仅当 $V=V^{**}$,此时 V^*是不平凡的.

证明 设 V 凸下半连续,则 $Ep(V)$是闭凸的.设 $a<V(x)$,则$(x,a)\notin Ep(V)$.故存在连续线性泛函$(p,-\alpha)\in X^*\times\boldsymbol{R}$ 严格分离(x,a)与 $Ep(V)$.所以$\exists\varepsilon>0$ 使得

$$\langle p,y\rangle-\alpha V(y)-\alpha\lambda\leqslant\langle p,x\rangle-\alpha a-\varepsilon,\forall y\in\mathrm{Dom}(V),\forall\lambda\geqslant 0.$$

对 $\lambda\geqslant 0$ 取上确界,则 $\alpha\geqslant 0$ 且

$$\langle p,y\rangle-\alpha V(y)\leqslant\langle p,x\rangle-\alpha a-\varepsilon,\forall y\in\mathrm{Dom}(V).$$

现在$\langle p,y\rangle-\alpha V(y)\leqslant\langle p,x\rangle-\alpha a-\varepsilon$ 中取 $y=x\in\mathrm{Dom}(V)$,则可得

$$\alpha(a-V(x))\leqslant-\varepsilon.$$

则知当 $x\in\mathrm{Dom}(V)$时,均有 $\alpha>0$,记 $\overline{p}=p/\alpha$,则有

$$\forall y\in\mathrm{Dom}(V),\langle\overline{p},y\rangle-V(y)\leqslant\langle\overline{p},x\rangle-a-\varepsilon/\alpha.$$

对 $y\in \mathrm{Dom}(V)$取上确界,就有

$$V^*(\overline{p})\leqslant\langle\overline{p},x\rangle - a - \frac{\varepsilon}{\alpha}.$$

这表明 $\mathrm{Dom}(V^*)\neq\varnothing$,且知 $a<V(x)$时,

$$a<\langle\overline{p},x\rangle - V^*(\overline{p})\leqslant V^{**}(x).$$

取 a 收敛于 $V(x)$,便有 $V(x)\leqslant V^{**}(x)$,故 $V(x)=V^{**}(x)$.

现对 $x\notin \mathrm{Dom}(V)$, $\alpha=0$,证明 $V(x)\leqslant V^{**}(x)$. 这时有 $\forall\, y\in \mathrm{Dom}(V)$,

$$\langle p,y\rangle\leqslant\langle p,x\rangle-\varepsilon, \text{即}\langle p,y-x\rangle+\varepsilon\leqslant 0.$$

因为 $\mathrm{Dom}(V^*)\neq\varnothing$,取 $\overline{p}\in \mathrm{Dom}(V^*)$,对上不等式乘以 $n>0$ 再加到不等式 $\langle\overline{p},y\rangle - V(y)\leqslant V^*(\overline{p})$上,得

$$\forall\, y\in \mathrm{Dom}(V), \langle\overline{p}+np,y\rangle - n\langle p,x\rangle + n\varepsilon - V^*(\overline{p}) - V(y)\leqslant 0.$$

对 y 取上确界,得

$$V^*(\overline{p}+np) - n\langle p,x\rangle + n\varepsilon - V^*(\overline{p})\leqslant 0.$$

两边加上$\langle\overline{p},x\rangle$整理得

$$n\varepsilon + \langle\overline{p},x\rangle - V^*(\overline{p})\leqslant\langle\overline{p}+np,x\rangle - V^*(\overline{p}+np)\leqslant V^{**}(x)$$

取 $n\to\infty$则知 $V^{**}(x)=\infty$. 故 $V(x)\leqslant V^{**}(x)$,即 $V^{**}=V$. 证毕.

定理 4.4.18 表明对应 $V\to V^*$ 在 X 和 X^* 上的凸下半连续函数之间建立了一个一一对应,称为 Fenchel 对应. 它奠定了凸分析中的对偶理论的基础.

另外,Fenchel 不等式中的等号成立是次微分的一个刻画.

命题 4.4.19 设 $V:X\to\boldsymbol{R}\cup\{+\infty\}$为不平凡凸函数,$X$ 为 Banach 空间. 则

$$p\in\partial V(x)\ \text{当且仅当}\langle p,x\rangle = V(x)+V^*(p).$$

又若 V 还是下半连续的,则$\partial V(\cdot)$的逆就是共轭 V^* 的次微分$\partial V^*(\cdot)$,即

$$p\in\partial V(x)\ \text{当且仅当}\ x\in\partial V^*(p).$$

证明 由命题 4.4.16, $p\in\partial V(x)$当且仅当

$$\langle p,y\rangle - V(y)\leqslant\langle p,x\rangle - V(x),\ \forall\, y\in X.$$

当且仅当

$$V^*(p)=\sup_{y\in X}\{\langle p,y\rangle - V(y)\}\leqslant\langle p,x\rangle - V(x).$$

当且仅当

$$\langle p,x\rangle = V(x)+V^*(p).$$

将上一结论用到 V^* 与 $V^{**}(=V)$上即可知后一结论成立. 证毕.

注意到 $-V^*(0)=\inf\limits_{x\in X}V(x)$. 故 Fermat 定理变为

定理 4.4.20 设 $V:X\to\boldsymbol{R}\cup\{+\infty\}$为不平凡的凸函数,则 $\overline{x}\in X$ 提供 V 在 X 上的一个极小值当且仅当

$$0\in\partial V(\overline{x}).$$

当且仅当

$$0 \leqslant D_{\uparrow} V(\overline{x})(u), \forall u \in X.$$

又若 V 还下半连续,则$\partial V^{*}(0)$为 V 的极小点集.

凸分析的第二个基本定理也是分离定理的一个推论,它提供了计算凸函数的和及复合积的共轭函数的准则(弱约束规范).

定理 4.4.21(Fenchel 定理) 设 X 和 Y 为自反 Banach 空间,$A \in L(X, Y)$, $V: X \to \boldsymbol{R} \cup \{+\infty\}$, $W: Y \to \boldsymbol{R} \cup \{+\infty\}$为凸下半连续函数. $U = V + W \circ A$. 假设有弱约束规范假设:

$$0 \in \mathrm{Int}(A(\mathrm{Dom}(V)) - \mathrm{Dom}(W)),$$

则

$$\mathrm{Dom}(U^{*}) = \mathrm{Dom}(V^{*}) + A^{*}\mathrm{Dom}(W^{*}),$$

且$\forall p \in \mathrm{Dom}(U)$,存在 $\overline{q} \in Y^{*}$ 为下述极小化问题的解:

$$U^{*}(p) = V^{*}(p - A^{*}\overline{q}) + W^{*}(\overline{q}) = \inf_{q \in Y^{*}} (V * (p) - A^{*}q) + W^{*}(q).$$

另外,一个不平凡下半连续凸函数的次微分是一个单调映射,当 X 为 Hilbert 空间时,还是最大单调映射. 凸函数可微还可以用次微分的连续选择存在加以刻画. 这些内容任一本凸分析的著作中都是基本的.

第五章　集值映射的可测性与积分

本章主要介绍集值映射的可测性、集值映射的积分以及集值测度方面的基本内容.

§5.1　集值映射的可测性

设 Ω 为非空集,$\mathscr{A}$ 为 Ω 的一个子集族,若 $\mathscr{A}$ 满足下述性质:

(i)$\Omega\in\mathscr{A}$;

(ii)若 $A\in\mathscr{A}$,则 $\Omega-A\in\mathscr{A}$;

(iii)若 $A_n\in\mathscr{A}, n=1,2,\cdots$,则 $\bigcup\limits_{n=1}^{\infty}A_n\in\mathscr{A}$.

我们称 $\mathscr{A}$ 为一个 σ-代数.$(\Omega,\mathscr{A})$为可测空间,$\mathscr{A}$ 的元素称为 $\mathscr{A}$-可测集或称为可测集.

由(i)和(ii)表明$\varnothing\in\mathscr{A}$,由(ii)和(iii)可知可数个可测集的交也为可测集.

若 Ω 为一族两两不交的可测集的并,则称这一族集为 Ω 的一个分解.

若 Ω 为拓扑空间,包含所有开集的最小的 σ-代数称为 Borel σ-代数,记为 $\mathscr{B}(\Omega)$或记为 $\mathscr{B}$.

一个函数 $\mu:\mathscr{A}\to[0,+\infty]$被称为一个正测度,若对 $\mathscr{A}$ 中任一列两两不交的可测集$\{A_n\}$,

$$\mu\left(\bigcup_{n=1}^{\infty}A_n\right)=\sum_{n=1}^{\infty}\mu(A_n).$$

μ 称为σ-有限的,若存在 Ω 的一个可数分解$\{\Omega_n\}\subset\mathscr{A}$,使得

$$\Omega=\bigcup_{n=1}^{\infty}\Omega_n \text{ 且 } \mu(\Omega_n)<+\infty, n=1,2,\cdots.$$

$\mathscr{A}$称为 μ-完备的(或称为完备的),若对 $\mathscr{A}$ 中任一个测度为 0 的元素 $A\in\mathscr{A}$, $\mu(A)=0$,满足$\forall B\subset A, B\in\mathscr{A}$.此时称$(\Omega,\mathscr{A},\mu)$为一个完备的 σ-有限测度空间.

本节总设空间 X 为可分完备度量空间(又称为 Polish 空间),例如可分 Banach 空间,特别地 Lebesgue 空间 L^p 和 Sobolev 空间 $W^{m,p}(1\leqslant p<+\infty)$都是 Polish 空间.

单值函数 $f:\Omega\to X$ 称为 $\mathscr{A}$-可测(或说可测),若对 X 的任一个开集 G, $f^{-1}(G)\in\mathscr{A}$(或等价地,X 的任一闭集 C, $f^{-1}(C)\in\mathscr{A}$). f 称为 $\mathscr{A}$ 简单的,若存在 Ω 的一个有限分解$\{A_1,\cdots,A_n\}\subset\mathscr{A}$及有限子集$\{x_1,\cdots,x_n\}\subset X$,使 $f(A_i)=$

$\{x_i\}$, $i=1,\cdots,n$,即 f 仅取有限个值.显然 f 总是可测的.f 称为 $\mathscr{A}$ 可数的,若存在 Ω 的一个可数分解 $\{A_1,A_2,\cdots\}\subset\mathscr{A}$ 和可数点集 $\{x_1,x_2,\cdots\}\subset X$,使 $f(A_n)=\{x_n\}$, $n=1,2,\cdots$.显然 f 也可测.

对可测函数 $f:\Omega\to X$,有下列等价条件:

(1) f 可测;

(2) f 为简单可测函数的点态极限;

(3) f 为一列可数可测函数的一致极限.

我们现在引入可测集值映射的概念.

定义 5.1.1 设$(\Omega,\mathscr{A})$为可测空间,X 为 Polish 空间,$F:\Omega\to p_0(X)$为取闭集值的集值映射.若对 X 的任一开集 G,

$$F^{-1}(G)=\{w\in\Omega\mid F(w)\cap G\neq\varnothing\}\in\mathscr{A},$$

则称 F 为 $\mathscr{A}$ 可测的(或称可测的).

我们这里的可测,有时被称为弱可测,而闭集的原像为可测时称为强可测,但在一个完备的 σ-有限测度空间框架下这二者重合(我们下面要证明的可测特征).所以我们简单地直接称为可测.

5.1.1 可测选择与可测性的特征

一个闭值的可测集值映射存在可测选择是 von Neumann 在 1949 年给出的.现在已经有了不同的推广形式和应用.特别是 Kuratowski 和 Ryll-Nardzewski 给出一种较强的形式,Castaing 则证明存在一个可测选择的可数稠密族,从而刻画了集值映射的可测性.

设$(\Omega,\mathscr{A})$为可测空间,X 为 Polish 空间,$F:\Omega\to X$为集值映射,若函数 $f:\Omega\to X$为F 的一个选择且可测,则称 f 为F 的一个可测选择.

定理 5.1.2(可测选择) 设$(\Omega,\mathscr{A})$为可测空间,X 为 Polish 空间,$F:\Omega\to p_0(X)$为闭集值可测映射,则 F 存在可测选择.

证明 设$\{x_1,x_2,\cdots\}$为 X 的可数稠密集,我们归纳地构造一列在$\{x_1,x_2,\cdots\}$取值的可测函数列$\{f_n\}$满足:$\forall\, w\in\Omega$,

(1) $d(f_n(w),F(w))<\dfrac{1}{2^n}$;

(2) $d(f_n(w),f_{n+1}(w))<\dfrac{1}{2^{n-1}}$.

从而由完备性,$\{f_n\}$有一致极限 f 可测,再由 $F(w)$闭知 $f(w)\in F(w)$.故知 f 为F 的可测选择.

对 $n=1$, $\forall\, w\in\Omega$,则存在一个最小自然数 l,使 $F(w)\cap B\left(x_l,\dfrac{1}{2}\right)\neq\varnothing$.取

$f_1(w)=x_l$,则 $d(f_1(w),F(w))<\frac{1}{2}$. 由 $F(w)$的可测性,知 $f_1(w)$为 $\mathscr{A}$可数函数,故可测. 又记 $A_k=\{w\in\Omega\mid f_1(w)=x_k\}$,则 $A_k\in\mathscr{A}$,且对 $w\in\Omega$, $\exists k_0$ 使 $w\in A_{k_0}$,则 $F(w)\cap B\left(x_{k_0},\frac{1}{2}\right)\neq\varnothing$,故存在最小的自然数 k,使

$$F(w)\cap B\left(x_{k_0},\frac{1}{2}\right)\cap B\left(x_k,\frac{1}{2^2}\right)\neq\varnothing.$$

记 $f_2(w)=x_k$,则 f_2 为 $\mathscr{A}$可数,故可测,且 $d(f_2(w),F(w))<\frac{1}{2^2}$. 而

$$d(f_1(w),f_2(w))<\frac{1}{2}+\frac{1}{2^2}<1.$$

假设可测函数 $f_k:\Omega\to X,k=1,\cdots,m$ 已经定义且满足(1)与(2). 现在构造可测函数 $f_{m+1}:\Omega\to X$ 满足(1)与(2). 设 $A_k=\{w\in\Omega\mid f_m(w)=x_k\}$,则 $A_k\in\mathscr{A}$,且 $\forall w\in\Omega$, $\exists k_0$ 使 $w\in A_{k_0}$,由条件(1),

$$F(w)\cap B\left(x_{k_0},\frac{1}{2^m}\right)\neq\varnothing.$$

故存在最小自然数 l,使得

$$F(w)\cap B\left(x_{k_0},\frac{1}{2^m}\right)\cap B\left(x_l,\frac{1}{2^{m+1}}\right)\neq\varnothing.$$

定义 $f_{m+1}(w)=x_l$,则有

$$d(f_{m+1}(w),F(w))<\frac{1}{2^{m+1}},$$

$$d(f_m(w),f_{m+1}(w))<\frac{1}{2^m}+\frac{1}{2^{m+1}}<\frac{1}{2^{m-1}}.$$

f_{m+1}为 $\mathscr{A}$可数,当然可测. 从而构造了满足(1)与(2)的一列可测的可数值函数 $\{f_n\}$,显然有一致极限,记为 f,则 f 即为所求. 证毕.

可测选择存在性结果在可测集值映射理论讨论中是一个重要的工具. 特别表现在如下可测性的特征讨论中:

定理 5.1.3(Castaing 特征定理) 设$(\Omega,\mathscr{A})$为可测空间, X 为 Polish 空间, $F:\Omega\to p_0(X)$为闭值映射. 则下列条件等价:

(1)F 可测;

(2)存在 F 的一列可测选择$\{f_n\}$使得

$$F(w)=\overline{\{f_n(w)\mid n=1,2,\cdots\}},\ \forall w\in\Omega$$

($\{f_n\}$称为 F 的一个稠密可测选择列);

(3) $\forall x\in X$,距离函数 $d(x,F(w)):\Omega\to[0,\infty]$是可测函数.

证明 (1)⇒(2). 设$\{x_1,x_2,\cdots\}$为 X 的可数稠密集,对自然数 n,k,定义集值映射 $H_{n,k}:\Omega\to p_0(X)$:

$$H_{n,k}(w)=\begin{cases}F(w)\cap B\left(x_k,\dfrac{1}{n}\right), & F(w)\cap B\left(x_k,\dfrac{1}{n}\right)\neq\varnothing,\\ F(w), & \text{其他的 } w.\end{cases}$$

$F_{n,k}=\overline{H_{n,k}}$,则 $F_{n,k}$为闭集值映射.对 X 的任一开集 G,有

$$F_{n,k}^{-1}(G)=H_{n,k}^{-1}(G).$$

另一方面,有

$$H_{n,k}^{-1}(G)=F^{-1}\left(B\left(x_k,\frac{1}{n}\right)\cap G\right)\cup(F^{-1}(G)\setminus A_{n,k}),$$

其中

$$A_{n,k}=\left\{w\in\Omega\mid F(w)\cap B\left(x_k,\frac{1}{n}\right)\neq\varnothing\right\},$$

故知 $F_{n,k}$可测.由可测选择定理,存在 $F_{n,k}$的可测选择$f_{n,k}$.

现在,$\forall w\in\Omega$, $\forall x\in F(w)$, $\forall\varepsilon>0$,取自然数 n_0, k_0 使得$\dfrac{1}{n_0}<\dfrac{\varepsilon}{2}$, $d(x_{k_0},x)<\dfrac{1}{n_0}$,则

$$F(w)\cap B\left(x_{k_0},\frac{1}{n_0}\right)\neq\varnothing.$$

而 f_{n_0,k_0}为 F_{n_0,k_0}的可测选择,所以

$$d(f_{n_0,k_0}(w),x_{k_0})<\frac{1}{n_0}<\frac{\varepsilon}{2}.$$

故

$$d(x,f_{n_0,k_0}(w))\leqslant d(x,x_{k_0})+d(x_{k_0},f_{n_0,k_0}(w))<\varepsilon.$$

故知 $x\in\overline{\{f_{n,k}(w)\mid n,k=1,2,\cdots\}}$.又 $f_{n,k}(w)\in F(w)$显然,且 $F(w)$为闭集,所以

$$F(w)=\overline{\{f_{n,k}(w)\mid n,k=1,2,\cdots\}}.$$

(2)⇒(3).设$\{f_n\}$为 F 的一个稠密可测选择列,$\forall x\in X$,注意到

$$d(x,F(w))=\inf_n d(x,f_n(w))$$

及 $d(x,f_n(w))$关于 x 连续,关于 w 可测.所以 $d(x,F(w))$可测.

(3)⇒(1).设 G 为X 的开集.由 X 可分知G 为可数个开球的并.记

$$G=\bigcup_{n=1}^{\infty}B(x_n,r_n),$$

而

$$F^{-1}(B(x_n,r_n))=\{w\in\Omega\mid d(x_n,F(w))<r_n\}\in\mathscr{A},$$

所以

$$F^{-1}(G)=\bigcup_{n=1}^{\infty}F^{-1}(B(x_n,r_n))\in\mathscr{A}.$$

故 F 可测. 证毕.

以下我们假设$(\Omega,\mathscr{A},\mu)$为完备 σ-有限测度空间,$\mathscr{B}$ 为 Polish 空间 X 的 Borel σ-代数. $\mathscr{A}\otimes\mathscr{B}$ 表示由积集族$\{A\times B\mid A\in\mathscr{A},B\in\mathscr{B}\}$生成的 σ-代数.

定理 5.1.4(特征定理) 设$(\Omega,\mathscr{A},\mu)$为完备 σ-有限测度空间,X 为 Polish 空间,$F:\Omega\to p_0(X)$为闭集值映射,则下列性质等价:

(1)F 可测;

(2)$\mathrm{Graph}(F)\in\mathscr{A}\otimes\mathscr{B}$;

(3)对 X 的任一个 Borel 集 B,$F^{-1}(B)\in\mathscr{A}$;

(4)对 X 的任一个闭集C,$F^{-1}(C)\in\mathscr{A}$.

这个定理的证明需要下述的引理和可测射影定理.

引理 5.1.5 设(Ω,A)为可测空间,X,Y 为可分度量空间,函数 $g:\Omega\times X\to Y$ 关于x 是连续的,关于 w 是可测的(称这样的映射为 Carathéodory 函数),则 g 关于 $\mathscr{A}\otimes\mathscr{B}$ 是可测的.

证明 设$\{x_k\}$在 X 上稠密, $\forall\,(w,x)\in\Omega\times X$, $\forall\, n$,存在最小自然数 k,使 $x\in B\left(x_k,\dfrac{1}{n}\right)$. 定义 $g_n(w,x)=g(w,x_k)$,显然

$$\lim_{n\to\infty}g_n(w,x)=g(w,x).$$

我们证 g_n 关于 $\mathscr{A}\otimes\mathscr{B}$ 是可测的. 设 G 为 Y 的开集,则有

$$\begin{aligned}g_n^{-1}(G)&=\{(w,x)\in\Omega\times X\mid g_n(w,x)\in G\}\\&=\bigcup_{k=1}^{\infty}\left[\{w\in\Omega\mid g(w,x_k)\in G\}\times\left(B\left(x_k,\frac{1}{n}\right)\setminus\bigcup_{m<k}B\left(x_m,\frac{1}{n}\right)\right)\right].\end{aligned}$$

由 $g(w,x)$关于 w 可测知

$$\{w\in\Omega\mid g(w,x_k)\in G\}\times\left(B\left(x_k,\frac{1}{n}\right)\setminus\bigcup_{m<k}B\left(x_m,\frac{1}{n}\right)\right)\in\mathscr{A}\otimes\mathscr{B},$$

所以 $g_n^{-1}(G)\in\mathscr{A}\otimes\mathscr{B}$. 从而 g 关于 $\mathscr{A}\otimes\mathscr{B}$ 是可测的. 证毕.

定理 5.1.6(可测射影定理) 设$(\Omega,\mathscr{A},\mu)$为完备 σ-有限测度空间,X 为 Polish 空间,$G\in\mathscr{A}\otimes\mathscr{B}$,则 G 的射影

$$p_\Omega(G)=\{w\in\Omega\mid\exists\, x\in X,(w,x)\in G\}\in\mathscr{A}.$$

关于射影定理的证明需要一些 Suslin 集理论等方面的专门知识,这一结果也是经典的. 详细证明参见文献[13]等.

定理 5.1.4 的证明 (1)⇒(2). 由定理 5.1.3,$d(x,F(w))$对每个 $x\in X$,关于 w 可测,从而由引理 5.1.5$d(x,F(w))$是 $\mathscr{A}\otimes\mathscr{B}$ 可测的. 故有

$$\mathrm{Graph}(F)=\{(w,x)\in\Omega\times X\mid d(x,F(w))=0\}\in\mathscr{A}\otimes\mathscr{B}.$$

(2)⇒(3). 对 X 的任一 Borel 集 $B\in\mathscr{B}$,由射影定理及

$$F^{-1}(B)=p_\Omega(\mathrm{Graph}(F)\cap(\Omega\times B))$$

知 $F^{-1}(B)\in\mathscr{A}$.

(3)⇒(4)显然.

(4)⇒(1). 设 G 为 X 的开集,定义一列闭集 C_n,

$$C_n=\left\{x\in X\mid d(x,X\setminus G)\geqslant\frac{1}{n}\right\},$$

则 $G=\bigcup\limits_{n=1}^{\infty}C_n$,且

$$F^{-1}(G)=\bigcup_{n=1}^{\infty}F^{-1}(C_n)\in\mathscr{A}.$$

故 F 可测. 证毕.

5.1.2 可测映射的运算性质

为叙述方便,我们总设$(\Omega,\mathscr{A},\mu)$为完备 σ-有限测度空间,X, Y 都是 Polish 空间,集值映射均设为闭值映射.

命题 5.1.7(连续性与可测性) 设 Ω 为度量空间,$\mathscr{A}$包含 Ω 的所有开集,若 $F:\Omega\to p_0(X)$是 usc(或 lsc)映射,则 F 可测.

证明 这由可测的定义和特征定理及 usc 及 lsc 映射的定义和等价描述可知.

命题 5.1.8(闭凸包可测性) X 为 Banach 空间时,$F:\Omega\to p_0(X)$可测,其闭凸包$\overline{\mathrm{co}}F:\Omega\to p_0(X)$必可测.

证明 由 Castaing 特征定理,F 有一个稠密可测选择列$\{f_n\}$. 记 Q_+为所有非负有理数集. 又记

$$\Lambda=\{(\lambda_1,\cdots,\lambda_n)\mid\lambda_i\in Q_+,\sum_{i=1}^{n}\lambda_i=1,n\geqslant1\}.$$

作$\overline{\mathrm{co}}F$ 的选择函数

$$\sum_{i=1}^{n}\lambda_if_i,(\lambda_1,\cdots,\lambda_n)\in\Lambda.$$

则它们关于 w 是可测的,从而为$\overline{\mathrm{co}}F$ 的稠密可测选择列,故知$\overline{\mathrm{co}}F$ 可测. 证毕.

命题 5.1.9(并与交) 设 $F_n:\Omega\to p_0(X)$均可测,$n=1,2,\cdots$,则

$$U(w)=\overline{\bigcup_{n=1}^{\infty}F_n(w)}\text{ 与 }I(w)=\bigcap_{n=1}^{\infty}F_n(w)$$

也为可测映射.

证明 对 X 的任意开集G 有

$$U^{-1}(G)=\{w\in\Omega\mid\bigcup_{n=1}^{\infty}(F_n(w)\cap G)\neq\varnothing\}=\bigcup_{n=1}^{\infty}F_n^{-1}(G)\in\mathscr{A}.$$

所以 U 可测. 对 $I(w)$,有

$$\mathrm{Graph}(I)=\bigcap_{n=1}^{\infty}\mathrm{Graph}(F_n)\in\mathscr{A}\otimes\mathscr{B}.$$

故 I 可测.证毕.

命题 5.1.10(上极限与下极限)　设 $F_n:\Omega\to p_0(X)$均可测,$n=1,2,\cdots$,则

$$\limsup_{n\to\infty} F_n(w) \text{ 与} \liminf_{n\to\infty} F_n(w)$$

也可测.

证明　由引理 5.1.5 和特征定理知 $d(x,F_n(w))$为 $\mathscr{A}\otimes\mathscr{B}$ 可测的,所以,$\forall\varepsilon>0$.

$$\mathrm{Graph}(B(F_n,\varepsilon)) = \{(w,x)\in\Omega\times X \mid d(F_n(w),x)\leqslant\varepsilon\}\in\mathscr{A}\otimes\mathscr{B}.$$

故知 $B(F_n(w),\varepsilon)$是可测的.又

$$\limsup_{n\to\infty} F_n(w) = \bigcap_{m=1}^{\infty}\overline{\bigcup_{n=m}^{\infty} F_n(w)},$$

$$\liminf_{n\to\infty} F_n(w) = \bigcap_{k=1}^{\infty}\overline{\bigcup_{m=1}^{\infty}\bigcap_{n=m}^{\infty} B\left(F_n(w),\frac{1}{k}\right)}.$$

故再由命题 5.1.9 知结论成立.证毕.

命题 5.1.10 表明当 F_n 的极限存在时,也必是可测的极限.

定义 5.1.11　集值映射 $G:\Omega\times X\to Y$ 称为 Carathéodory 映射,若 $\forall x\in X$,$w\mapsto G(w,x)$可测,且 $\forall w\in\Omega$,$x\mapsto G(w,x)$连续.

命题 5.1.12　设 $F:\Omega\to p_0(X)$可测,$G:\Omega\times X\to Y$ 为 Carathéodory 映射,则映射,

$$H(w) = \overline{\bigcup_{x\in F(w)} G(w,x)}$$

也可测.

证明　设$\{f_n\}$为 F 的稠密可测列,设$\{S_{nk}\}$为收敛于 f_n 的简单可测函数列,则由 G 关于 x 的连续性知

$$G(w,f_n(w)) = \lim_{k\to\infty} G(w,S_{nk}(w)).$$

由 $G(w,S_{nk}(w))$可测知 $G(w,f_n(w))$可测,再用 G 关于 x 的连续性,可知

$$H(w) = \overline{\bigcup_{n=1}^{\infty} G(w,f_n(w))}.$$

故 $H(w)$可测.证毕.

特别地,当 G 为单值 Carathéodory 函数时也成立.

命题 5.1.13(Carathéodory 定理)　设 $F:\Omega\to p_0(X)$,$G:\Omega\to p_0(Y)$可测,$g:\Omega\times X\to Y$为 Carathéodory 函数.若 $g(w,F(w))\cap G(w)\neq\varnothing$,则映射

$$H(w) = \{x\in F(w) \mid g(w,x)\in G(w)\}$$

可测.进而有 F 的可测选择 f 满足$g(w,f(w))\in G(w)$.

证明　由引理 5.1.5,g 是 $\mathscr{A}\otimes\mathscr{B}(X)$可测,从而对每个 $B\in\mathscr{B}(Y)$,

$$\{(w,x) \mid g(w,x)\in B\}\in\mathscr{A}\otimes\mathscr{B}(X).$$

注意到

$$\mathrm{Graph}(H) = \mathrm{Graph}(F) \cap \{(w,x) \mid (w,g(w,x)) \in \mathrm{Graph}(G)\},$$

且 $\mathrm{Graph}(F)\in\mathscr{A}\otimes\mathscr{B}(X)$,$\mathrm{Graph}(G)\in\mathscr{A}\otimes\mathscr{B}(Y)$,则知 $\mathrm{Graph}(H)\in\mathscr{A}\otimes\mathscr{B}(X)$.所以 H 可测.H 的可测选择 f 就是 F 的可测选择,且 $g(w,f(w))\in G(w)$.证毕.

推论 5.1.14(Filippov 定理) 设 $F:\Omega\to p_0(X)$ 可测,$g:\Omega\times X\to Y$ 为 Carathéodory 函数,$h:\Omega\to Y$ 可测且满足

$$\forall\, w\in\Omega, h(w)\in\{g(w,x)\mid x\in F(w)\},$$

则有 F 的可测选择 f,满足

$$h(w) = g(w,f(w)).$$

证明 注意到 $H(w)=\{x\in F(w)\mid h(w)=g(w,x)\}$,由命题 5.1.13 可得推论.

命题 5.1.15(支撑函数) 设 X 为 Banach 空间,$F:\Omega\to p_0(X)$ 可测,则 $\forall\, p\in X^*$,支撑函数

$$w\mapsto\sigma(F(w),p) = \sup_{x\in F(w)}\langle p,x\rangle$$

是可测的.反之,若支撑函数可测且 X^* 可分,$F(w)$ 为有界闭凸集,则 F 可测.

证明 设 $\{f_n\}$ 为下的一稠密可测选择列,则 $\forall\, p\in X^*$,有

$$\sigma(F(w),p) = \sup_{n\geqslant 1}\langle p,f_n(w)\rangle,$$

故由 $\langle p,f_n(w)\rangle$ 可测知 $\sigma(F(w),p)$ 可测.

反之,设 $\sigma(F(w),p)$ 可测,X^* 可分,$F(w)$ 为有界闭凸集,我们证明 $\forall\, x\in X$,$w\mapsto d(x,F(w))$ 可测即可.由 $F(w)$ 有界知 $\sigma(F(w),p)$ 关于 p 是连续的.设 $\{p_n\}$ 为 X^* 单位球 $B^*(0,1)$ 上的可数稠密集.则 $\forall\, n\geqslant 1$,$\sigma(F(w),p_n)$ 关于 w 可测,又 $F(w)$ 闭凸,故对 $x\in X$,

$$\begin{aligned} d(x,F(w)) &= d(0,F(w)-x) = -\inf_{\|p\|\leqslant 1}\sigma(F(w)-x,p)\\ &= \sup_{\|p\|\leqslant 1}(\langle p,x\rangle-\sigma(F(w),p))\\ &= \sup_{n\geqslant 1}(\langle p_n,x\rangle-\sigma(F(w),p_n)). \end{aligned}$$

所以 $d(x,F(w))$ 为可测函数列的上确界,故可测.故 $F(w)$ 可测.证毕.

命题 5.1.16(Carathéodory 表示定理) 设 $F:\Omega\to p_0(\boldsymbol{R}^n)$,$f:\Omega\to\boldsymbol{R}^n$ 都可测,且 $\forall\, w\in\Omega$,$f(w)\in\overline{\mathrm{co}}F(w)$.则 F 有可测选择 $f_1,\cdots,f_{n+1}$ 和可测函数 $\lambda_1,\cdots,\lambda_{n+1}$,使得 $\lambda_k:\Omega\to[0,+\infty)$,$\sum_{k=1}^{n+1}\lambda_k(w)=1$,

$$f(w) = \sum_{k=1}^{n+1}\lambda_k(w)f_k(w),\ \forall\, w\in\Omega.$$

证明 记 $S^{n+1}=\left\{(\lambda_1,\cdots,\lambda_{n+1})\in\boldsymbol{R}_+^{n+1}\,\middle|\,\sum_{k=1}^{n+1}\lambda_k=1\right\}$,定义连续映射

$h:\boldsymbol{R}_+^{n+1}\times(\boldsymbol{R}^n)^{n+1}\to\boldsymbol{R}^n$ 为

$$h(\lambda_1,\cdots,\lambda_{n+1},x_1,\cdots,x_{n+1})=\sum_{k=1}^{n+1}\lambda_k x_k.$$

定义可测映射

$$G(w)=S^{n+1}\times(F(w))^{n+1}.$$

用 Carathéodory 凸集表示定理，$f(w)\in h(G(w))$. 再应用 Carathéodory 定理(命题 5.1.13)存在 G 的可测选择($\lambda_1(w),\lambda_2(w),\cdots,\lambda_{n+1}(w),f_1(w),\cdots f_{n+1}(w)$)使 $f(w)=\sum_{k=1}^{n+1}\lambda_k(w)f_k(w)$. 证毕.

命题 5.1.17 设 $F:\Omega\to p_0(X)$可测，$f:\Omega\times X\to\boldsymbol{R}$ 为 Carathéodory 函数，则函数 $v:\Omega\to\boldsymbol{R}\cup\{-\infty\}$,

$$v(w)=\inf_{x\in F(w)}f(w,x)$$

可测. 进而，集值映射，

$$H:\Omega\to p_0(X),$$

$$H(w)=\{x\in F(w)\mid f(w,x)=\inf_{y\in F(w)}f(w,y)\}$$

也可测.

证明 设$\{g_n\}$为 F 的一稠密可测选择列. 则

$$v(w)=\inf_{n\geqslant 1}f(w,g_n(w)).$$

又 f 为 Carathéodory 函数，所以 $f(w,g_n(w))$可测，故 v 可测. 再由 Carathéodory 定理(命题 5.1.13)知 H 可测. 证毕.

命题 5.1.18 设 $F:\Omega\to p_0(X),f:\Omega\to X,\rho:\Omega\to\boldsymbol{R}^+$均可测，则下列映射也可测：

(1) $w\mapsto B(f(w),\rho(w))$;

(2) $w\mapsto d(f(w),F(w))$;

(3) $H(w)=\{x\in F(w)\mid d(x,f(w))=d(f(w),F(w))\}$.

且存在 F 的可测选择 g，使 $d(f(w),g(w))=d(f(w),F(w))$.

证明 定义 $g(w,x)=d(x,f(w))$，则 g 为 Carathéodory 函数，所以 $\rho(w)-g(w,x)$也是 Carathéodory 函数，从而有

$$\mathrm{Graph}(B(f(w),\rho(w)))=\{(w,x)\mid\rho(w)-g(w,x)\geqslant 0\}\in\mathscr{A}\otimes\mathscr{B}.$$

故 $B(f(w),\rho(w))$可测.

由命题 5.1.17，对函数$(w,x)\mapsto d(x,f(w))$，可得(2)、(3)中函数可测. 再由命题 5.1.13 可完成证明. 证毕.

5.1.3 Lebesgue空间中的切锥和可测映射的极限

设$(\Omega,\mathscr{A},\mu)$为完备σ-有限测度空间,X为可分Banach空间,$K:\Omega\rightarrow p_0(X)$可测,$L^p(\Omega,X,\mu)=\{f:\Omega\rightarrow X\mid f$可测,$\int_\Omega\|f\|^p d\mu<+\infty\}$(也是可分Banach空间).记

$$\mathscr{K}=\{x\in L^p(\Omega,X,\mu)\mid 对几乎所有(\text{a.e.})w\in\Omega,x(w)\in K(w)\}.$$

定理 5.1.19 $\forall x\in\mathscr{K}$,集值映射

$$w\mapsto T_{K(w)}(x(w)),与\ w\mapsto T^b_{K(w)}(x(w))$$

都可测,且

$$\{v\in L^p(\Omega,X,\mu)\mid 对\ \text{a.e.}\ w\in\Omega,v(w)\in T^b_{K(w)}(x(w))\}$$
$$\subset T^b_{\mathscr{K}}(x)\subset T_{\mathscr{K}}(x)$$
$$\subset\{v\in L^p(\Omega,X,\mu)\mid 对\ \text{a.e.}\ w\in\Omega,v(w)\in T_{K(w)}(x(w))\}.$$

证明 设$x\in\mathscr{K},w\in\Omega$. $\boldsymbol{Q}_+$为大于0的有理数集,从切锥的定义知

$$T_{K(w)}(x(w))=\bigcap_{\alpha\in\boldsymbol{Q}_+}\overline{\bigcup_{h\in(0,\alpha]\cap\boldsymbol{Q}_+}\left(\frac{K(w)-x(w)}{h}\right)}$$

及

$$T^b_{K(w)}(x(w))=\bigcap_{n>0}\overline{\bigcup_{\alpha\in\boldsymbol{Q}_+}\bigcap_{h\in(0,\alpha]\cap\boldsymbol{Q}_+}\left(\frac{K(w)-x(w)}{h}+\frac{1}{n}B(0,1)\right)}.$$

由可测映射保可列并的闭包和可列交知,$T_{K(w)}(x(w))$与$T^b_{K(w)}(x(w))$可测.

现在设$v\in L^p(\Omega,X,\mu)$,对a.e. $w\in\Omega$, $v(w)\in T^b_{K(w)}(x(w))$.设$h\rightarrow 0^+$,记

$$a_h(w)=d\left(v(w),\frac{K(w)-x(w)}{h}\right).$$

则$a_h(w)$可测,且对a.e. $w\in\Omega,a_h(w)\rightarrow 0$.

又因为对a.e. $w\in\Omega$, $a_h(w)\leqslant\|v(w)\|$, $\|v\|\in L^p(\Omega,\boldsymbol{R},\mu)$,由Lebesgue控制收敛定理,$a_h(w)$在$L^p(\Omega,\boldsymbol{R},\mu)$中收敛于0.设$k\in L^p(\Omega,\boldsymbol{R},\mu)$为正值函数.由命题5.1.18知,对某个$z_h\in\mathscr{K}$,有

$$d\left(v(w),\frac{z_h(w)-x(w)}{h}\right)\leqslant a_h(w)+h_k(w),\forall w\in\Omega.$$

定义$v_h\in L^p(\Omega,X,\mu)$为$v_h(w)=(z_h(w)-x(w))/h$,则v_h可测且

$$\|v_h(w)-v(w)\|\leqslant a_h(w)+hk(w).$$

故$v_h(w)$在$L^p(\Omega,X,\mu)$中收敛于$v(w)$.从而由

$$对\ \text{a.e.}\ w\in\Omega,x(w)+hv_h(w)\in K(w)$$

知，$v(w)\in T^b_{\mathscr{K}}(x(w))$.

又设 $v(w)\in T_{\mathscr{K}}(x(w))$，则存在 $h_n\to 0^+$，$v_n\in L^p(\Omega,X,\mu)$，$v_n\to x$ 满足

$$\text{对 a.e. } w\in\Omega,\ x(w)+h_nv_n(w)\in K(w).$$

则 v_n 有一个子列（仍记为 v_n）收敛于 v. 所以对 a.e. $w\in\Omega$，$v(w)\in T_{K(w)}(x(w))$. 证毕.

这一定理和它的大量应用推动了相邻切锥和可导集的研究.

推论 5.1.20 设 $x\in\mathscr{K}$. 若对 a.e. $w\in\Omega$，$K(w)$在 $x(w)$可导，则 $\mathscr{K}$ 在 x 可导，且

$$T_{\mathscr{K}}(x)=\{v\in L^p(\Omega,X,\mu)\mid \text{对 a.e. } w\in\Omega,\ v(w)\in T_{K(w)}(x(w))\}.$$

定理 5.1.21 设 $K_n:\Omega\to p_0(X)$均可测，$n=1,2,\cdots$，$w\mapsto\sup\limits_{n\geqslant 1}d(0,K_n(w))$属于 $L^p(\Omega,X,\mu)$. 则

$$\begin{aligned}&\{x\in L^p(\Omega,X,\mu)\mid \text{对 a.e. } w\in\Omega,\ x(w)\in\liminf_{n\to\infty}K_n(w)\}\\ &\subset\liminf_{n\to\infty}\mathscr{K}_n\subset\limsup_{n\to\infty}\mathscr{K}_n\\ &\subset\{x\in L^p(\Omega,X,\mu)\mid \text{对 a.e. } w\in\Omega,\ x(w)\in\limsup_{n\to\infty}K_n(w)\}.\end{aligned}$$

进而，若对 a.e. $w\in\Omega$，$K_n(w)$有极限 K，则 $\mathscr{K}_n$ 收敛于子集 $\mathscr{K}$.

证明 设 $x\in L^p(\Omega,X,\mu)$，对 a.e. $w\in\Omega$，$x(w)\in\liminf\limits_{n\to\infty}K_n(w)$. 则函数 $a_n(w)=d(x(w),K_n(w))$可测且 a.e. 收敛于 0. 又对 a.e. $w\in\Omega$，

$$a_n(w)\leqslant\|x(w)\|+\sup_{n\geqslant 1}d(0,K_n(w))$$

且不等式右边属于 $L^p(\Omega,\mathbf{R},\mu)$. 故 a_n 在 $L^p(\Omega,\mathbf{R},\mu)$中收敛于 0. 设 $k\in L^p(\Omega,\mathbf{R},\mu)$为正值函数，由命题 5.1.18，$\exists\, z_n\in K_n$，使得

$$\|x(w)-z_n(w)\|\leqslant a_n(w)+k(w)\cdot\frac{1}{n}.$$

从而对 a.e. $w\in\Omega$，

$$\|z_n(w)\|\leqslant\|x(w)\|+a_n(w)+k(w)\cdot\frac{1}{n}.$$

故 $z_n\in\mathscr{K}n$，在 $L^p(\Omega,X,\mu)$中收敛于 x. 所以 $x\in\liminf\limits_{n\to\infty}\mathscr{K}_n$.

又设 $x\in\limsup\limits_{n\to\infty}\mathscr{K}_n$，则存在 $z_{n'}\in\mathscr{K}_n$ 在 $L^p(\Omega,X,\mu)$收敛于 x. 故对 a.e. $w\in\Omega$，$z_{n'}(w)$收敛于 $x(w)$. 故 $x(w)\in\limsup\limits_{n\to\infty}K_n(w)$. 证毕.

§5.2 集值映射的积分

设$(\Omega,\mathscr{A},\mu)$为完备 σ-有限测度空间，X 为可分 Banach 空间，$f:\Omega\to X$ 可测. 若 $\|f\|\in L^1(\Omega,\mathbf{R},\mu)$，即$\int_\Omega\|f(w)\|d\mu<+\infty$，则称 f 可积，且记 $L^1(\Omega,X,$

$\mu)=\{f:\Omega\to X\mid\int_\Omega\|f(w)\|d\mu<+\infty\}$. 若 f 为简单函数,即 $f=\sum_{i=1}^n x_i\chi_{A_i}$, $A_i\in\mathscr{A}$, $\bigcup_{i=1}^n A_i=\Omega$,则知 $\int_\Omega\|f\|d\mu<+\infty$,且记 $\int_\Omega f(w)d\mu=\sum_{i=1}^n x_i\mu(A_i)$ 称为 f 的积分. 我们有如下结论:

命题 5.2.1　$f\in L^1(\Omega,X,\mu)$ 当且仅当存在简单函数列 $\{f_n\}$ 使得

$$\lim_{n\to\infty}\int_\Omega\|f_n(w)-f(w)\|d\mu=0.$$

此时 $\lim_{n\to\infty}\int_\Omega f_n d\mu$ 存在,称为 f 的积分,记为 $\int_\Omega f d\mu$.

证明　充分性. 由假设, $\exists N_0$ 使得 $\forall n\geqslant N_0$.

$$\int_\Omega\|f_n(w)-f(w)\|d\mu\leqslant 1.$$

所以

$$\begin{aligned}\int_\Omega\|f_n\|d\mu&\leqslant\int_\Omega\|f_n-f\|d\mu+\int_\Omega\|f-f_{N_0}\|d\mu+\int_\Omega\|f_{N_0}\|d\mu\\&\leqslant 2+\int_\Omega\|f_{N_0}\|d\mu.\end{aligned}$$

从而知

$$\sup_{n\geqslant 1}\int_\Omega\|f_n\|d\mu<+\infty.$$

再由

$$\int_\Omega\|f\|d\mu\leqslant\int_\Omega\|f_n-f\|d\mu+\int_\Omega\|f_n\|d\mu$$

知

$$\int_\Omega\|f\|d\mu<+\infty.$$

必要性. 设 $f\in L^1(\Omega,X,\mu)$. 记 f_n 为收敛于 f 的一列可数值可测函数(§5.1),满足

$$\|f_n(w)-f(w)\|<\frac{1}{n}.$$

设

$$f_n(w)=\sum_{m=1}^\infty x_{nm}\chi_{A_{nm}},A_{nm}\in\mathscr{A},\ \bigcup_{m=1}^\infty A_{nm}=\Omega,\forall n\geqslant 1.$$

由 $\mu(\Omega)=\sum_{m=1}^\infty\mu(A_{nm})$ 及 $\int_\Omega\|f\|d\mu<+\infty$ 知, $\exists$ 自然数列 $\{k_n\}$ 使得

$$\int_{\bigcup_{m=k_n+1}^\infty A_{nm}}\|f\|d\mu<\frac{1}{n}.$$

设

$$\widetilde{f}_n(w) = \begin{cases} f_n(w), & w \in \bigcup_{m=1}^{k_n} A_{nm}, \\ 0 & w \in \bigcup_{m=k_n+1}^{\infty} A_{nm}. \end{cases}$$

则 $\widetilde{f}_n$ 为简单函数列且有

$$\begin{aligned} \int_\Omega \| f - \widetilde{f}_n \| d\mu &\leqslant \int_\Omega \| f - f_n \| d\mu + \int_\Omega \| f_n - \widetilde{f}_n \| d\mu \\ &< \frac{\mu(\Omega)}{n} + \frac{1}{n} + \frac{\mu(\Omega)}{n} \to 0. \end{aligned}$$

即

$$\lim_{n\to\infty}\int_\Omega \| f - f_n \| d\mu = 0.$$

又由此,可知 $\lim\limits_{n\to\infty}\int_\Omega f_n d\mu$ 存在,记为 $\int_\Omega f d\mu$. 再由 μ 的可加性知,若还有简单函数列 $\{g_n\}$ 使 $\lim\limits_{n\to\infty}\int_\Omega \| f - g_n \| d\mu = 0$, 则有

$$\lim_{n\to\infty}\int_\Omega f_n d\mu = \lim_{n\to\infty}\int_\Omega g_n d\mu.$$

故可称 $\int_\Omega f d\mu$ 为 f 的积分,它与简单函数列的选取无关. 证毕.

5.2.1 集值映射积分的定义

设 $F:\Omega\to p_0(X)$,记

$$\mathscr{F} = \{ f \in L^1(\Omega, X, \mu) \mid \text{对 a.e. } w \in \Omega, f(w) \in F(w) \}.$$

称 $f\in\mathscr{F}$ 为 F 的可积选择.

$F:\Omega\to p_0(X)$称为可积有界(又称积分有界). 若存在非负函数 $k\in L^1(\Omega, \boldsymbol{R}, \mu)$使得

$$\text{对 a.e. } w \in \Omega, F(w) \subset k(w)B(0,1) = B(0,k(w)).$$

由 Lebesgue 控制收敛定理知 F 的任一个可测选择都是 F 的可积选择.

定义 5.2.2(Aumann 积分) 设 $F:\Omega\to p_0(X)$是集值映射,称 F 的可积选择的积分组成的集合:

$$\int_\Omega F d\mu = \left\{ \int_\Omega f d\mu \mid f \in \mathscr{F} \right\}$$

为 F 的积分.

命题 5.2.3 设 $F:\Omega\to p_0(X)$可测,且$\mathscr{F}\neq\varnothing$,则存在一列 $f_n\in\mathscr{F}$使$\forall\, w\in\Omega$,

$F(w)=\overline{\{f_n(w)\mid n=1,2,\cdots\}}$.

证明 设 $\{h_i\}$ 为 F 的稠密可测选择列，即 $\forall w\in\Omega$, $F(w)=\overline{\{h_i(w)\mid i=1,2,\cdots\}}$. 由 $\mathscr{F}\neq\varnothing$，存在 $f\in\mathscr{F}$，设 $\{A_k\}$ 为 Ω 的分解，$\mu(A_k)<+\infty$. 对任意的 $i,m,k=1,2,\cdots$，记

$$B_{imk}=\{w\in\Omega\mid m-1\leqslant\|h_i(w)\|<m\}\cap A_k.$$

定义 $f_{imk}:\Omega\to X$ 为

$$f_{imk}=\chi_{B_{imk}}h_i+\chi_{\Omega-B_{imk}}f,$$

则 $f_{imk}\in\mathscr{F}$. 由 $\bigcup\limits_{i,m,k=1}^{\infty}B_{imk}=\Omega$ 知，$\forall w\in\Omega$ 有

$$F(w)=\overline{\{f_{imk}(w)\mid i,m,k=1,2,\cdots\}}.$$

证毕.

推论 5.2.4 设 $F,G:\Omega\to p_0(X)$ 都可测，且 $\mathscr{F}=\mathscr{G}\neq\varnothing$，其中 $\mathscr{G}=\{g\in L^1(\Omega,X,\mu)\mid$ 对 a.e. $w\in\Omega$, $g(w)\in G(w)\}$，则

$$\text{对 a.e. } w\in\Omega,\ F(w)=G(w).$$

命题 5.2.5 $F:\Omega\to p_0(X)$ 是可积有界的当且仅当存在非负函数 $k\in L^1(\Omega,\boldsymbol{R},\mu)$ 使得对 a.e. $w\in\Omega$,

$$|F(w)|=\sup\{\|x\|\mid x\in F(w)\}\leqslant k(w)$$

当且仅当 $|F(w)|\in L^1(\Omega,\boldsymbol{R},\mu)$.

证明 显然.

命题 5.2.6 设 $F,F_i:\Omega\to p_0(X)$ 是可测积分有界闭集值的映射，$i=1,2$，则

1. $\forall\lambda\in\boldsymbol{R}$, $\int_\Omega\lambda Fd\mu=\lambda\int_\Omega Fd\mu$；

2. $\overline{\int_\Omega\overline{(F_1+F_2)}d\mu}=\overline{\int_\Omega F_1d\mu+\int_\Omega F_2d\mu}$；

3. $\forall p\in X^*$, $\sigma\left(\int_\Omega Fd\mu,p\right)=\int_\Omega\sigma(F(w),p)d\mu$；

4. $\overline{\int_\Omega\overline{\text{co}}Fd\mu}=\overline{\text{co}}\int_\Omega Fd\mu$；

5. 若 $\exists x\in\int_\Omega Fd\mu$，及 $p\in X^*$ 使

$$\langle p,x\rangle=\sigma\left(\int_\Omega Fd\mu,p\right)$$

则 $\forall\bar f\in\mathscr{F}$，只要 $x=\int_\Omega\bar fd\mu$，就有

$$\text{对 a.e. } w\in\Omega,\ \langle p,\bar f(w)\rangle=\sigma(F(w),p).$$

证明 1. 显然.

2. 记 $G=\overline{F_1+F_2}$. 显然有 $\overline{\int_\Omega Gd\mu}\supset\overline{\int_\Omega F_1d\mu+\int_\Omega F_2d\mu}$，只须证

$$\int_{\Omega} G d\mu \subset \overline{\int_{\Omega} F_1 d\mu + \int_{\Omega} F_2 d\mu}.$$

设 g 为 G 的可测选择，$\{f_{in}\}$ 为 F_i 的稠密可测选择列（$i=1,2$），则 $\{f_{1n}+f_{2m}\}$ 为 G 的一个稠密可测选择列，记

$$G_{nm}(w) = \{f_{1i}(w) + f_{2j}(w) \mid 1 \leqslant i \leqslant n, 1 \leqslant j \leqslant m\},$$

则

$$\lim_{n\to\infty} d(g(w), G_{nm}(w)) = 0, \forall\, w \in \Omega.$$

由推论 5.1.14，G_{nm} 有可测选择 g_{nm} 使

$$\| g(w) - g_{nm}(w) \| = d(g(w), G_{nm}(w)).$$

又 $g_{nm}(w) \in F_1(w) + F_2(w)$，从而 F_i 有可测选择 f_{nm}^i 使 $f_{nm}^1 + f_{nm}^2 = g_{nm}$. 这就有

$$d\left(\int_{\Omega} g_{nm} d\mu, \int_{\Omega} F_1 d\mu + \int_{\Omega} F_2 d\mu\right) = 0.$$

取 $n, m \to \infty$ 的极限，知

$$d\left(\int_{\Omega} g d\mu, \int_{\Omega} F_1 d\mu + \int_{\Omega} F_2 d\mu\right) = 0.$$

故

$$\int_{\Omega} g d\mu \in \overline{\int_{\Omega} F_1 d\mu + \int_{\Omega} F_2 d\mu}.$$

3. 设 $x \in \int_{\Omega} F d\mu$，则 $\exists f \in \mathscr{F}$ 使得 $x = \int_{\Omega} f d\mu$. $\forall\, p \in X^*$，

$$\langle p, x \rangle = \langle p, \int_{\Omega} f d\mu \rangle = \int_{\Omega} \langle p, f \rangle d\mu \leqslant \int_{\Omega} \sigma(F(w), p) d\mu.$$

所以

$$\sigma\left(\int_{\Omega} F d\mu, p\right) \leqslant \int_{\Omega} \sigma(F(w), p) d\mu.$$

又设 $p \in X^*$，$k \in L^1(\Omega, \mathbf{R}, \mu)$ 为正值函数. 记

$$G(w) = \{x \in F(w) \mid \langle p, x \rangle \geqslant \sigma(F(w), p) - k(w)\}.$$

$\varphi(w, x) = \langle p, x \rangle - \sigma(F(w), p) - k(w)$ 为 Carathéodory 函数，故知 $G(w)$ 可测. 则有可测选择 f，也为 F 的可测选择，使得

$$\langle p, f(w) \rangle \geqslant \sigma(F(w), p) - k(w).$$

记 $A_n = \{w \in \Omega \mid \| f(w) \| \leqslant n\}$，则 $\bigcup_{n=1}^{\infty} A_n = \Omega$，$\lim_{n\to\infty} \mu(A_n) = \mu(\Omega)$. 由 $\mathscr{F} \neq \varnothing$，取 $f_0 \in \mathscr{F}$，定义 $f_n: \Omega \to X$，

$$f_n(w) = \begin{cases} f(w), & x \in A_n, \\ f_0(w), & x \in \Omega \setminus A_n. \end{cases}$$

则 $f_n \in \mathscr{F}$，$n = 1, 2, \cdots$，且

$$\sigma\left(\int_\Omega Fd\mu, p\right) \geqslant \int_\Omega \langle p, f_n(w)\rangle d\mu$$
$$= \int_A \langle p, f_n(w)\rangle d\mu + \int_{\Omega\setminus A_n} \langle p, f_0(w)\rangle d\mu$$
$$\geqslant \int_{A_n} \sigma(F(w), p) d\mu + \int_{\Omega\setminus A_n} \langle p, f_0(w)\rangle d\mu - \int_{A_n} k(w) d\mu.$$

取 $n\to\infty$,则有

$$\sigma\left(\int_\Omega Fd\mu, p\right) \geqslant \int_\Omega \sigma(F(w), p) d\mu.$$

4. 从 3 用分离定理可得结论.

5. 设 $x \in \int_\Omega Fd\mu, p \in X^*, \langle p, x\rangle = \sigma\left(\int_\Omega Fd\mu, p\right), \bar{f} \in \mathscr{F}$使 $x = \int_\Omega \bar{f} d\mu$. 由 3 可知

$$\int_\Omega \sigma(F(w), p) d\mu = \sigma\left(\int_\Omega Fd\mu, p\right) = \int_\Omega \langle p, \bar{f}\rangle d\mu.$$

从而有

$$\int_\Omega (\sigma(F(w), p) - \langle p, \bar{f}(w)\rangle) d\mu = 0.$$

又 $\sigma(F(w), p) \geqslant \langle p, \bar{f}(w)\rangle$. 故对 a.e. $w \in \Omega$, $\sigma(F(w), p) = \langle p, \bar{f}(w)\rangle$.

5.2.2 积分的凸性

$A \in \mathscr{A}$称为一个原子,若 $\mu(A) > 0$ 且对 A 的任一可测子集 A_1 有 $\mu(A_1) = 0$ 或 $\mu(A_1) = \mu(A)$. 测度 μ 称为非原子的,若 $\mathscr{A}$不含有原子. Dirac 测度和离散测度都不是非原子测度, Lebesgue 测度是非原子测度. 我们为了给出积分凸性的证明,需要下述著名的 Lyapunov 凸性定理,这个定理是对取值在有限维空间的非原子向量测度的值域为凸集的陈述. 我们这里只需对积分测度加以陈述,略去证明.

定理 5.2.7(Lyapunov 凸性定理) 设 μ 为非原子测度, $f \in L^1(\Omega, \boldsymbol{R}^n; \mu)$. 则

$$v(\mathscr{A}) = \left\{\int_A fd\mu \mid A \in \mathscr{A}\right\}$$

是$\boldsymbol{R}^n$ 的凸紧集.

推论 5.2.8 设 X 为可分 Banach 空间, $f \in L^1(\Omega, X, \mu)$, μ 为非原子测度, $\forall A \in \mathscr{A}$,记 $v(A) = \int_A fd\mu$, $v(\mathscr{A}) = \{v(A) \mid A \in \mathscr{A}\}$,则$\overline{v(\mathscr{A})}$是凸紧集.

定理 5.2.9(积分凸性定理) 设$(\Omega, \mathscr{A}, \mu)$为完备 σ-有限测度空间, X 为可分 Banach 空间, $F: \Omega \to p_0(X)$为闭集值可测积分有界映射, μ 为非原子测度,则

1. 若 $X=\boldsymbol{R}^n$ 为有限维空间,则 $\int_\Omega Fd\mu$ 为凸集;

2. 若 X 是无限维空间,则 $\overline{\int_\Omega Fd\mu}=\overline{\mathrm{co}}\int_\Omega Fd\mu$ 为凸集;

3. 若 X 是自反空间,且 $F(w)$是闭凸的,则 $\int_\Omega Fd\mu$ 为闭集.

证明 1. 设 $x_1,x_2\in\int_\Omega Fd\mu$, 则 $\exists f_1,f_2\in\mathscr{F}$,使得

$$x_1=\int_\Omega f_1d\mu,x_2=\int_\Omega f_2d\mu.$$

$\forall A\in\mathscr{A}$,记 $v(A)=\left(\int_A f_1d\mu,\int_A f_2d\mu\right)$,则 $v:\mathscr{A}\to\boldsymbol{R}^n\times\boldsymbol{R}^n$, v 为有限非原子向量测度.由 Lyapunov 定理,知道这里的 v 的值域也是凸的.故 $\forall\lambda\in[0,1]$, $\exists A\in\mathscr{A}$ 便得

$$v(A)=(1-\lambda)v(\varnothing)+\lambda v(\Omega).$$

而 $v(\varnothing)=(0,0)$, $v(\Omega)=\left(\int_\Omega f_1d\mu,\int_\Omega f_2d\mu\right)$, 所以

$$\left(\int_A f_1d\mu,\int_A f_2d\mu\right)=v(A)=\left(\lambda\int_\Omega f_1d\mu,\lambda\int_\Omega f_2d\mu\right)=(\lambda x_1,\lambda x_2).$$

表明

$$\lambda(\Omega\setminus A)=((1-\lambda)x_1,(1-\lambda)x_2)=\left(\int_{\Omega\setminus A}f_1d\mu,\int_{\Omega\setminus A}f_2d\mu\right).$$

定义 $f:\Omega\to X$ 为

$$f(w)=\begin{cases}f_1(w), & x\in A,\\ f_2(w), & x\in\Omega\setminus A.\end{cases}$$

则 $f\in\mathscr{F}$,

$$\begin{aligned}\int_\Omega fd\mu&=\int_A f_1d\mu+\int_{\Omega\setminus A}f_2d\mu=\lambda\int_\Omega f_1d\mu+(1-\lambda)\int_\Omega f_2d\mu\\&=\lambda x_1+(1-\lambda)x_2.\end{aligned}$$

故 $\lambda x_1+(1-\lambda)x_2\in\int_\Omega Fd\mu$,知$\int_\Omega Fd\mu$ 是凸的.

2. 设 $x_1,x_2\in\int_\Omega Fd\mu$,只需证 $\forall\varepsilon>0,\lambda\in[0,1]$, $\exists x\in\int_\Omega Fd\mu$ 使

$$\|x-\lambda x_1-(1-\lambda)x_2\|<\varepsilon$$

即可.设 $f_1,f_2\in\mathscr{F}$ 使 $x_1=\int_\Omega f_1d\mu,x_2=\int_\Omega f_2d\mu$, 定义测度 $v:\Omega\to X\times X$ 为 $\forall A\in\mathscr{A}$,

$$v(A)=\left(\int_A f_1d\mu,\int_A f_2d\mu\right).$$

由推论 5.2.7 知这里的 v 的值域的闭包也为凸的. 又由

$$v(\varnothing)=(0,0),\ v(\Omega)=\left(\int_\Omega f_1 d\mu,\int_\Omega f_2 d\mu\right)$$

故 $\exists A\in\mathscr{A}$,使

$$\left\| v(A)-(1-\lambda)v(\varnothing)-\lambda v(\Omega)\right\|<\frac{\varepsilon}{2},$$

即

$$\left\|\left(\int_A f_1 d\mu,\int_A f_2 d\mu\right)-\left(\lambda\int_\Omega f_1 d\mu,\lambda\int_\Omega f_2 d\mu\right)\right\|<\frac{\varepsilon}{2}.$$

从而

$$\left\|\int_A f_1 d\mu-\lambda\int_\Omega f_1 d\mu\right\|<\frac{\varepsilon}{2},$$

当然,我们也可取 $A\in\mathscr{A}$ 同时满足

$$\left\|\int_{\Omega-A} f_2 d\mu-(1-\lambda)\int_\Omega f_2 d\mu\right\|<\frac{\varepsilon}{2}.$$

定义 $f=\chi_A f_1+\chi_{\Omega-A}f_2$,则 $f\in\mathscr{F}$,

$$\begin{aligned}&\left\|\int_\Omega f d\mu-\lambda x_1-(1-\lambda)x_2\right\|\\ =&\left\|\int_A f_1 d\mu+\int_{\Omega\setminus A} f_2 d\mu-\lambda\int_\Omega f_1 d\mu-(1-\lambda)\int_\Omega f_2 d\mu\right\|\\ \leqslant&\left\|\int_A f_1 d\mu-\lambda\int_\Omega f_1 d\mu\right\|+\left\|\int_{\Omega-A} f_2 d\mu-(1-\lambda)\int_\Omega f_2 d\mu\right\|<\varepsilon.\end{aligned}$$

故知 $x=\int_\Omega f d\mu$ 为所求. 故有 $\mathrm{co}\int_\Omega F d\mu\subset\int_\Omega F d\mu$. 所以 $\overline{\mathrm{co}}\int_\Omega F d\mu\subset\overline{\int_\Omega F d\mu}$. 又相反包含关系显然,故得证.

3. 设 $y_n\in\int_\Omega F d\mu$, $y_n\to y$,我们证 $y\in\int_\Omega F d\mu$.

由 $y_n\in\int_\Omega F d\mu$, $\exists f_n\in\mathscr{F}$,使 $y_n=\int_\Omega f_n d\mu$. 又 $\|f_n(w)\|\leqslant\|F(w)\|$,故 $\forall n$, $\lim\limits_{\mu(A)\to 0}\int_A\|f_n\|d\mu=0$. 由 X 自反知 X 与 X^* 有 Radon-Nikodym 性质. 由 Dunford 定理, $\{f_n(w)\}$ 为相对弱紧集,再由 Eberlein-Smulian 定理,存在子列 $\{f_{n_k}(w)\}$ 及 $f\in L^1(\Omega,X,\mu)$ 使得在 $L^1(\Omega,X,\mu)$ 中, $f_{n_k}(w)\xrightarrow{w}f(w)$. 由 Mazur 定理存在 $\{f_{n_k}(w)\}$ 的凸组合列 $\{g_k(w)\}$ 在 $L^1(\Omega,X,\mu)$ 上范数收敛于 $f(w)$. 故对 a.e. $w\in\Omega$, $\lim\limits_{k\to\infty}g_k(w)=f(w)$.

又 $F(w)$ 为闭凸集,故 $g_k(w)\in F(w)$. 所以对 a.e. $w\in\Omega$ 有 $f(w)\in F(w)$,即 $f\in\mathscr{F}$. 因为 $\lim\limits_{k\to\infty}y_n=y$,故 $\lim\limits_{k\to\infty}y_{n_k}=y$,所以 $y_{n_k}\xrightarrow{弱}y$. 从而 $y=\int_\Omega f d\mu$,即

$y \in \int_\Omega F d\mu$. 证毕.

我们用可测映射的极限定理和集值映射积分的凸性定理,可以得到集值映射积分的 Fatou 引理和 Lebesgue 控制收敛定理.

定理 5.2.10 设$(\Omega, \mathscr{A}, \mu)$为完备 σ-有限测度空间,X 为可分 Banach 空间,$F_n: \Omega \to p_0(X)$为闭集值的映射,$n = 1, 2, \cdots$.

1.(Fatou)若函数 $w \mapsto \sup\limits_{n \geqslant 1} d(0, F_n(w))$可积,则

$$\int_\Omega (\liminf_{n\to\infty} F_n) d\mu \subset \liminf_{n\to\infty} \left(\int_\Omega F_n d\mu\right).$$

2. 若 X 为有限维空间,函数 $w \mapsto \sup\limits_{n \geqslant 1} |F_n(w)|$可积,则

$$\limsup_{n\to\infty} \left(\int_\Omega F_n d\mu\right) \subset \int_\Omega (\limsup_{n\to\infty} F_n) d\mu.$$

3.(Lebesgue)在 2 的假设下,若对 a. e. $w \in \Omega$, $\lim\limits_{n\to\infty} F_n(w)$存在,则有

$$\lim_{n\to\infty} \left(\int_\Omega F_n d\mu\right) = \int_\Omega (\lim_{n\to\infty} F_n) d\mu.$$

证明 1. 设 $v \in \int_\Omega (\liminf\limits_{n\to\infty} F_n) d\mu$,记 $v = \int_\Omega f d\mu$,f 为$\liminf\limits_{n\to\infty} F_n$ 的可积选择,则由定理5.1.21存在 f_n 为F_n 的可积选择,使 $f = \lim\limits_{n\to\infty} f_n$. 记 $v_n = \int_\Omega f_n d\mu$,则 $v = \lim\limits_{n\to\infty} v_n$. 而 $v_n \in \int_\Omega F_n d\mu$, 故

$$\int_\Omega (\liminf_{n\to\infty} F_n) d\mu \subset \liminf_{n\to\infty} \int_\Omega F_n d\mu.$$

2. 设 $v \in \limsup\limits_{n\to\infty} \int_\Omega F_n d\mu$, 则存在子列 f_{n_j} 为 F_{n_j} 的可积选择, 使 $v = \lim\limits_{j\to\infty} \int_\Omega f_{n_j} d\mu$. 由$\sup\limits_{n \geqslant 1} \| F_n(w) \|$ 可积,可知 f_{n_j} 积分有界. 由 Dunford-Pettis 定理$\{f_{n_j}\}$有子列仍记为$\{f_{n_j}\}$ 弱收敛于 f,这个 f 为F_n 的可测选择的列弱上极限,由集值映射收敛定理,$f(w) \in \overline{\text{co}}(\limsup\limits_{n\to\infty} F_n(w))$对 a. e. $w \in \Omega$ 成立. 由积分凸性定理知:

$$v = \int_\Omega f d\mu \in \int_\Omega \overline{\text{co}}(\limsup_{n\to\infty} F_n) d\mu = \int_\Omega (\limsup_{n\to\infty} F_n) d\mu.$$

3. 记 $F = \lim F_n$,则 $F = \liminf\limits_{n\to\infty} F_n = \limsup\limits_{n\to\infty} F_n$. 故

$$\int_\Omega F d\mu = \int_\Omega (\liminf_{n\to\infty} F_n) d\mu \subset \liminf_{n\to\infty} \left(\int_\Omega F_n d\mu\right) \subset \limsup_{n\to\infty} \left(\int_\Omega F_n d\mu\right)$$

$$\subset \int_\Omega (\limsup_{n\to\infty} F_n) d\mu = \int_\Omega F d\mu.$$

证毕.

5.2.3 Pettis 积分与 Debreu 积分

在本小节我们介绍集值映射的另外两种积分.

定义 5.2.11 设 $f:\Omega\to X$. 若 $\forall p\in X^*$, $\langle p,f(w)\rangle$ 是可积的，即 $\langle p,f(w)\rangle\in L^1(\Omega,\boldsymbol{R},\mu)$ 则称 f 弱可积. 若 $\forall A\in\mathscr{A}$, $\exists x_A\in X$, $\forall p\in X^*$ 有

$$\langle p,x_A\rangle=\int_A\langle p,f(w)\rangle d\mu.$$

则 f 称为 Pettis 可积，x_A 称为 f 在 A 上的 Pettis 积分，记为

$$x_A=(p)\int_A fd\mu.$$

显然，当 f 可积时，必定 Pettis 可积，且两积分值相等. 当为不包含 c_0 空间的拷贝时，f 只要弱可积，就必 Pettis 可积.

定义 5.2.12 设 X 为可分 Banach 空间不含 c_0 空间拷贝，$F:\Omega\to p_0(X)$. 函数 $f:\Omega\to X$ 称为 F 的弱可积选择，若对 a.e. $w\in\Omega$, $f(w)\in F(w)$，且 f 是 Pettis 可积的. 记

$$\mathscr{F}_w=\{f:\Omega\to X\mid f\text{ 为 }F\text{ 的弱可积选择}\}.$$

若 $\mathscr{F}_w\neq\varnothing$，则称 F 是 Pettis-Aumann 可积的. $\forall A\in\mathscr{A}$，定义

$$(w)\int_A Fd\mu=\{(p)\int_A fd\mu\mid f\in\mathscr{F}_w\},$$

称为 F 的 Pettis-Aumann 积分.

F 称为弱可积有界，若 $\forall p\in X^*$，函数

$$|\langle p,F(w)\rangle|=\sup\{|\langle p,x\rangle|\mid x\in F(w)\}$$

可积.

显然，当 F 弱可积有界时，必是 Pettis-Aumann 可积的. F 可积时也必 Pettis-Aumann 可积，且 $\forall A\in\mathscr{A}$,

$$\int_A Fd\mu\subset(w)\int_A Fd\mu.$$

仿命题 5.2.5(3) 的证明可得：

命题 5.2.13 设 $\mathscr{F}w\neq\varnothing$，则 $\forall p\in X^*$,

$$\sigma((w)\int_\Omega Fd\mu,p)=\int_\Omega\sigma(F(w),p)d\mu.$$

仿定理 5.2.8 的证明可得

命题 5.2.14 设 X^* 可分，μ 是非原子测度，$\mathscr{F}_w\neq\varnothing$，则 $(w)\int_\Omega Fd\mu$ 的弱闭包是 X 的凸集.

现在介绍 Debreu 积分

设 $C(X)$ 为 X 的紧凸集作成的族，由 Radstrom 定理、存在一个 Banach 空间 E 和映射 $J: C(X) \to E$ 满足 $\forall A, B \in C(X)$，

(1) $\| J(A) - J(B) \| = D(A, B)$；

(2) $J(A+B) = J(A) + J(B)$；

(3) $J(\lambda A) = \lambda J(A) (\lambda \geqslant 0)$；

(4) $J(C(X)) - J(C(X)) = E$.

设 $F: \Omega \to C(X)$，若 $J \circ F: \Omega \to E$ 是可积的，则必有

$$\int_\Omega J \circ F d\mu \in J(C(X)).$$

定义 5.2.15　$F: \Omega \to C(X)$ 称为 Debreu 可积，若 $J \circ F: \Omega \to E$ 可积. 记 F 的 Debreu 积分为

$$(D)\int_\Omega F d\mu = J^{-1}\left(\int_\Omega J \circ F d\mu\right).$$

命题 5.2.16　若 $F: \Omega \to C(X)$ Debreu 可积，则必 Aumann 可积，且

$$(D)\int_\Omega F d\mu = \int_\Omega F d\mu.$$

§5.3　集 值 测 度

集值测度是受集值积分理论的发展而产生和发展的，并在经济学、控制论、最优化、非光滑分析以及统计学等众多领域有很多应用. 本节主要介绍集值测度方面的一些主要结论.

设 X 为实 Banach 空间，Ω 为非空集，$\mathscr{A}$ 为 Ω 的 σ-代数，$F: \mathscr{A} \to p_0(X)$ 为集值映射.

5.3.1　集值测度的概念和基本性质

定义 5.3.1　1. $F: \mathscr{A} \to p_0(X)$ 称为 $\mathscr{A}$ 上的一个有限可加测度，是指：

(1) $F(\varnothing) = \{0\}$；

(2) $\forall A_1, A_2 \in \mathscr{A}, A_1 \cap A_2 = \varnothing$ 时 $F(A_1 \cup A_2) = F(A_1) \cup F(A_2)$.

2. $F: \mathscr{A} \to p_0(X)$ 称为 $\mathscr{A}$ 上的一个(可数可加)测度，是指 F 是有限可加的，且还满足：

(3) 对 $\mathscr{A}$ 的任一列两两互不相交元素 $\{A_n\}$，有

$$F\left(\bigcup_{n=1}^\infty A_n\right) = \left\{x \in X \mid \forall n, \exists x_n \in F(A_n), \text{使} \sum_{n=1}^\infty x_n \text{ 无条件收敛于 } x\right\}$$

$$= \sum_{n=1}^{\infty} F(A_n).$$

3. $F:\mathscr{A}\to p_0(X)$称为$\mathscr{A}$上的弱(可数可加)测度,是指$\forall\, p\in X^*$,$\sigma(F(A),p)$为$\mathscr{A}$上的一个实值测度.

4. $F:\mathscr{A}\to p_0(X)$称为有界的,是指存在$C>0$,使得

$$\forall A\in\mathscr{A},\ |F(A)| = \sup\{\|x\| \mid x\in F(A)\}\leqslant C.$$

5. $F:\mathscr{A}\to p_0(X)$称为强(可数可加)测度,是指F是有限可加的,且满足:

(3′)对$\mathscr{A}$的任一列互不相交元素$\{A_n\}$, $\sum_{n=1}^{\infty}F(A_n)$ 无条件收敛,即 $\forall\, x_n\in F(A_n)$, $\sum_{n=1}^{\infty}x_n$ 是无条件收敛级数.

命题 5.3.2 设$F:\mathscr{A}\to p_0(X)$为弱紧凸集值有界可数可加测度,则F是强可加的.

命题 5.3.3 设$F:\mathscr{A}\to p_0(X)$为弱紧凸集值有界映射,则F可数可加当且仅当弱可数可加.

定义 5.3.4 设$F:\mathscr{A}\to p_0(X)$是有界有限可加测度,记$|F|:\mathscr{A}\to\boldsymbol{R}$为:$\forall A\in\mathscr{A}$,

$$|F|(A) = \sup\left\{\sum_{i=1}^{m}|F(A_i)| \,\middle|\, \{A_1,\cdots,A_m\}\text{为}A\text{的分解},m\geqslant 1\right\}.$$

(1)若$|F|(\Omega)<+\infty$,则称F具有有界变差;

(2)若存在Ω的分解$\{A_n\}$,使$|F|(A_n)<+\infty$, $n=1,2,\cdots$,则称F具有σ-有界变差.

显然,当F可数可加有界时,$|F|$为$\mathscr{A}$上的一个正测度.

对$A\in\mathscr{A}$, $F(A)\neq\{0\}$,若对A的任一可测子集B,或$F(B)=\{0\}$,或$F(A\setminus B)=\{0\}$,则称A为一个原子.若F没有原子,则称F为非原子测度,$A\in\mathscr{A}$的一个双积结构是一族满足如下条件的可测集族:

$\{A(\varepsilon_1,\varepsilon_2,\cdots,\varepsilon_k)\mid \varepsilon_i=0,1,k=1,2,\cdots\}$:

$A(0)\cup A(1)=A$, $A(\varepsilon_1,\cdots,\varepsilon_k,0)\cup A(\varepsilon_1,\cdots,\varepsilon_k,1)=A(\varepsilon_1,\cdots,\varepsilon_k)$,

$A(0)\cap A(1)=\varnothing$, $A(\varepsilon_1,\cdots,\varepsilon_k,0)\cap A(\varepsilon_1,\cdots,\varepsilon_k,1)=\varnothing$.

命题 5.3.5 设X具有 Radon-Nikodym 性质(RNP)(即对每个σ有限测度空间$(\Omega,\mathscr{R},\mu)$,每个有界变差μ-绝对连续的函数$G:\mathscr{R}\to X$,存在$g\in L^1(\Omega,X,\mu)$使得$\forall E\in\mathscr{R}$, $G(E)=\int_E g d\mu$. $F:\mathscr{A}\to p_0(X)$是非原子可数可加具有有界变差的测度,则$\forall A\in\mathscr{A}$, $\overline{F(A)}$为凸集.

证明 只需对$A=\Omega$加以证明.记$\mu=|F|$,则μ为有限测度,且μ非原子,所以存在Ω的双积结构$\{A(\varepsilon_1,\cdots,\varepsilon_k)\}$满足

$$\mu(A(\varepsilon_1,\cdots,\varepsilon_k)) = 2^{-k}\mu(\Omega).$$

现在设 $x_1,x_2\in F(\Omega)$, $\alpha\in(0,1)$. 则可取 $x_1(\varepsilon_1,\cdots,\varepsilon_k)$ 及 $x_2(\varepsilon_1,\cdots,\varepsilon_k)$, $\varepsilon_i=0,1,k=1,2,\cdots$ 使得 $x_j(\varepsilon_1,\cdots,\varepsilon_k)\in F(A(\varepsilon_1,\cdots,\varepsilon_k))$, $x_j(0)+x_j(1)=x_j$,

$$x_j(\varepsilon_1,\cdots,\varepsilon_k,0)+x_j(\varepsilon_1,\cdots,\varepsilon_k,1)=x_j(\varepsilon_1,\cdots,\varepsilon_k),\ j=1,2.$$

记 $\{A(\varepsilon_1,\cdots,\varepsilon_k)\}$ 生成的 σ-代数为 $\mathscr{A}_0$, 定义 $m_j:\mathscr{A}_0\to X(j=1,2)$ 为

$$m_j(A(\varepsilon_1,\cdots,\varepsilon_k)) = x_j(\varepsilon_1,\cdots,\varepsilon_k).$$

由 $\| m_j(A(\varepsilon_1,\cdots,\varepsilon_k))\|\leqslant\mu(A(\varepsilon_1,\cdots,\varepsilon_k))$ 知 m_j 可扩张成 $\mathscr{A}_0$ 上的向量值测度, 且是 μ 连续具有有界变差的. 由 RNP, 存在可积函数 $f_1,f_2:\Omega\to X$, 使 $\forall A\in\mathscr{A}_0$, $m_j(A)=\int_A f_j d\mu$. 故由积分凸性知 (m_1,m_2) 的值域闭包是凸的. $\forall\varepsilon>0$, 由 $(m_1(\varnothing),m_2(\varnothing))=(0,0)$, $(m_1(\Omega),m_2(\Omega))=(x_1,x_2)$, 则存在 $A\in\mathscr{A}_0$ 使 $\|\alpha x_j-m_j(A)\|<\frac{\varepsilon}{2}$, 其实 A 可在双积结构中选择, 故

$$m_1(A)+m_2(\Omega\setminus A)\in F(A)+F(\Omega\setminus A)=F(\Omega),$$

且

$$\begin{aligned}&\|\alpha x_1+(1-\alpha)x_2-m_1(A)-m_2(\Omega\setminus A)\|\\ \leqslant\ &\|\alpha x_1-m_1(A)\|+\|\alpha x_2-m_2(A)\|<\varepsilon.\end{aligned}$$

故 $\alpha x_1+(1-\alpha)x_2\in\overline{F(\Omega)}$. $\overline{F(\Omega)}$ 是凸的. 证毕.

命题 5.3.6 设 X 具有 RNP, $F:\mathscr{A}\to p_0(X)$ 为非原子可数可加具有 σ 有界变差测度, 则 $\forall A\in\mathscr{A}$, $\overline{F(A)}$ 是凸的.

命题 5.3.7 设 $F:\mathscr{A}\to p_0(X)$ 为有界的相对弱紧集值的可数可加测度, 则 $\overline{\mathrm{co}}F$ 也可数可加.

证明 设 $\{A_n\}$ 为互不相交可测集列, 则由 F 可数可加且取弱紧值得

$$\sigma(F(\bigcup_{n=1}^{\infty}A_n),p)=\sum_{n=1}^{\infty}\sigma(F(A_n),p),\ \forall p\in X^*.$$

知

$$\sigma(\overline{\mathrm{co}}F(\bigcup_{n=1}^{\infty}A_n),p)=\sum_{n=1}^{\infty}\sigma(\overline{\mathrm{co}}F(A_n),p),\ \forall p\in X^*.$$

所以知 $\overline{\mathrm{co}}F$ 是弱可数可加的, 由命题 5.3.3 知 $\overline{\mathrm{co}}F$ 可数可加. 证毕.

5.3.2 集值测度的测度选择

定义 5.3.8 设 $F:\mathscr{A}\to p_0(X)$ 为可数可加测度, $f:\mathscr{A}\to X$ 为单值向量测度. 若 $\forall A\in\mathscr{A}$, $f(A)\in F(A)$, 则称 f 为 F 的一个测度选择, 简称选择.

设 $B\subset X$, $x\in B$, 若 $\exists p\in X^*$ 使得 $\forall y\in B\setminus\{x\}$ 有

$$\langle p, x\rangle > \langle p, y\rangle,$$

则称 x 为 B 的一个暴露点.

命题 5.3.9 设 $F:\mathscr{A}\to p_0(X)$ 为弱紧凸值可数可加测度, x 为 $F(\Omega)$ 的暴露点, 则 F 有一个选择, 使 $f(\Omega)=x$.

证明 设 $p\in X^*$ 满足 $\forall y\in F(\Omega)\setminus\{x\}, \langle p,x\rangle>\langle p,y\rangle$. 因为 $\forall A\in\mathscr{A}$, $F(\Omega)=F(A)+F(\Omega\setminus A)$, 故存在 $u\in F(A)$, $v\in F(\Omega\setminus A)$, 使 $x=u+v$. 又 $\langle p,u\rangle+\langle p,v\rangle=\langle p,x\rangle>\langle p,w\rangle+\langle p,v\rangle$, $\forall w\in F(A)\setminus\{u\}$, 故知 $\langle p,u\rangle>\langle p,w\rangle$, 所以 u 为 $F(A)$ 的暴露点. 记 $u=u(A,p)$, 则得到映射 $f:\mathscr{A}\to X$, $f(A)=u(A,p)$, 且 $\forall A\in\mathscr{A}$, $\sigma(F(A),p)=\langle p,f(A)\rangle$, 这表明 f 为单值向量值测度. 故 f 为 F 的选择.

设 $\{A_n\}$ 为互不相交可测集列, 因 $F\left(\bigcup_{n=1}^{\infty}A_n\right)\left(=\sum_{n=1}^{\infty}F(A_n)\right)$ 为凸且弱紧的, 由命题 5.3.2, $\sum_{n=1}^{\infty}F(A_n)$ 无条件收敛, 从而知 $\sum_{n=1}^{\infty}f(A_n)$ 无条件收敛于 $F\left(\bigcup_{n=1}^{\infty}A_n\right)$ 中的点. 又注意到

$$\sigma\left(\sum_{n=1}^{\infty}f(A_n),p\right)=\sum_{n=1}^{\infty}\langle p,f(A_n)\rangle=\sum_{n=1}^{\infty}\sigma(F(A_n),p)=\sigma\left(\sum_{n=1}^{\infty}F(A_n),p\right)$$
$$=\sigma\left(F\left(\bigcup_{n=1}^{\infty}A_n\right),p\right)=\left\langle p,f\left(\bigcup_{n=1}^{\infty}A_n\right)\right\rangle,$$

且 $f\left(\bigcup_{n=1}^{\infty}A_n\right)\in F\left(\bigcup_{n=1}^{\infty}A_n\right)$. 由于存在唯一的 $y\in F\left(\bigcup_{n=1}^{\infty}A_n\right)$ 使

$$\langle p,y\rangle=\sigma\left(F\left(\bigcup_{n=1}^{\infty}A_n\right),p\right),$$

故 $\sum_{n=1}^{\infty}f(A_n)=f\left(\bigcup_{n=1}^{\infty}A_n\right)$. 故 f 可数可加, 且有 $f(\Omega)=x$. 证毕.

定理 5.3.10(Artstein 选择定理) 设 $F:\mathscr{A}\to p_0(X)$ 是弱紧凸集值有界可数可加测度, 则 $\forall A\in\mathscr{A}$, $\forall x\in F(A)$, F 有选择 f 使 $f(A)=x$.

证明 不失一般性, 仅对 $A=\Omega$ 证明成立. 因 $F(\Omega)$ 为凸弱紧集, 故由 Amir-Lindenstrauss 定理(见[113]) $F(\Omega)$ 为其暴露点的闭凸包. 记 Q 为 $F(\Omega)$ 的暴露点集, 则 $\forall x\in F(\Omega)$, $\forall\varepsilon>0$, $\exists x_j\in Q$, $\alpha_j>0$, $j=1,\cdots,n$, $\sum_{j=1}^{n}\alpha_j=1$, $\left\|x-\sum_{j=1}^{n}\alpha_jx_j\right\|<\varepsilon$. 由命题 5.3.9, F 有选择 $\overline{f_j}$, 使得 $\overline{f_j}(\Omega)=x_j$, $j=1,\cdots,n$. 定义 $f:\mathscr{A}\to X$, $f(A)=\sum_{j=1}^{n}\alpha_j\overline{f_j}(A)$, $\forall A\in\mathscr{A}$. 则 f 为 F 的选择, 由 $\|f(\Omega)-x\|<\varepsilon$, 取 $\varepsilon=\dfrac{1}{k}$, $k=1,2,\cdots$, 则 F 有一列选择 f_k, 使 $\|f_k(\Omega)-x\|\to0$.

现记 $\prod = \prod_{A\in\mathscr{A}} F(A)$ 为 $F(A)$ 带弱拓扑的乘积空间,则 $\prod$ 关于乘积拓扑是紧的,从而列 $\{\prod_{A\in\mathscr{A}} f_k(A)\}$ 也有收敛子列,仍记为 $\{\prod_{A\in\mathscr{A}} f_k(A)\}$. 记其极限为 $\prod_{A\in\mathscr{A}} f_\infty(A) \in \prod$,从而 $f_k(A) \to f_\infty(A) \in F(A)$,且 $f_\infty(\Omega) = x$,只需证 f_∞ 为测度.

设 $\{A_n\}$ 为一列互不相交可测集,则 $\forall\, p\in X^*$ 有

$$\sum_{n=1}^{\infty}\left|\sigma(F(A_n),p)\right| < +\infty.$$

$\forall\,\varepsilon>0, p\in X^*$,取 $n_0>0$,使

$$\sum_{j>n_0}\left|\sigma(F(A_j),p)\right| < \frac{\varepsilon}{2}.$$

则 $\forall\, n\geqslant n_0$,

$$\begin{aligned}
&\left|\langle p, f_k(\bigcup_{i=1}^{\infty}A_i) - \sum_{j=1}^{n} f_k(A_j)\rangle\right| \\
=& \left|\langle p, \sum_{j>n} f_k(A_j)\rangle\right| \\
\leqslant& \sum_{j>n}\Big(\left|\sigma(F(A_j),p)\right| + \left|\sigma(F(A_j),-p)\Big)\right| \\
<& \ \varepsilon.
\end{aligned}$$

取 $k\to\infty$,则有

$$\left|\langle p, f_\infty(\bigcup_{i=1}^{\infty}A_i)\rangle - \langle p, \sum_{y=1}^{n} f_\infty(A_j)\rangle\right| \leqslant \varepsilon.$$

由 $\varepsilon>0$ 的任意性知

$$\sum_{j=1}^{n} f_\infty(A_j) \xrightarrow{w} f_\infty(\bigcup_{n=1}^{\infty}A_n).$$

由 Orlicz-Pettis 定理, $\sum_{j=1}^{\infty} f_\infty(A_j)$ 无条件收敛于 $f_\infty(\bigcup_{n=1}^{\infty}A_n)$. 故 f_∞ 为向量测度,且 $f_\infty(\Omega) = x$. 证毕.

5.3.3 表示定理与 Radon-Nikodym 性质

集值测度的选择存在,对研究集值测度提供了有力的工具,本小节给出集值测度的表示定理和 Radon-Nikodym 性质.

定理 5.3.11(表示定理) 设 $F:\mathscr{A}\to p_0(X)$ 为有界闭凸集值可数可加测度, X 为可分自反 Banach 空间,则 F 有一列选择 $\{f_k\}$ 使得

$$F(A)=\overline{\mathrm{co}}\{f_k(A)\mid k=1,2,\cdots\},\forall A\in\mathscr{A}.$$

证明 因为 $F(\Omega)$ 有界闭凸，由 X 自反知 $F(\Omega)$ 弱紧凸，故为其所有暴露点的闭凸包. 又 X 可分，故有一列暴露点 $\{x_k\}$，使 $F(\Omega)=\overline{\mathrm{co}}\{x_k\}$. 由命题 5.3.9 或定理 5.3.10(选择定理)，对每个 x_k，存在 F 的选择 f_k，使 $f_k(\Omega)=x_k$. 现 $\forall A\in\mathscr{A}$，记 $H(A)=\overline{\mathrm{co}}\{f_k(A)\}$，则 $H(A)\subset F(A)$，$H(\Omega\setminus A)\subset F(\Omega\setminus A)$. 所以

$$\begin{aligned}F(\Omega)=H(\Omega)&\subset H(A)+H(\Omega\setminus A)\\&\subset F(A)+F(\Omega\setminus A)\\&=F(\Omega).\end{aligned}$$

所以有 $H(A)+H(\Omega\setminus A)=F(A)+F(\Omega\setminus A)$. 由分离定理，容易得到 $F(A)=H(A)=\overline{\mathrm{co}}\{f_k(A)\}$. 证毕.

现在设 X 可分自反 Banach 空间，$f,g:\mathscr{A}\to X$ 为向量测度. 若 $\forall A,B\in\mathscr{A}$，$A\cap B=\varnothing$，有 $f(A)=g(A)$，$f(B)=g(B)$ 及 $\exists c>0$ 使 $f(A)-g(A)=c(f(A)-f(B))$，则称 f 和 g 等比率.

若 $\{f_k\}$ 为一列 $\mathscr{A}$ 到 X 的一致有界两两等比率的测度，则

$$F(A)=\overline{\mathrm{co}}\{f_k(A)\},\forall A\in\mathscr{A}$$

为有界闭凸集值测度.

称 $\mathscr{A}$ 到 X 的一列向量测度 $\{f_k\}$ 具有一致有界变差，若 $\exists M>0$，使得对 Ω 的任意有限 $\mathscr{A}$-分解 $\{A_1,\cdots,A_n\}$ 有

$$\sum_{i=1}^{n}\sup_{k\geqslant1}|f_k|(A_i)\leqslant M,$$

其 $|f_k|(\cdot)$ 为 f_k 的变差测度.

若集值测度 $F:\mathscr{A}\to p_0(X)$，存在可积函数 $G:\Omega\to p_0(X)$ 使 $\forall A\in\mathscr{A}$，有 $F(A)=\int_A Gd\mu$，则称 G 为 F 的 Radon-Nikodym 导数.

定理 5.3.12(Radon-Nikodym 定理) 设 $\{f_k\}$ 一列从 $\mathscr{A}$ 到 X 两两等比率，μ-连续具有一致有界变差的向量测度，$F:\mathscr{A}\to X$ 定义为

$$F(A)=\overline{\mathrm{co}}\{f_k(A)\mid k=1,2,\cdots\},\forall A\in\mathscr{A},$$

若 X 是可分自反 Banach 空间，则 f_k 有 Radon-Nikodym 导数 g_k，记

$$G(w)=\overline{\mathrm{co}}\{g_k(w)\mid k=1,2,\cdots\},\forall w\in\Omega.$$

则 $\forall A\in\mathscr{A}$，

$$F(A)=\int_A G(w)d\mu.$$

即 G 为 F 的 Radon-Nikodym 导数.

证明 由 $\{f_k\}$ 具有一致有界变差知，F 具有有界变差. 又 G 可测显然. 现在证 G 是积分有界的，即 $|G(w)|=\sup_k\|g_k(w)\|$ 可积. 其实

$$\{w \in \Omega \mid |G(w)| = \infty\} = \bigcap_{n=1}^{\infty} \bigcup_{k=1}^{\infty} \{w \in \Omega \mid \|g_k(w)\| \geqslant n\}.$$

若

$$\mu\Big(\bigcap_{n=1}^{\infty} \bigcup_{k=1}^{\infty} \{w \in \Omega \mid \|g_k(w)\| \geqslant n\}\Big) = a > 0,$$

则 $\forall n$,

$$\mu\Big(\bigcup_{k=1}^{\infty} \{w \in \Omega \mid \|g_k(w)\| \geqslant n\}\Big) \geqslant a.$$

记 $E_{kn} = \{w \in \Omega \mid \|g_k(w)\| \geqslant n\}$, $E_{1n}^+ = E_{1n}$, $E_{kn}^+ = E_{kn} \setminus \bigcup_{j<k} E_{jn}$, 则 $\{E_{kn}^+\}_{k=1}^{\infty}$ 两两互不相交, 且

$$\bigcup_{k=1}^{\infty} E_{kn}^+ = \bigcup_{k=1}^{\infty} \{w \in \Omega \mid \|g_k(w)\| \geqslant n\}.$$

又有

$$|f_k|(E_{kn}^+) = \int_{E_{kn}^+} \|g_k(w)\| d\mu,$$

所以

$$\sum_{k=1}^{\infty} |f_k|(E_{kn}^+) = \sum_{k=1}^{\infty} \int_{E_{kn}^+} \|g_k(w)\| d\mu \geqslant n \sum_{k=1}^{\infty} \mu(E_{kn}^+) \geqslant na.$$

但是

$$\sum_{k=1}^{\infty} |f_k|(E_{kn}^+) \leqslant \sum_{k=1}^{\infty} \sup_{m \geqslant 1} |f_m|(E_{kn}^+),$$

从而得到一个矛盾. 故 $\mu(\{w \in \Omega \mid |G(w)| = \infty\}) = 0$.

记

$$\Omega_0 = \{w \in \Omega \mid |G(w)| < +\infty\}. \ \forall m \geqslant 1, \text{定义 } \varphi_m : \Omega \to \boldsymbol{R},$$

$$\varphi_m(w) = \begin{cases} |G(w)| - \dfrac{1}{m}, & w \in \Omega_0, \\ m, & w \in \Omega \setminus \Omega_0. \end{cases}$$

$$G_{km} = \{w \in \Omega \mid \|g_k(w)\| \geqslant \varphi_m(w)\}, G_{1m}^+ = G_{1m},$$

$$G_{km}^+ = G_{km} \setminus \bigcup_{j<k} G_{jm},$$

则 $\bigcup_{m=1}^{\infty} G_{km} = \Omega$, 且 $\{G_{k,m}^+\}_{k=1}^{\infty}$ 为 Ω 的一个 $\mathscr{A}$-分解. 又

$$\begin{aligned} \sum_{k=1}^{\infty} |f_k|(G_{km}^+) &\geqslant \sum_{k=1}^{\infty} \int_{G_{km}^+} \varphi_m(w) d\mu \\ &= \int_{\Omega_0} \Big(|G(w)| - \frac{1}{m}\Big) d\mu + m\mu(\Omega \setminus \Omega_0) \\ &= \int_{\Omega_0} \Big(|G(w)| - \frac{1}{m}\Big) d\mu, \end{aligned}$$

故知$\int_\Omega |G(w)| d\mu < +\infty$.注意到$\forall A \in \mathscr{A}, \int_A G d\mu$有界闭凸.故

$$\{f_k(A) \mid k = 1,2,\cdots\} \subset \int_A G d\mu, \text{从而 } F(A) \subset \int_A G d\mu.$$

反之,设$S = \left\{ g \mid g = \sum_{j=1}^{n} \alpha_j g_j, \alpha_j \geqslant 0 \text{ 为有理数}, j = 1,\cdots,n, \sum_{j=1}^{n} \alpha_j = 1, n \geqslant 1 \right\}$,则对 a.e. $w \in \Omega$,有

$$G(w) = \overline{\{g(w) \mid g \in S\}}.$$

现对G的任一可积选择f, $\forall \varepsilon > 0$,存在Ω的$\mathscr{A}$-分解$\{A_1,\cdots,A_k\}$,及$g^1,\cdots, g^k \in S$使得$\int_\Omega \left\| f - \sum_{i=1}^{k} \chi_{A_i} g^i \right\| d\mu < \varepsilon$.记

$$g^i = \sum_{j=1}^{n} \alpha_{ij} f_j, \alpha_{ij} \geqslant 0, \sum_{j=1}^{n} \alpha_{ij} = 1, (i = 1,\cdots,k)$$

则$\forall A \in \mathscr{A}$,

$$\begin{aligned} &\left\| \int_A f d\mu - \sum_{i=1}^{k} \sum_{j=1}^{n} \alpha_{ij} f_j (A \cap A_i) \right\| \\ =& \left\| \int_A f d\mu - \sum_{i=1}^{k} \int_A g^i \chi_{A_i} d\mu \right\| \\ \leqslant& \int_A \left\| f - \sum_{i=1}^{k} \chi_{A_i} g^i \right\| d\mu < \varepsilon. \end{aligned}$$

又

$$\sum_{i=1}^{k} \sum_{j=1}^{n} \alpha_{ij} f_i (A \cap A_i) \in \sum_{i=1}^{k} \sum_{j=1}^{n} \alpha_{ij} F(A \cap A_i) = \sum_{i=1}^{k} F(A \cap A_i) = F(A),$$

故$\int_A f d\mu \in F(A)$.所以$\int_A G d\mu \subset F(A)$.故有

$$F(A) = \int_A G d\mu = \int_A (\overline{\mathrm{co}}\{g_i \mid i = 1,2,\cdots\}) d\mu.$$

证毕.

第六章　模糊集值分析初步

本章的主要目的是对近些年发展起来的模糊集值分析作一初步介绍. 自从1965年L. A. 扎德(L. A. Zadeh)发表了模糊集的开创性论文以来,模糊数学的理论研究与应用获得了迅速发展,目前已成为现代数学的一个具有广泛应用的学科领域. 模糊分析学是其中一个重要的学科方向,文献《模糊分析学基础》(吴从炘、马明著)的出版,标志着这一学科的理论体系已基本形成. 模糊数学以模糊集为基本研究对象,而实数集$\boldsymbol{R}$上的模糊数——一类特殊的模糊集是模糊分析学的基础之一. 自从模糊数的概念提出以后,人们便研究了基于模糊数的微积分问题,有关集值映射的可测性、可积性、可微性等概念也先后推广到模糊集值映射——取值于模糊数的函数,从而形成了模糊集值分析的基本内容. 在这一章里,首先介绍模糊集论、模糊代数的一些基本内容,其次对模糊数及其嵌入到某个Banach空间等加以介绍,在此基础上将模糊集值映射与取值Banach空间的抽象函数联系起来,从而展开对模糊集值分析的讨论.

§6.1　预 备 知 识

本节从模糊集值分析需要的角度出发,简单介绍模糊集论等基本内容.

6.1.1　模糊集论简介

定义6.1.1　所谓给定论域(非空集)U上的一个模糊子集A,是指对任何$x\in U$,$\exists\,\mu_A(x)\in[0,1]$与$x$对应,并且称$\mu_A(x)$为$x$属于模糊子集$A$的隶属程度,也即模糊子集$A$指的是映射$\mu_A:U\to[0,1]$,$x\mapsto\mu_A(x)$. 我们也称$\mu_A$为$A$的隶属函数,简记$\mu_A(x)$为$A(x)$,在不致引起误解情况下,对模糊子集$A$与它的隶属函数$A(x)$不加区别,同时模糊子集简称为模糊集.

显然,当$A(x)$只取$\{0,1\}$两值时,就为通常的特征函数,即分明子集(通常子集)为模糊子集的特例.

U上的所有模糊子集的全体构成的集族记为$\mathscr{F}(U)$.

定义6.1.2　设$A,B\in\mathscr{F}(U)$. 若$\forall\,x\in U$,有$A(x)\leqslant B(x)$,则称B包含A,记为$B\supset A$或$A\subset B$. 当$A\subset B$,$B\subset A$同时成立时,又称A,B相等,记为$A=B$,即$\forall\,x\in U$,$A(x)=B(x)$.

定义 6.1.3 设 $A_i\in\mathscr{F}(U)(i\in I)$,则 $\{A_i\}_{i\in I}$ 的并 $\bigcup\limits_{i\in I}A_i$ 和交 $\bigcap\limits_{i\in I}A_i$ 分别由下式定义:

$$(\bigcup_{i\in I}A_i)(x)=\sup_{i\in I}A_i(x),x\in U,$$
$$(\bigcap_{i\in I}A_i)(x)=\inf_{i\in I}A_i(x),x\in U.$$

特别当 I 为有限集时,$I=\{1,2,\cdots,n\}$,

$$(\bigcup_{i=1}^{n}A_i)(x)=\max_{1\leqslant i\leqslant n}A_i(x),x\in U,$$
$$(\bigcap_{i=1}^{n}A_i)(x)=\min_{1\leqslant i\leqslant n}A_i(x),x\in U.$$

定义 6.1.4 设 $A\in\mathscr{F}(U)$,定义 A 的补集 A' 为

$$A'(x)=1-A(x),x\in U.$$

由上述诸定义可直接验证模糊集的如下性质:

定义 6.1.5 $(\mathscr{F}(U),\cup,\cap,')$满足性质:

(1)$A\cup A=A,A\cap A=A$;

(2)$A\cup B=B\cup A,A\cap B=B\cap A$;

(3)$(A\cup B)\cup C=A\cup(B\cup C)$,

$(A\cap B)\cap C=A\cap(B\cap C)$;

(4)$(A\cup B)\cap A=A,(A\cap B)\cup A=A$.

上述四个性质表明 $\mathscr{F}(U)$是格.

(5)$(A\cup B)\cap C=(A\cap C)\cup(B\cap C)$,

$(A\cap B)\cup C=(A\cup C)\cap(B\cup C)$;

(6)$A\cap U=A,A\cap\varnothing=\varnothing$,

$A\cup U=U,A\cup\varnothing=A$;

(7)$(A')'=A$;

(8)$(A\cup B)'=A'\cap B',(A\cap B)'=A'\cup B'$.

定义 6.1.6 若 $A\in\mathscr{F}(U)$满足 $A(x)=\lambda>0,\forall y\in U,y\neq x,A(y)=0$,则称 A 为模糊点,记为 x_λ,点 x 称为 x_λ 的承点,λ 称为 x_λ 的高度,用 U^* 表示 U 上所有模糊点之集.

显然,模糊点是特殊的模糊集,所以当 $x_\lambda\subset B$,即 $B(x)\geqslant\lambda$ 时,我们称 x_λ 属于 B,记为 $x_\lambda\in B$.

定义 6.1.7 设 $x_\lambda\in U^*,A\in\mathscr{F}(U)$.若 $A(x)+\lambda>1$,则称 x_λ 重于 A,记为 $x_\lambda\widetilde{\in}A$.

定理 6.1.8 设 $\{A_i\}_{i\in I}$ 为 U 上的一族模糊集,则 $x_\lambda\widetilde{\in}\bigcup\limits_{i\in I}A_i$ 当且仅当 $\exists\, i\in I$ 使得 $x_\lambda\widetilde{\in}A_i$.

证明 若$\exists i\in I$使$x_\lambda \widetilde{\in} A_i$，则$A_i(x)>1-\lambda$，所以$\sup\limits_{i\in I} A_i(x)>1-\lambda$，即$x_\lambda \widetilde{\in} \bigcup\limits_{i\in I}A_i$. 反之，若$x_\lambda \widetilde{\in} \bigcup\limits_{i\in I}A_i$，即$\sup\limits_{i\in I}A_i(x)>1-\lambda$，故$\exists i_0\in I$，使$A_{i_0}(x)>1-\lambda$，所以$x_\lambda \widetilde{\in} A_{i_0}$. 证毕.

模糊点与模糊集之间的属于和重于关系都是通常分明点与集属于关系的推广，但定理 1.1.8 仅对重于成立.

定义 6.1.9 设$A\in\mathscr{F}(U)$，$r\in[0,1]$. 记$[A]^r=\{x\in U\mid A(x)\geqslant r\}$，$\sigma_r(A)=\{x\in U\mid A(x)>r\}$，分别称为$A$的$r$割集和强$r$割集，又称$\sigma_0(A)$为$A$的支集或承集，也记为 supp$A$.

我们利用r割集和强r割集，将模糊集转化为分明集来研究. 记r^*为隶属函数为常值函数r的模糊集. 我们有如下分解定理：

定理 6.1.10(分解定理) 设$A\in\mathscr{F}(U)$，则

$$A=\bigcup_{r\in[0,1]}(r^*\cap[A]^r)=\bigcup_{r\in[0,1]}(r^*\cap\sigma_r(A)).$$

证明 仅证第一等式. $\forall x\in U$，有

$$\begin{aligned}&(\bigcup_{r\in[0,1]}(r^*\cap[A]^r)(x)\\ &=[(\bigcup_{r\in[0,A(x)]}(r^*\cap[A]^r))\cup(\bigcup_{r\in(A(x),1]}(r^*\cap[A]^r))](x)\end{aligned}$$

但当$r\in(A(x),1]$时，$x\notin[A]^r$，故

$$\begin{aligned}(\bigcup_{r\in[0,1]}(r^*\cap[A]^r))(x)&=(\bigcup_{r\in[0,A(x)]}(r^*\cap[A]^r))(x)\\ &=\sup_{r\in[0,A(x)]}r\\ &=A(x).\end{aligned}$$

于是知$A=\bigcup\limits_{r\in[0,1]}(r^*\cap[A]^r)$. 证毕.

对r割集和强r割集还有如下性质：

定理 6.1.11 设$A,B\in\mathscr{F}(U)$，则

(1)$[A\cup B]^r=[A]^r\cup[B]^r$，$[A\cap B]^r=[A]^r\cap[B]^r$；

(2)$\sigma_r(A\cup B)=\sigma_r(A)\cup\sigma_r(B)$，$\sigma_r(A\cap B)=\sigma_r(A)\cap\sigma_r(B)$；

(3)$\sigma_r(\bigcup\limits_{i\in I}A_i)=\bigcup\limits_{i\in I}\sigma_r(A_i)$；

(4)$[\bigcap\limits_{i\in I}A_i]^r=\bigcap\limits_{i\in I}[A_i]^r$.

接下来我们讨论模糊集之间映射的概念. 首先有如下扩张原理.

定义 6.1.12(扩张原理) 设$f:X\to Y$为点映射，则可如下定义集映射：

$$f:\mathscr{F}(X)\to\mathscr{F}(Y)\text{ 及 }f^{-1}:\mathscr{F}(Y)\to\mathscr{F}(X).$$

$$f(A)(y)=\begin{cases}\sup\limits_{f(x)=y}A(x), & y\in f(X),\\ 0, & y\in Y\setminus f(X).\end{cases}$$

$$f^{-1}(B)(x) = B(f(x)), x \in X.$$

对以上定义中定义的映射,有如下性质:

定理 6.1.13 设 $f: X \to Y, A, B \in \mathscr{F}(X)$,则

(1) $f(A) = \varnothing \Leftrightarrow A = \varnothing$;

(2)若 $A \subset B$,则 $f(A) \subset f(B)$;

(3) $f(\bigcup_{i \in I} A_i) = \bigcup_{i \in I} f(A_i)$;

(4) $f(\bigcap_{i \in I} A_i) \subset \bigcap_{i \in I} f(A_i)$.

证明 仅证(3).若 $y \in f(X)$,则

$$\begin{aligned} f(\bigcup_{i \in I} A_i)(y) &= \sup_{f(x)=y} (\bigcup_{i \in I} A_i)(x) = \sup_{f(x)=y} \sup_{i \in I} A_i(x) \\ &= \sup_{i \in I} \sup_{f(x)=y} A_i(x) = \sup_{i \in I} f(A_i)(y) = (\bigcup_{i \in I} f(A_i))(y). \end{aligned}$$

若 $y \in Y \setminus f(X)$,则 $\forall i \in I, f(A_i)(y) = 0$,且 $f(\bigcup_{i \in I} A_i)(y) = 0$,所以

$$(\bigcup_{i \in I} f(A_i))(y) = f(\bigcup_{i \in I} A_i)(y).$$

综上所述,(3)得证.证毕.

定理 6.1.14 设 $f: X \to Y, A, B, B_i \in \mathscr{F}(Y)(i \in I)$,则

(1) $f^{-1}(\varnothing) = \varnothing$,且当 f 为满射时有 $f^{-1}(B) = \varnothing$ 蕴含 $B = \varnothing$;

(2)若 $B \subset A$,则 $f^{-1}(B) \subset f^{-1}(A)$;

(3) $f^{-1}(\bigcup_{i \in I} B_i) = \bigcup_{i \in I} f^{-1}(B_i)$;

(4) $f^{-1}(\bigcap_{i \in I} B_i) = \bigcap_{i \in I} f^{-1}(B_i)$;

(5) $(f^{-1}(B))' = f^{-1}(B')$.

证明 由定义易得,从略.

定理 6.1.15 设 $f: X \to Y, A \in \mathscr{F}(X), B \in \mathscr{F}(Y)$,则

(1) $f^{-1}(f(A)) \supset A$;

(2) $f(f^{-1}(B)) \subset B$.

证明 从略.

定理 6.1.16 设 $f: X \to Y, A \in \mathscr{F}(X), r \in [0,1]$,则

(1) $f(\sigma_r(A)) = \sigma_r(f(A))$;

(2) $f([A]^r) \subset [f(A)]^r$.

证明 从略.

6.1.2 模糊代数初步

在这一小节里主要介绍在论域为线性空间时,其模糊子集作成模糊线性空间等有关概念和性质.首先由扩张原理可得如下结论:

定理 6.1.17 设 X 为实数域 $\mathbf{R}$ 上的线性空间，$f: X\times X\to X, g: \mathbf{R}\times X\to X$ 分别是 X 上的加法和数乘映射，则 $\forall A,B\in\mathscr{F}(X)$，$\forall k\in\mathbf{R}$ 有

$$f(A\times B)(x)=(A+B)(x)=\sup_{s+t=x}\min(A(s),B(t)),\ \forall x\in X,$$

$$g(k\times A)(x)=(kA)(x)=\begin{cases}A(x/k),k\neq 0,\\ (0A)(x)=\begin{cases}\sup\limits_{t\in X}A(t), & x=\theta,\\ 0, & x\neq\theta,\end{cases}\end{cases}$$

特别对 $A=x_\lambda, B=y_\mu$，有 $x_\lambda+y_\mu=(x+y)_{\min(\lambda,\mu)}, kx_\lambda=(kx)_\lambda$.

这个定理定义了 $\mathscr{F}(X)$中的加法与数乘，从而我们可引入：

定义 6.1.18 设 X 为线性空间，$A\in\mathscr{F}(X)$. 若 $\forall\lambda\in[0,1]$，有 $\lambda A+(1-\lambda)A\subset A$，则称 A 为凸模糊集. 若 $\forall m,n\in\mathbf{R}$，有 $mA+nA\subset A$，则称 A 为模糊线性子空间.

定理 6.1.19 设 X 为线性空间，$A\in\mathscr{F}(X)$，则下列条件等价

(1) A 是凸模糊集；

(2) $A(\lambda x+(1-\lambda)y)\geqslant\min(A(x),A(y)), \forall x,y\in X, \forall\lambda\in[0,1]$；

(3) $\forall r\in[0,1], [A]^r$ 均为凸集；

(4) $\forall r\in[0,1], \sigma_r(A)$均为凸集；

(5) $\forall x_\alpha, y_\beta\in A, \forall\lambda\in[0,1]$，均有 $\lambda x_\alpha+(1-\lambda)y_\beta\in A$.

(6) $\forall x_\alpha, y_\beta\mathrel{\widetilde{\in}} A, \forall\lambda\in[0,1]$，均有 $\lambda x_\alpha+(1-\lambda)y_\beta\mathrel{\widetilde{\in}} A$.

证明 (1)⇒(2). 由定理 6.1.17, $\forall\lambda\in(0,1)$有

$$\begin{aligned}A(\lambda x+(1-\lambda)y)&\geqslant(\lambda A+(1-\lambda)A)(\lambda x+(1-\lambda)y)\\&=\sup_{s+t=\lambda x+(1-\lambda)y}\min(\lambda A(s),(1-\lambda)A(t))\\&\geqslant\min(\lambda A(\lambda x),(1-\lambda)A((1-\lambda)y))\\&=\min(A(x),A(y)),\end{aligned}$$

另外，若 $\lambda=0$，则 $A(\lambda x+(1-\lambda)y)=A(y)\geqslant\min(A(x),A(y))$. 同样对 $\lambda=1$，有 $A(\lambda x+(1-\lambda)y)\geqslant\min(A(x),A(y))$. 综上(1)⇒(2).

(2)⇒(3). 若 $x,y\in[A]^r$，则 $A(x)\geqslant r, A(y)\geqslant r$，所以 $\forall\lambda\in[0,1]$，

$$A(\lambda x+(1-\lambda)y)\geqslant\min(A(x),A(y))\geqslant r,$$

即 $\lambda x+(1-\lambda)y\in[A]^r$，即$[A]^r$ 为凸集.

(3)⇒(4). 若 $x,y\in\sigma_r(A)$，则 $A(x)>r, A(y)>r$. 取 $\varepsilon>0$ 使

$$A(x)\geqslant r+\varepsilon, A(y)\geqslant r+\varepsilon,$$

则有 $x,y\in[A]^{r+\varepsilon}$. 由$[A]^{r+\varepsilon}$为凸集知

$$\lambda x+(1-\lambda)y\in[A]^{r+\varepsilon}, \forall\lambda\in[0,1]$$

成立. 所以

$$A(\lambda x+(1-\lambda)y)\geqslant r+\varepsilon>r,$$

即

$$\lambda x+(1-\lambda)y\in\sigma_r(A),$$

即 $\sigma_r(A)$为凸集.

(4)⇒(5). 若 $x_\alpha, y_\beta\in A$,则对任何 $0<\varepsilon<\min(\alpha,\beta)$,取 $r_\varepsilon=\min(\alpha,\beta)-\varepsilon>0$,有 $x,y\in\sigma_{r_\varepsilon}(A)$. 于是由(4)知 $\forall\lambda\in[0,1]$,有 $\lambda x+(1-\lambda)y\in\sigma_{r_\varepsilon}(A)$,即

$$A(\lambda x+(1-\lambda)y)>r_\varepsilon=\min(\alpha,\beta)-\varepsilon.$$

从而知

$$A(\lambda x+(1-\lambda)y)\geqslant\min(\alpha,\beta),$$

即

$$\lambda x_\alpha+(1-\lambda)y_\beta=(\lambda x+(1-\lambda)y)_{\min(\alpha,\beta)}\in A.$$

(5)⇒(6). 若 $x_\alpha, y_\beta\,\widetilde{\in}\,A$,则 $A(x)>1-\alpha, A(y)>1-\beta$,从而有

$$A(x)>1-\max(\alpha,\beta), A(y)>1-\max(\alpha,\beta).$$

取 $\varepsilon>0$ 使

$$A(x)\geqslant1-\max(\alpha,\beta)+\varepsilon, A(y)\geqslant1-\max(\alpha,\beta)+\varepsilon,$$

则

$$x_{1-\max(\alpha,\beta)+\varepsilon}\in A, y_{1-\max(\alpha,\beta)+\varepsilon}\in A.$$

所以

$$\forall\lambda\in[0,1],(\lambda x+(1-\lambda)y)_{1-\max(\alpha,\beta)+\varepsilon}\in A,$$

即

$$A(\lambda x+(1-\lambda)y)\geqslant1-\max(\alpha,\beta)+\varepsilon>1-\max(\alpha,\beta),$$

亦即

$$(\lambda x+(1-\lambda)y)_{\max(\alpha,\beta)}\,\widetilde{\in}\,A.$$

(6)⇒(1). 当 $\lambda=0$ 或 1 时,有 $\lambda A+(1-\lambda)A\subset A$. $\forall\lambda\in(0,1)$, $\forall z\in X$,有

$$\begin{aligned}(\lambda A+(1-\lambda)A)(z)&=\sup_{x+y=z}\min(\lambda A(x),(1-\lambda)A(y))\\&=\sup_{\lambda s+(1-\lambda)t=z}\min(A(s),A(t)).\end{aligned}$$

另外,当 $\lambda s+(1-\lambda)t=z$ 时,因为 $\forall\varepsilon>0$, $s_{1-A(s)+\varepsilon}\,\widetilde{\in}\,A$, $t_{1-A(t)+\varepsilon}\,\widetilde{\in}\,A$,于是由(6)知

$$(\lambda s+(1-\lambda)t)_{\max(1-A(s)+\varepsilon,1-A(t)+\varepsilon)}\,\widetilde{\in}\,A.$$

即

$$A(z)>1-(1-\min(A(s),A(t))+\varepsilon)=\min(A(s),A(t))-\varepsilon.$$

由 ε 的任意性知 $A(z)\geqslant\min(A(s),A(t))$,所以 $(\lambda A+(1-\lambda)A)(z)\leqslant A(z)$,即 A 是凸模糊集. 证毕.

同样,对模糊线性子空间也有类似的结论,且由上述结论可知,当 A 是分明子集时,这里凸及线性子空间的定义与分明的情形一致.

定理 6.1.20　设 X,Y 为线性空间,$f:X\to Y$ 为线性映射,则 $\forall A,B\in\mathscr{F}(X)$,$k\in\boldsymbol{R}$,有

(1) $f(A+B)=f(A)+f(B)$;

(2) $f(kA)=kf(A)$.

证明　由定义直接验证,从略.

推论 6.1.21　设 X,Y 为线性空间,$f:X\to Y$ 为线性映射,若 A 为 X 中的凸模糊集,则 $f(A)$ 为 Y 中的凸模糊集.

定义 6.1.22　设 A 为线性空间 X 中的模糊集,则称包含 A 的最小凸模糊集为 A 的凸包,记为 $\mathrm{co}(A)$.

定理 6.1.23　设 A 为线性空间 X 中的模糊集,则 A 的凸包存在且

$$\mathrm{co}(A)=\bigcup\{\lambda_1A+\cdots+\lambda_nA\mid\lambda_i\geqslant 0,\lambda_1+\cdots+\lambda_n=1,\ i=1,\cdots,n,n=1,2,\cdots\}.$$

证明　由定义直接验证,从略.

关于模糊点的代数运算最早是作者于 1979 年引进,并于 20 世纪 80 年代中期系统研究,本节有关部分内容就取自于作者这一时期的研究论文.

§6.2　模　糊　数

本节介绍实数集 $\boldsymbol{R}$ 上的特殊模糊集——模糊数,它是实数和区间数概念的推广,是模糊集值分析的基础.在这一节里主要介绍模糊数的区间数族表示和函数族表示以及基于区间分析法和集值分析理论的模糊数空间的拓扑结构,给出模糊数空间等距同构嵌入到某 Banach 空间的嵌入定理.这部分内容可参阅作者 1991 年和 1994 年出版的两本专著.

6.2.1　模糊数空间中的运算与拓扑结构

定义 6.2.1　记 $E^1=\{u\mid u:\boldsymbol{R}\to[0,1]$ 满足以下性质(i)—(iv)$\}$:

(i) u 是正规的模糊集,即 $\exists x_0\in\boldsymbol{R}$ 使得 $u(x_0)=1$;

(ii) u 是凸模糊集;

(iii) u 是上半连续函数;

(iv) $[u]^0=\overline{\{x\in\boldsymbol{R}\mid u(x)>0\}}=\overline{\sigma_0(u)}$ 为紧集(这里的 $[u]^0$ 不是定义 6.1.9 中的 0 割集).$\forall u\in E^1$ 称为一维模糊数(简称模糊数),E^1 称为模糊数空间.

由性质(i)—(iv)可以看出 $\forall u\in E^1$,$\forall r\in[0,r]$,$[u]^r$ 均为非空有界闭区间

(当 $r\in(0,1]$时$[u]^r$ 为割集). 由此我们可给出用区间数表示模糊数的表示定理,即

定理 6.2.2 若 $u\in E^1$,则

(1) $\forall r\in[0,1]$,$[u]^r$ 为非空有界闭区间;

(2)若 $0\leqslant r_1\leqslant r_2\leqslant 1$,则$[u]^{r_2}\subset[u]^{r_1}$;

(3)若正数 r_n 递增收敛于$r\in(0,1]$,则$\bigcap\limits_{n=1}^{\infty}[u]^{r_n}=[u]^r$.

反之,若$\forall r\in[0,1]$,$\exists A^r\subset\boldsymbol{R}$ 满足相应的(1)~(3),则存在惟一的 $u\in E^1$ 使$[u]^r=A^r$,$r\in(0,1]$,且$[u]^0=\overline{\bigcup\limits_{r\in(0,1]}[u]^r}\subset A^0$.

证明 由 $u\in E^1$ 所具有的性质(i)—(iv),不难验证结论(1)—(3).

反之,作函数 $u:\boldsymbol{R}\to[0,1]$,

$$u(x)=\sup\{r\mid x\in A^r\},\forall x\in\boldsymbol{R}.$$

现$\forall r\in[0,1]$,$\forall x\in A^r$,由 u 的定义,$x\in[u]^r=\{x\in\boldsymbol{R}\mid u(x)\geqslant r\}$,即 $A^r\subset[u]^r$. 另外当 $r\in(0,1]$时,$\forall x\in[u]^r$ 有$r\leqslant\sup\{t\mid x\in A^t\}$,所以存在递增收敛于 r 的r_n 使得$x\in A^{r_n}(n=1,2,\cdots)$,再由性质(3)得 $x\in\bigcap\limits_{n=1}^{\infty}A^{r_n}=A^r$,即有$[u]^r\subset A^r$. 故$\forall r\in(0,1]$,$[u]^r=A^r$,对$[u]^0$,由性质(1)、(2)及上述所证知

$$[u]^0=\overline{\bigcup_{r\in(0,1]}[u]^r}=\overline{\bigcup_{r\in(0,1]}A^r}\subset\overline{A^0}=A^0.$$

以下验证 $u\in E^1$. 由性质(1)、(3)及前证可知:u 满足定义 6.2.1(i)、(iii)、(iv). 再由定理 6.1.19 便知 u 的凸性. 证毕.

有了这个表示定理,我们可以在 E^1 上引入偏序关系,即$\forall u,v\in E^1$. 称 $u\leqslant v$,当且仅当$[u]^r\leqslant[v]^r$,$r\in[0,1]$,即$\underline{u}^r\leqslant\underline{v}^r$,$\overline{u^r}\leqslant\overline{v^r}$. 此处$\underline{u}^r$,$\overline{u^r}$,$\underline{v}^r$,$\overline{v^r}$分别为$[u]^r$、$[v]^r$ 的左、右端点. 由此可自然定义 E^1 中一族元素的上界、上确界,下界、下确界等. 这一切对 n 维模糊数空间$E^n(n>1)$是不能定义的,以下凡与区间端点有关的概念和结论均不能推广到高维.

定义 6.2.3 $\forall u,v\in E^1$,$k\in\boldsymbol{R}$,利用定理 6.1.17 和定义 6.1.12(扩张原理)引入 E^1 的加法,数乘和乘法运算如下:

$$(u+v)(x)=\sup_{s+t=x}\min(u(s),v(t)),$$

$$(ku)(x)=u(x/k),k\neq 0,(0u)(x)=\hat{o},$$

其中 $\hat{o}(x)=1$,$x=0$ 时,$\hat{o}(x)=0$,$x\neq 0$ 时

$$(uv)(x)=\sup_{st=x}\min(u(s),v(t)).$$

定理 6.2.4 设 $u,v\in E^1$,$k\in\boldsymbol{R}$,则

$[u+v]^r=[u]^r+[v]^r=[\underline{u}^r+\underline{v}^r,\overline{u^r}+\overline{v^r}]$,

$[ku]^r=k[u]^r=[k\underline{u}^r,k\overline{u^r}](k\geqslant 0)$或$[k\overline{u^r},k\underline{u}^r](k<0)$,

$$[uv]^r=[\min(\underline{u}^r\underline{v}^r,\underline{u}^r\overline{v}^r,\overline{u}^r\underline{v}^r,\overline{u}^r\overline{v}^r),\max(\underline{u}^r\underline{v}^r,\underline{u}^r\overline{v}^r,\overline{u}^r\underline{v}^r,\overline{u}^r\overline{v}^r)]$$

证明　以$[u+v]^r=[u]^r+[v]^r$为例证明,余者证明类似.

设$x\in[u]^r+[v]^r$,则$\exists s_0\in[u]^r,t_0\in[v]^r$使得$s_0+t_0=x$,所以有

$$(u+v)(x)=\sup_{s+t=x}\min(u(s),v(t))\geqslant\min(u(s_0),v(t_0))\geqslant r,$$

即有$x\in[u+v]^r$.反之,设$x\in[u+v]^r$,则有

$$\sup_{s+t=x}\min(u(s),v(t))\geqslant r,$$

所以$\forall n,\exists s_n+t_n=x$使

$$\min(u(s_n),v(t_n))>r-\frac{1}{n}.$$

由u,v的支集有界,不妨设$\{s_n\},\{t_n\}$均有收敛子列$\{s_{n_k}\}$、$\{t_{n_k}\}$分别收敛于s_0,t_0.再由u,v的上半连续性,知

$$\min(u(s_0),v(t_0))\geqslant\min(\overline{\lim}u(s_{n_k}),\overline{\lim}v(t_{n_k}))\geqslant r,$$

即有

$$s_0\in[u]^r,t_0\in[v]^r,$$

且

$$s_0+t_0=x.$$

故有

$$x\in[u]^r+[v]^r.$$

证毕.

推论 6.2.5　E^1中的加法和数乘运算满足性质:

(1)$k(u+v)=ku+kv$;

(2)$k_1(k_2u)=(k_1k_2)u$;

(3)当$k_1\geqslant0,k_2\geqslant0$时,$(k_1+k_2)u=k_1u+k_2u$.

由此推论不难推出,E^1为$\boldsymbol{R}$上的凸锥.

定理 6.2.6　设$u\in E^1,\forall r\in[0,1]$,记$\underline{u}(r),\overline{u}(r)$为$[u]^r$的左右端点,则$\underline{u}(r)$与$\overline{u}(r)$均为$[0,1]$上的函数,且满足:

(1)$\underline{u}(r)$单调递增左连续;

(2)$\overline{u}(r)$单调递减左连续;

(3)$\overline{u}(1)\geqslant\underline{u}(1)$;

(4)$\underline{u}(r),\overline{u}(r)$在$r=0$处右连续.

反之,对任何满足上述条件(1)—(4)的$[0,1]$上的函数$a(r),b(r)$,存在惟一的$u\in E^1$使$[u]^r=[a(r),b(r)],\forall r\in[0,1]$.

证明　$\forall u\in E^1$,由定理6.2.2(1)知$\underline{u}(1)\leqslant\overline{u}(1)$.由定理6.2.2(2)知,$\underline{u}(r)$单调递增,$\overline{u}(r)$单调递减.由定理6.2.2(3),对任何正数$r_n$递增收敛于$r\in(0,1]$,

有

$$\bigcap_{n=1}^{\infty}[u]^{r_n}=\bigcap_{n=1}^{\infty}[\underline{u}(r),\overline{u}(r)]=[\lim_{n\to\infty}\underline{u}(r),\lim_{n\to\infty}\overline{u}(r)]$$
$$=[u]^r=[\underline{u}(r),\overline{u}(r)],$$

所以$\underline{u}(r),\overline{u}(r)$均为左连续. 由$[u]^0=\overline{\{x\in\boldsymbol{R}\mid u(x)>0\}}$知$\underline{u}(r),\overline{u}(r)$在 $r=0$ 处右连续.

反之,设$[0,1]$上的函数 $a(r),b(r)$满足(1)—(4),定义$[u]^r=[a(r),b(r)]$,$r\in[0,1]$. 则由 $a(r),b(r)$的性质知$[u]^r$ 满足定理 6.2.2(1),(2). 我们再证$[u]^r$ 满足定理 6.2.2(3),从而使定理得征. 其实,若正数 r_n 递增收敛于$r\in(0,1]$,则由 $a(r)$与 $b(r)$左连续知$\lim\limits_{n\to\infty}a(r_n)=a(r)$, $\lim\limits_{n\to\infty}b(r_n)=b(r)$,故

$$\bigcap_{n=1}^{\infty}[u]^{r_n}=\bigcap_{n=1}^{\infty}[a(r_n),b(r_n)]=[\lim_{n\to\infty}a(r_n),\lim_{n\to\infty}b(r_n)]$$
$$=[a(r),b(r)]=[u]^r.$$

这样定理 6.2.2(1),(2),(3)均满足,从而知存在惟一的 $u\in E^1$ 使$[u]^r=[a(r),b(r)]$,$r\in(0,1]$,且

$$[u]^0=\overline{\bigcup_{0<r\leqslant 1}[u]^r}=[\lim_{r\to 0}a(r),\lim_{r\to 0}b(r)].$$

再由(4)知$[u]^0=[a(0),b(0)]$. 证毕.

定理 6.2.6 是一维模糊数 E^1 特有的表示定理,它表明可以通过$[0,1]$上的两个函数来表示模糊数.

定理 6.2.7 在 E^1 中,定义 $D:E^1\times E^1\to[0,+\infty)$,

$$D(u,v)=\sup_{r\in[0,1]}d([u]^r,[v]^r]$$
$$=\sup_{r\in[0,1]}\max(|\underline{u}(r)-\underline{v}(r)|,|\overline{u}(r)-\overline{v}(r)|),$$

其中 $d([u]^r,[v]^r)$是 Hausdorff 度量,则

(1)(E^1,D)是完备的度量空间;

(2)$D(\lambda u,\lambda v)=|\lambda|D(u,v)$, $\lambda\in\boldsymbol{R}$;

(3)$D(u+w,v+w)=D(u,v)$.

证明 (1)由 d 为 Hausdorff 度量知(E^1,D)为度量空间,以下证明其完备性. 设$\{u_n\}\subset E^1$ 为 Cauchy 列,则由

$$D(u,v)=\sup_{r\in[0,1]}\max(|\underline{u}(r)-\underline{v}(r)|,|\overline{u}(r)-\overline{v}(r)|),$$

知$\{\underline{u}_n(r)\}$, $\{\overline{u}_n(r)\}$关于 $r\in[0,1]$为一致 Cauchy 列,因而有$\underline{u}(r),\overline{u}(r)$使得$\underline{u}_n(r),\overline{u}_n(r)$关于 $r\in[0,1]$一致收敛于$\underline{u}(r),\overline{u}(r)$,于是知$\underline{u}(r),\overline{u}(r)$确定惟一的 $u\in E^1$,且 $D(u_n,u)$收敛于 0,故(1)得证.

(2),(3)可由 $D(u,v)$的定义及定理 2.1.4 推得. 证毕.

在以下的讨论中由 D 引出 E^1 的拓扑结构,称为 E^1 的一致 Hausdorff 度量结构.

6.2.2 模糊数的嵌入定理

在这一小节中主要是将模糊数空间 E^1 嵌入到一个具体的 Banach 空间 $\overline{C}[0,1]\times\overline{C}[0,1]$之中.众所周知,闭区间$[a,b]$上连续函数全体 $C[a,b]$和仅有第一类间断点的有界函数全体 $D[a,b]$,在范数 $\|f\| = \sup\limits_{t\in[a,b]}|f(t)|$下构成 Banach空间,这两个具体的空间在数学的许多分支中有着重要应用.现在以 $\overline{C}[0,1]$表示$[0,1]$上有界左连续,对 $t\in[0,1)$有右极限,且在 $t=0$ 右连续的函数全体,则由定义知 $C[0,1]\subset\overline{C}[0,1]\subset D[0,1]$,且 $\overline{C}[0,1]$在上确界范数 $\|f\| = \sup\limits_{t\in[0,1]}|f(t)|$下也构成 Banach 空间.我们有如下定理:

定理 6.2.8 对任意的 $u\in E^1$,记 $j(u)=(\underline{u},\overline{u})$,则 $j(E^1)$是 $\overline{C}[0,1]\times\overline{C}[0,1]$中以 θ 为顶点的闭凸锥,且 $j:E^1\to\overline{C}[0,1]\times\overline{C}[0,1]$(其中范数取为乘积范数,即 $\|(\cdot,\cdot)\|=\max\{\|\cdot\|,\|\cdot\|\}$)满足:

(1) $\forall u,v\in E^1, s\geqslant0, t\geqslant0$,有 $j(su+tv)=sj(u)+tj(v)$;

(2) $\forall u,v\in E^1, D(u,v)=\|j(u)-j(v)\|$ 成立,即 j 等距同构地将 E^1 嵌入到 $\overline{C}[0,1]\times\overline{C}[0,1]$内.

证明 由定理 6.2.6 知 j 有定义,且 $\forall u,v\in E^1, u\neq v$ 有$j(u)\neq j(v)$.再由定理 6.2.7,只需证(1)、(2)成立,即证明了定理.

(1)由定理 6.2.4 知 $\forall u,v\in E^1, k\geqslant0$ 有$\underline{u+v}=\underline{u}+\underline{v}$, $\overline{u+v}=\overline{u}+\overline{v}$, $\underline{ku}=k\underline{u}$, $\overline{ku}=k\overline{u}$.所以 $\forall u,v\in E^1, s\geqslant0, t\geqslant0$,有 $j(su+tv)=(\underline{su+tv},\overline{su+tv})=(s\underline{u}+t\underline{v}, s\overline{u}+t\overline{v})=sj(u)+tj(v)$.

(2) $\forall u,v\in E^1$,有

$$
\begin{aligned}
D(u,v) &= \sup_{r\in[0,1]}\max(|\underline{u}(r)-\underline{v}(r)|, |\overline{u}(r)-\overline{v}(r)|)\\
&= \max(\sup_{r\in[0,1]}|\underline{u}(r)-\underline{v}(r)|, \sup_{r\in[0,1]}|\overline{u}(r)-\overline{v}(r)|)\\
&= \max(\|\underline{u}-\underline{v}\|, \|\overline{u}-\overline{v}\|)\\
&= \|j(u)-j(v)\|.
\end{aligned}
$$

证毕.

进一步有如下定理:

定理 6.2.9 (1) $j(E^1)-j(E^1)=(\overline{C}[0,1]\cap V[0,1])\times(\overline{C}[0,1]\cap V[0,1])$,其中 $V[0,1]$为$[0,1]$上有界变差函数全体之集;

(2) $\overline{j(E^1)-j(E^1)}=\overline{C}[0,1]\times\overline{C}[0,1]$.

证明 (1)由实变函数论知, $\forall f\in V[0,1]$,存在单调增(减)函数 g,h 使 $f=g-h$,且 f 与 $\bigvee_0^t(f)$ 在 t 处($t\in[0,1]$)有相同的左(右)连续性. 现在

$$\forall f\in(\overline{C}[0,1]\cap V[0,1])\times(\overline{C}[0,1]\cap V[0,1])$$

有

$$f_1,f_2\in\overline{C}[0,1]\cap V[0,1],$$

使 $f=(f_1,f_2)$. 因而相应地有 g_1,h_1 单调增, g_2,h_2 单调减使

$$f_1=g_1-h_1,f_2=g_2-h_2,$$

且

$$g_i,h_i\in\overline{C}[0,1](i=1,2)$$

仍成立. 注意到

$$f_2=(g_2+K)-(h_2+K),$$

选取常数 K 使

$$g_2(1)+K\geqslant g_1(1),h_2(1)+K\geqslant h_1(1),$$

由定理 6.2.6 知

$$(g_1,g_2+K),(h_1,h_2+K)\in j(E^1),$$

且

$$f=(g_1,g_2+K)-(h_1,h_2+K).$$

因此

$$(\overline{C}[0,1]\cap V[0,1])\times(\overline{C}[0,1]\cap V[0,1])\subset j(E^1)-j(E^1).$$

反之, $\forall f\in j(E^1)-j(E^1)$,有 $g,h\in j(E^1)$ 使 $f=g-h$,再由定理 6.2.6 知有 $u,v\in E^1$ 使

$$g=(\underline{u},\overline{u}),h=(\underline{v},\overline{v}),$$

所以

$$f=(\underline{u}-\underline{v},\overline{u}-\overline{v}).$$

注意到 $\underline{u},\overline{u},\underline{v},\overline{v}$ 的单调性,知

$$\underline{u}-\underline{v},\overline{u}-\overline{v}\in\overline{C}[0,1]\cap V[0,1],$$

从而

$$j(E^1)-j(E^1)\subset(\overline{C}[0,1]\cap V[0,1])\times(\overline{C}[0,1]\cap V[0,1]).$$

(2)由(1)及 $\overline{C}[0,1]\times\overline{C}[0,1]$ 为 Banach 空间知 $\overline{j(E^1)-j(E^1)}\subset\overline{C}[0,1]\times\overline{C}[0,1]$. 于是要证结论只需证明

$$\forall f\in\overline{C}[0,1],\exists f_n\in\overline{C}[0,1]\cap V[0,1](n=1,2,\cdots)$$

使 f_n 一致收敛于 f. 先证明

$$\forall f\in\overline{C}[0,1]\text{ 及 }\varepsilon>0,\exists$$

分划 $0=t_0<t_1<\cdots<t_m=1$,使 f 在 $[t_i,t_{i+1}]$ $(i=0,1,\cdots,m-1)$ 上的振幅小于 ε. 若不然,f 必在 $\left[0,\frac{1}{2}\right]$,$\left[\frac{1}{2},1\right]$ 之一上不具有上述性质. 以此类推,存在

$$[a_n,b_n]\subset[a_{n-1},b_{n-1}]\subset[0,1],\ b_n-a_n<\frac{1}{2^n},$$

且 f 在 $[a_n,b_n]$ 上不具有上述性质. 由闭区间套定理,这些闭区间有一公共点 t_0,若 $t_0\in(0,1]$,则 f 在 t_0 处没有左极限,若 $t_0=0$,则 f 没有右极限,矛盾.

现对 $\varepsilon=\frac{1}{n}$,有分划 $0=t_0<t_1<\cdots<t_{m(n)}=1$ 使 f 在 $[t_i,t_{i+1}]$ 上振幅小于 $\frac{1}{n}$,定义

$$f_n(t)=\begin{cases}f(t_{i+1}), & t\in(t_i,t_{i+1}],\ i=1,2,\cdots,m(n)-1,\\ f(0), & t\in[t_0,t_1].\end{cases}$$

则 $\forall k\geqslant n$, $t\in[0,1]$ 有 $|f_k(t)-f(t)|<\frac{2}{n}$,故 f_n 一致收敛于 f. 另外 f_n 的全变差

$$\sum_{i=2}^{m(n)}|f(t_i)-f(t_{i-1})|<+\infty,$$

即

$$f_n\in\overline{C}[0,1]\cap V[0,1].$$

证毕.

模糊数是特殊的模糊集,由其表示定理可以将模糊数看成是一个区间数族,也可以用函数族来刻画模糊数,同时借助于紧凸集的 Radstrom 嵌入定理,可以将模糊数空间等距同构地嵌入到某 Banach 空间. 本节定理 6.2.8 和定理 6.2.9 是本书作者最早给出的. 关于 n 维模糊数 u 的定义是 $u:\boldsymbol{R}^n\to[0,1]$ 满足定义 6.2.1 中的 (i)—(iv),n 维模糊数也可以用一个紧凸集族来表示,也可以有 n 维模糊数空间 E^n 到某 Banach 空间的等距嵌入定理. 但由于一维模糊数空间 E^1 有特殊的表示定理 6.2.6,从而可以有很多较为深刻的结果. 我们在这一章里,不叙述 n 维模糊数或一般 Banach 空间上的模糊数,而主要介绍一维模糊数,就是为了能更具体更深刻地向读者介绍这一方面的知识.

正是由于有了模糊数的闭区间数族(或一般地紧凸集族)表示定理,人们已越来越多地将模糊数研究与区间分析、集值分析理论联系起来,所以人们通常把取值模糊数的函数称为模糊集值映射,从而把模糊集值映射的分析性质研究转化为抽象函数分析和集值分析问题. 这就是下一节我们要介绍的内容.

§6.3 模糊集值映射

在这一节里主要介绍取值于模糊数的函数——模糊集值映射的分析学,包括

可测模糊集值映射(又称为模糊随机变量)及其等价刻画,模糊集值映射的积分和微分等内容.为方便起见,我们仍然只限于一维模糊数情形,并分别将 Riemann 可积,Lebesgue 可积,Pettis 可积,Bochner 可积和 Lebesgue 可测简记为 R 可积,L 可积,P 可积,B 可积和 L 可测.

6.3.1　可测模糊集值映射

定义 6.3.1　设$(\Omega,\mathscr{A},\mu)$为测度空间,$F:\Omega\to E^1$ 为模糊集值映射,$p(\boldsymbol{R})$为 $\boldsymbol{R}$ 上的闭区间数全体之集.若 $\forall r\in[0,1]$,$F_r:\Omega\to p(\boldsymbol{R})$均为可测集值映射(即 $\forall$ 开集 $U\subset\boldsymbol{R}$,有 $F_r^{-1}(U)=\{w\mid F_r(w)\cap U\neq\varnothing\}\in\mathscr{A}$,见定义 5.1.1),则称 F 为可测模糊集值映射,其中 $F_r(w)=[F(w)]^r$.

注 6.3.2　某些文献中称如上定义的可测模糊集值映射为模糊随机变量.当$(\Omega,\mathscr{A},\mu)$为带有 Lebesgue 测度的闭区间$[a,b]$时,F 可测又称为是强可测的.

定理 6.3.3　设$(\Omega,\mathscr{A},\mu)$为测度空间,$F:\Omega\to E^1$,$\forall A\in p_0(\boldsymbol{R})$.记

$$F^{-1}(A)(w)=\sup_{x\in A}F(w)(x),\ \forall\, w\in\Omega,$$

则下列条件等价:

(1)F 为可测的;

(2)$\forall$ 闭集 $C\subset\boldsymbol{R}$,$F^{-1}(C)(w)$为从 Ω 到$[0,1]$的可测函数;

(3)$\forall$ 开集 $U\subset\boldsymbol{R}$,$F^{-1}(U)(w)$为从 Ω 到$[0,1]$的可测函数;

(4)$\forall$ 紧集 $K\subset\boldsymbol{R}$,$F^{-1}(K)(w)$为从 Ω 到$[0,1]$的可测函数;

(5)$\forall$ 闭区间$[a,b]$,$F^{-1}([a,b])(w)$为从 Ω 到$[0,1]$的可测函数;

(6)$\forall r\in[0,1]$,$\forall$ 闭集 $C\subset\boldsymbol{R}$,$F_r^{-1}(C)\in\mathscr{A}$;

(7)$\forall r\in(0,1]$,$\forall$ 闭集 $C\subset\boldsymbol{R}$,$F_r^{-1}(C)\in\mathscr{A}$.

证明　(6)⇒(7),(2)⇒(5)显然.

(6)⇔(1).只须注意 $\forall r\in[0,1]$和 $\forall$ 闭集 $C\subset\boldsymbol{R}$,$\forall$ 开集 $U\subset\boldsymbol{R}$ 有

$$F_r^{-1}(C)=\Omega\setminus F_r^{-1}(\boldsymbol{R}-C),F_r^{-1}(U)=\Omega\setminus F_r^{-1}(\boldsymbol{R}-U).$$

(7)⇒(6).只须证 F_0 为可测的,其实,$\forall\, w\in\Omega$,

$$F_0(w)=\overline{\bigcup_{r\in Q}F_r(w)},$$

其中 Q 为(0,1)中所有有理数之集,故知 F_0 可测.

(5)⇒(3).设 U 为开集,则由 $\boldsymbol{R}$ 上开集构造定理知存在可数个闭区间$[a_n,b_n]$,$n=1,2,\cdots$,使 $U=\bigcup_{n=1}^{\infty}[a_n,b_n]$,于是 $F^{-1}(U)=\bigcup_{n=1}^{\infty}F^{-1}([a_n,b_n])$.而(5)表明 $F^{-1}([a_n,b_n])$可测,故 $F^{-1}(U)$可测.

(3)⇒(4).设 K 为紧集,记 $C_n=\{x\in\boldsymbol{R}\mid d(x,K)<\frac{1}{n}\}$,$n=1,2,\cdots$,则 C_n

均为有界开集，且 $K\subset\bigcap_{n=1}^{\infty}C_n$，$\overline{C_{n+1}}\subset C_n$，$n=1,2,\cdots$. 所以有 $\forall\, w\in\Omega$，

$$F^{-1}(K)(w)\leqslant\inf_{n\in\boldsymbol{N}}F^{-1}(C_n)(w).$$

若 $\exists\, w_0\in\Omega$ 使得 $F^{-1}(K)(w_0)<\inf_{n\in\boldsymbol{N}}F^{-1}(C_n)(w_0)$，则由 $F(w_0)$ 为上半连续的知 $\exists\, x_0\in K$ 使

$$\begin{aligned}F(w_0)(x_0)&=\sup_{x\in K}F(w_0)(x)\\&<\inf_{n\in\boldsymbol{N}}F^{-1}(C_n)(w_0)\\&=\inf_{n\in\boldsymbol{N}}\sup_{x\in C_n}F(w_0)(x)\\&\leqslant\sup_{x\in\overline{C}_n}F(w_0)(x),\ n=1,2,\cdots.\end{aligned}$$

由 $\overline{C}_n$ 为紧集，有 $x_n\in\overline{C}_n$ 使 $\sup_{x\in\overline{C}_n}F(w_0)(x)=F(w_0)(x_n)$. 又 $\{x_n\}\subset\overline{C}_1$，不妨设 $\{x_n\}$ 收敛于 x^0，则有

$$\begin{aligned}F(w_0)(x^0)&\geqslant\overline{\lim_{n\to\infty}}F(w_0)(x_n)\\&=\overline{\lim_{n\to\infty}}\sup_{x\in\overline{C}_n}F(w_0)(x)\\&\geqslant\inf_{n\in\boldsymbol{N}}F^{-1}(C_n)(w_0)\\&>F(w_0)(x_0).\end{aligned}$$

注意到 $d(x_n,K)\leqslant\dfrac{1}{n}$，便知 $x^0\in K$，于是上式与 $F(w_0)(x_0)$ 为 $F(w_0)(x)$ 在 K 中的上确界矛盾. 故有

$$F^{-1}(K)=\bigcap_{n=1}^{\infty}F^{-1}(C_n).$$

再由 $F^{-1}(C_n)$ 均可测知 $F^{-1}(K)$ 可测.

(4)⇒(2). 设 C 为 R 中的闭集，则 C 可表示为可数个紧集 K_n 的并，于是 $F^{-1}(C)=\bigcup_{n=1}^{\infty}F^{-1}(K)$. 由于 $F^{-1}(K)$ 均可测，故 $F^{-1}(C)$ 可测.

(4)⇒(6). 由(4)与(2)等价，又对任何紧集 K 及 $r\in[0,1]$，有

$$\{w\in\Omega\mid F^{-1}(K)(w)\geqslant r\}=\{w\in\Omega\mid F_r(w)\cap K\neq\varnothing\}$$

可测. 再用(4)⇒(2)的证明，可知(4)与(6)等价. 证毕.

定理 6.3.4　设 $F:\Omega\to E^1$ 可测，则

(1) $F:\Omega\to(E^1,D)$ 可测；

(2) $\forall\, r\in[0,1]$，$\{(w,x)\mid x\in F_r(w)\}\in\mathscr{A}\times\mathscr{B}$，其中 $\mathscr{B}$ 为 $[0,1]$ 上 Borel 集全体构成的 σ-代数. 特别当 $\mathscr{A}$ 完备时，$F:\Omega\to E^1$ 满足(2)蕴含 F 可测.

证明　(1) $\forall\,\varepsilon>0$，$\forall\, u\in E^1$ 有

$$T_1 = \{w \mid D(F(w),u) \leqslant \varepsilon\} = \bigcap_{r\in[0,1]} \{w \mid d(F_r(w),[u]^r) \leqslant \varepsilon\}.$$

又当正数 r_n 单调增加收敛于 $r\in(0,1]$ 时有 $\lim_{n\to\infty} d([u]^{r_n},[u]^r)=0$, 所以 $d(F_r(w),[u]^r)\leqslant\overline{\lim_{n\to\infty}} d(F_{r_n}(w),[u]^{r_n})$. 从而

$$\{w \mid d(F_r(w),[u]^r) \leqslant \varepsilon\} \supset \bigcap_{n=1}^{\infty} \{w \mid d(F_{r_n}(w),[u]^{r_n}) \leqslant \varepsilon\}.$$

故可取$[0,1]$上可数稠子集$\{s_n \mid n=1,2,\cdots\}$便有 $T_1=\bigcap_{n=1}^{\infty}\{w \mid d(F_{s_n}(w),[u]^{s_n})\leqslant\varepsilon\}$, 即 $T_1\in\mathscr{A}$, 由此即得(1).

(2)由定理 6.3.3 可知. 证毕.

定理 6.3.5 若 $F:\Omega\to(E^1,D)$连续, 则 F 可测.

证明 $\forall\varepsilon>0$, $\forall w_0\in\Omega$, 由连续性便知 $\exists\delta>0$ 使 $|w-w_0|<\delta$ 时. $D(F(w_0),F(w))<\varepsilon$. 因此由 D 的定义知 $|w-w_0|<\delta$ 时有

$$d([F(w_0)]^r,[F(w)]^r) < \varepsilon$$

对任何 $r\in[0,1]$成立, 即$[F(w)]^r$ 关于 Hausdorff 度量连续, 因此 F_r 可测. 所以 F 可测.

定理 6.3.6 设 $F:[a,b]\to E^1$, 则下列条件等价:

(1)F 可测;

(2)$j\circ F(t)$是弱可测抽象函数, 即对 $\overline{C}[0,1]\times\overline{C}[0,1]$上的任何连续线性泛函 f 均有$f(j\circ F(t))$为 L 可测函数;

(3)$\underline{F}(t)$, $\overline{F}(t)$均为弱可测抽象函数, 此处$(\underline{F}(t),\overline{F}(t))=j\circ F(t)$, $\underline{F}(t)$, $\overline{F}(t)\in\overline{C}[0,1]$.

(4)$\forall r\in[0,1]$, $\underline{F}(t)(r)$, $\overline{F}(t)(r)$均为 L 可测函数.

在证明定理 6.3.6 之前, 先给出 $\overline{C}[0,1]$上连续线性泛函的表示定理.

引理 6.3.7 对于 $\overline{C}[0,1]$上的任何连续线性泛函 f 均有如下的表达式: 存在 $v(t)\in C[0,1]\cap V[0,1]$, $u(t)\in V[0,1]$使得

$$f(x)=\int_0^1 x(t)dv(t)+\sum_{i=1}^{\infty}x(b_i)(u(b_i)-u(b_i^-))$$
$$+\sum_{i=0}^{\infty}x(b_i^+)(u(b_i^+)-u(b_i)),$$

其中 $V[0,1]$表示$[0,1]$上有界变差函数全体, $\{b_i\}$为 $u(t)$的一切间断点之集, 我们分别记上式中三项为 $f^c(x)$, $f^l(x)$, $f^r(x)$.

这个引理的证明由 $\overline{C}[0,1]$为 $D[0,1]$的闭子空间, 用 Hahn-Banach 定理和 $D[0,1]$中连续线性泛函的表示定理可得.

定理 6.3.6 的证明 (1)⇒(4). 对固定 $r\in[0,1]$, F_r 是闭集值的可测集值映射. 由 Castaing 特征定理(定理 5.1.3), 有 L 可测函数列 $f_n^r(t)$使得$[F(t)]^r=$

$\overline{\{f_n^r(t) \mid n=1,2,\cdots\}}$. 注意到$\underline{F}(t)(r)=\inf_{n\in N} f_n^r(t)$, $\overline{F}(t)(r)=\sup_{n\in N} f_n^r(t)$, 便知 $\underline{F}(t)(r)$, $\overline{F}(t)(r)$为 L 可测.

(4)⇒(3). 由引理 6.3.7, 只需证 $\forall f$ 为 $\overline{C}[0,1]$上的连续线性泛函有 $f^c(\underline{F}(t))$, $f^l(\underline{F}(t))$, $f^r(\underline{F}(t))$, $f^c(\overline{F}(t))$, $f^l(\overline{F}(t))$, $f^r(\overline{F}(t))$均 L 可测. 以下仅验证$\underline{F}(t)$的情形.

对 $f^l(\underline{F}(t))$, 由 $\sum_{i=0}^{n} \underline{F}(t)(b_i)(u(b_i)-u(b_i^-))$ 收敛于 $f^l(\underline{F}(t))$, 且 $\underline{F}(t)(b_i)$均 L 可测, 所以 $f^l(\underline{F}(t))$可测.

对 $f^r(\underline{F}(t))=\sum_{i=0}^{\infty} \underline{F}(t)(b_i^+)(u(b_i^+)-u(b_i))$, 由 $f^l(\underline{F}(t))$的 L 可测性证明可知, 只需验证$\underline{F}(t)(b_i^+)$的 L 可测性. 其实, 对任何单调下降收敛于 b_i 的 $r_n\in[0,1]$, 由$\underline{F}(t)(r)$对 r 的单调性有$\underline{F}(t)(b_i^+)=\lim_{n\to\infty}\underline{F}(t)(r_n)$, 再由$\underline{F}(t)(r_n)$的 L 可测性知$\underline{F}(t)(b_i^+)$为 L 可测.

对 $f^c(\underline{F}(t))$, 由$\underline{F}(t)(r)$关于 r 的单调性, $\forall v(r)\in C[0,1]\cap V[0,1]$, 有 Stieltjes 积分 $\int_0^1 v(r)d\underline{F}(t)(r)$ 存在, 所以由 Stieltjes 积分理论知 $\int_0^1 \underline{F}(t)(r)dv(r)$ 存在, 且

$$\int_0^1 \underline{F}(t)(r)dv(r)=-\int_0^1 v(r)d\underline{F}(t)(r)+v(1)\underline{F}(t)(1)-v(0)F(t)(0).$$

因此欲证

$$f^c(\underline{F}(t))=\int_0^1 \underline{F}(t)(r)dv(r)$$

为 L 可测, 只需证明 $\int_0^1 v(r)d\underline{F}(t)(r)$ 为 L 可测.

其实, 对 $v(r)\in C[0,1]\cap V[0,1]$, 类似于定理 6.2.9 的证明, 可以构造出右连续的简单函数列 $S_n(r)$一致收敛于 $v(r)$. 从而由 Stieltjes 积分的性质, 有 $\lim_{n\to\infty}\int_0^1 S_n(r)d\underline{F}(t)(r)=\int_0^1 v(r)d\underline{F}(t)(r)$. 又因为

$$\begin{aligned}\int_0^1 S_n(r)d\underline{F}(t)(r) &= S_n(1)\underline{F}(t)(1)-S_n(0)\underline{F}(t)(0)-\int_0^1 \underline{F}(t)(r)dS_n(r)\\ &= S_n(1)\underline{F}(t)(1)-S_n(0)\underline{F}(t)(0)\\ &\quad -\sum_{i=1}^{m(n)} \underline{F}(t)(r_i^{(n)})(S_n(r_i^{(n)})-S_n((r_i^{(n)})^-)),\end{aligned}$$

所以 $\int_0^1 S_n(r)d\underline{F}(t)(r)$为 L 可测, 进而知 $f^c(\underline{F}(t))$为 L 可测, 此处$\{r_i^{(n)}\}_{i=1}^{m(n)}$为

$S_n(r)$的间断点之集.

(3)⇒(2). 设$\underline{F}(t)$, $\overline{F}(t)$是弱可测的,则对$\overline{C}[0,1]\times\overline{C}[0,1]$的任一个连续线性泛函 f,存在$\overline{C}[0,1]$的连续线性泛函 f_1, f_2 使得 $f(j\circ F(t)) = f_1(\underline{F}(t)) + f_2(\overline{F}(t))$,进而知 $f(j\circ F(t))$为 L 可测,所以 $j\circ F(t)$弱可测.

(2)⇒(1). $\forall r\in[0,1]$,定义函数 $f_r(x)=x(r)$, $x\in\overline{C}[0,1]$,则 f_r 为$\overline{C}[0,1]$上的连续线性泛函. 所以由 $j\circ F(t)$的弱可测性有 $f_r(\underline{F}(t))$, $f_r(\overline{F}(t))$均 L 可测,即$\underline{F}(t)(r)$与$\overline{F}(t)(r)$均 L 可测. 对[0,1]中的任何有理数 r_n 记

$$\sigma_n(t)(r) = r_n\underline{F}(t)(r) + (1-r_n)\overline{F}(t)(r),$$

则 $\sigma_n(t)(r)$为 L 可测,且

$$\overline{\{\sigma_n(t)(r)\}_{n=1}^{\infty}} = [\underline{F}(t)(r), \overline{F}(t)(r)] = [F(t)]^r.$$

于是对 R 中任一开集 U,有

$$([F(t)]^r)^{-1}(U) = \{t \mid [F(r)]^r \cap U \neq \varnothing\} = \bigcup_{n=1}^{\infty}\sigma_n^{-1}(U).$$

所以有$([F(t)]^r)^{-1}(U)\in\mathscr{A}$,即$[F(t)]^r$ 为可测集值映射. 故 $F(t)$可测. 证毕.

6.3.2 模糊集值映射的积分

本小节主要介绍有关可测模糊集值映射的积分的基本结果.

定义 6.3.8 设$(\Omega,\mathscr{A},\mu)$为测度空间,$F:\Omega\to E^1$ 称为是积分有界的,若存在 L 可积函数$h:\Omega\to\boldsymbol{R}$ 使得$\forall x\in[F(t)]^0$ 均有$|x|\leqslant h(t)$.

定义 6.3.9 设 $F:\Omega\to E^1$ 是积分有界的,$T\in\mathscr{A}$, $r\in[0,1]$记

$$\left[\int_T F(t)dt\right]^r = \int_T [F(t)]^r dt = \left\{\int_T f(t)dt \mid f(t)\in[F(t)]^r \text{ 为可测选择函数}\right\}.$$

若 $\exists u\in E^1$ 满足$[u]^r = \left[\int_T F(t)dt\right]^r$, $r\in[0,1]$,则称 F 在 T 上可积,且称 $\int_T F(t)dt = u$ 为 F 在 T 上的积分.

定理 6.3.10 若 $F:\Omega\to E^1$ 在 $T\in\mathscr{A}$上积分有界,则 F 在 T 上可积.

证明 由 Lyapunov 积分凸性定理(定理 5.2.6、定理 5.2.8)知$\int_T[F(t)]^r dt = M_r$ 为$\boldsymbol{R}$ 的非空紧凸集,即为闭区间. 因此由定理 6.2.2 及定义 6.3.9,只需证明 $M_r(r\in[0,1])$满足表示定理 6.2.2 的(2)和(3). 其实,设 $r_1\leqslant r_2$,则$\forall t\in T$ 均有 $[F(t)]^{r_1}\supset[F(t)]^{r_2}$,所以$\int_T[F(t)]^{r_1}dt\supset\int_T[F(t)]^{r_2}dt$, 即 $M_{r_1}\supset M_{r_2}$. (2)满足. 现设正数 r_n 递增收敛于$r\in(0,1]$,则$\forall t\in T$ 有$\bigcap_{n=1}^{\infty}[F(t)]^{r_n}=[F(t)]^r$. 由于

$[F(t)]^{r_n}$ 均为紧凸集,所以 $[F(t)]^{r_n}$ 关于 Hausdorff 度量 d 收敛于闭区间 $[F(t)]^r$.另外由 $F(t)$积分有界知存在 L 可积函数$h(t)$使$\forall x\in[F(t)]^0$ 有$|x|\leqslant h(t)$.所以$\forall x\in[F(t)]^{r_n}$,$|x|\leqslant h(t)$.而$[F(t)]^{r_1}\supset[F(t)]^{r_2}\supset\cdots$,于是由集值映射控制收敛定理(定理 5.2.9)知 M_{r_n} 关于 Hausdorff 度量 d 收敛于M_r,即有 $\bigcap_{n=1}^{\infty} M_{r_n}=M_r$,(3)满足.证毕.

推论 6.3.11　若 $F:\Omega\to(E^1,D)$连续,则 F 可积.

定理 6.3.12　若 $F:[a,b]\to E^1$ 可积,$c\in[a,b]$,则

$$\int_a^b F(t)dt=\int_a^c F(t)dt+\int_c^b F(t)dt.$$

证明　由 F 在$[a,b]$上可积可知 F 在$[a,c]$和$[c,b]$上可积.

现$\forall r\in[0,1]$,若 f 为$[F(t)]^r$ 的可测选择,则

$$\int_a^b f(t)dt=\int_a^c f(t)dt+\int_c^b f(t)dt,$$

所以

$$\int_a^b[F(t)]^r dt\subset\left[\int_a^c[F(t)]^r dt+\int_c^b[F(t)]^r dt\right].$$

另一方面,设 g_1,g_2 分别为$[F(t)]^r$ 在$[a,c]$和$[c,b]$上的可测选择,则定义

$$f(t)=g_1(t),t\in[a,c],f(t)=g_2(t),t\in[c,b].$$

则 f 为$[F(t)]^r$ 在$[a,b]$上的可测选择,且

$$\int_c^b f(t)dt=\int_a^c g_1(t)dt+\int_c^b g_2(t)dt,$$

所以

$$\int_a^b[F(t)]^r dt\supset\int_a^c[F(t)]^r dt+\int_c^b[F(t)]^r dt.$$

因此定理得证.证毕.

推论 6.3.13　若 $F:[a,b]\to(E^1,D)$连续,则 $G(t)=\int_a^t F(s)ds$ 是 Lipschitz 连续的.

证明　$\forall t_1,t_2\in[a,b]$,$t_1>t_2$,由推论 6.3.11 和定理 6.3.12,定理 6.2.7,有

$$D\left(\int_a^{t_1}F(s)ds,\int_a^{t_2}F(s)ds\right)=D\left(\int_{t_2}^{t_1}F(s)ds,\hat{0}\right)=d\left(\left[\int_{t_2}^{t_1}F(s)ds\right]^0,\{0\}\right).$$

另外,由 $F(t)$的连续性知$\exists L>0$ 使得

$$D(F(t),\hat{0})=\sup_{r\in[0,1]}d([F(t)]^r,\{0\})\leqslant L$$

对一切 $t\in[a,b]$成立.于是由 $\bigcup_{t\in[a,b]}[F(t)]^0$ 为紧集知可找到 $M>0$,使$\forall x\in$

$\bigcup_{t\in[a,b]}[F(t)]^0$ 有 $|x|\leqslant M$,所以

$$D\left(\int_a^{t_1}F(s)ds,\int_a^{t_2}F(s)ds\right)\leqslant L(t_1-t_2).$$

证毕.

定理 6.3.14 设 $F,G:[a,b]\to E^1$ 可积,$k\in\mathbf{R}$,则

(1) $\int_a^b(F+G)dt=\int_a^bFdt+\int_a^bGdt$;

(2) $\int_a^bkFdt=k\int_a^bFdt$;

(3) $D(F,G)$ 为 L 可积且 $D\left(\int_a^bFdt,\int_a^bGdt\right)\leqslant\int_a^bD(F,G)dt$.

证明 (1)(2)显然,仅证(3).

设 $\{f_n^r\mid n=1,2,\cdots\}$,$\{g_n^r\mid n=1,2,\cdots\}$ 分别为 $[F(t)]^r$ 和 $[G(t)]^r$ 如 Castaing 特征定理(定理 5.1.3)中的可测选择列,且

$$\overline{\{f_n^r(t)\}_{n=1}^{\infty}}=[F(t)]^r,\overline{\{g_n^r(t)\}_{n=1}^{\infty}}=[G(t)]^r,d([F(t)]^r,[G(t)]^r)$$
$$=\max\left\{\sup_{n\geqslant1}\inf_{m\geqslant1}|f_n^r(t)-g_m^r(t)|,\sup_{n\geqslant1}\inf_{m\geqslant1}|g_n^r(t)-f_m^r(t)|\right\}$$

可测,所以

$$D(F(t),G(t))=\sup_{m\geqslant1}d(F_{r_m}(t),G_{r_m}(t))$$

可测,这里 $\{r_m\mid m=1,2,\cdots\}$ 为 $[0,1]$ 的可数稠子集. 又由 F,G 积分有界知存在 L 可积函数 $h_1(t),h_2(t)$ 使

$$D(F(t),G(t))\leqslant D(F(t),\hat{0})+D(G(t),\hat{0})\leqslant h_1(t)+h_2(t),$$

所以 $D(F(t),G(t))$ 为 L 可积的. 又由

$$d\left(\int_a^b[F(t)]^rdt,\int_a^b[G(t)]^rdt\right)\leqslant\int_a^bd([F(t)]^r,[G(t)]^r)dt$$

知有

$$D\left(\int_a^bF(t)dt,\int_a^bG(t)dt\right)\leqslant\sup_{r\in[0,1]}d\left(\int_a^b[F(t)]^rdt,\int_a^b[G(t)]^rdt\right)$$
$$\leqslant\sup_{r\in[0,1]}\int_a^bd([F(t)]^r,[G(t)]^r)dt$$
$$=\int_a^bD(F(t),G(t))dt.$$ 证毕

定理 6.3.15 设 $F:[a,b]\to E^1$,则下列条件等价:

(1) $F(t)$ 可积;

(2) $j\circ F(t)$ 为 P 可积的抽象函数;

(3) $\underline{F}(t),\overline{F}(t)$ 均为 P 可积的抽象函数;

(4) $\forall r\in[0,1]$,$\underline{F}(t)(r),\overline{F}(t)(r)$ 均为 L 可积函数.

证明　先证(1)⇔(4).

(1)⇒(4). 由定理 6.3.6, $\underline{F}(t)(r)$, $\overline{F}(t)(r)$均为可测函数($r\in[0,1]$), 再由定义 6.3.8, 有 L 可积函数 $h(t)$ 使 $|\underline{F}(t)(r)|\leqslant h(t)$, $|\overline{F}(t)(r)|\leqslant h(t)$, 所以 $\underline{F}(t)(r)$, $\overline{F}(t)(r)$均 L 可积($r\in[0,1]$).

(4)⇒(1). 设 $f(t)$为$[F(t)]^r$ 的可测选择, 则有$\underline{F}(t)(r)\leqslant f(t)\leqslant\overline{F}(t)(r)$, 于是

$$\int_a^b\underline{F}(t)(r)dt\leqslant\int_a^b f(t)dt\leqslant\int_a^b\overline{F}(t)(r)dt,$$

即知

$$\int_a^b[F(t)]^r dt\subset\left[\int_a^b\underline{F}(t)(r)dt,\int_a^b\overline{F}(t)(r)dt\right].$$

另外由 L 积分性质及

$$\int_a^b\underline{F}(t)(r)dt,\int_a^b\overline{F}(t)(r)dt\in\int_a^b[F(t)]^r dt,$$

有

$$\int_a^b[F(t)]^r dt=\left[\int_a^b\underline{F}(t)(r)dt,\int_a^b\overline{F}(t)(r)dt\right].$$

以下再验证$\int_a^b[F(t)]^r dt$ 可以确定一个模糊数$u\in E^1$. 由定理 6.2.2, 只需证对任何正数 r_n 递增收敛于$r\in(0,1]$, 有

$$\bigcap_{n=1}^{\infty}\left[\int_a^b\underline{F}(t)(r_n)dt,\int_a^b\overline{F}(t)(r_n)dt\right]=\left[\int_a^b\underline{F}(t)(r)dt,\int_a^b\overline{F}(t)(r)dt\right].$$

其实, 由

$$[F(t)]^r=\bigcap_{n=1}^{\infty}[F(t)]^{r_n}$$

知,

$$\forall t\in[a,b],\lim_{n\to\infty}\underline{F}(t)(r_n)=\underline{F}(t)(r),\lim_{n\to\infty}\overline{F}(t)(r_n)=\overline{F}(t)(r).$$

考虑到

$$\underline{F}(t)(r_1)\leqslant\underline{F}(t)(r_n)\leqslant\overline{F}(t)(r_n)\leqslant\overline{F}(t)(r_1),$$

再由 Lebesgue 控制收敛定理得

$$\begin{aligned}\bigcap_{n=1}^{\infty}\left[\int_a^b\underline{F}(t)(r_n)dt,\int_a^b\overline{F}(t)(r_n)dt\right]&=\left[\lim_{n\to\infty}\int_a^b\underline{F}(t)(r_n)dt,\lim_{n\to\infty}\int_a^b\overline{F}(t)(r_n)dt\right]\\&=\left[\int_a^b\underline{F}(t)(r)dt,\int_a^b\overline{F}(t)(r)dt\right].\end{aligned}$$

再证(2)⇔(3). 设 $j\circ F(t)$是 P 可积的, 则对 $\overline{C}[0,1]$的任一个连续线性泛函 f, 有$(f,0)$为 $\overline{C}[0,1]\times\overline{C}[0,1]$的连续线性泛函, 且

$$(f,0)(j\circ F(t))=f(\underline{F}(t)),$$

L 可积,所以$\underline{F}(t)$为 P 可积的. 同理

$$(0,f)(j\circ F(t)) = f(\overline{F}(t)),$$

即知 $\overline{F}(t)$为 P 可积的.

反之,若$\underline{F}(t)$,$\overline{F}(t)$是 P 可积的,则对 $\overline{C}[0,1]\times\overline{C}[0,1]$的任一个连续线性泛函 f,有 f_1,f_2 为 $\overline{C}[0,1]$的连续线性泛函使

$$f(j\circ F(t)) = f_1(\underline{F}(t)) + f_2(\overline{F}(t)),$$

所以 $f(j\circ F(t))$为 L 可积. 故 $j\circ F(t)$是 P 可积的.

(3)⇒(4). 由于$\forall r\in[0,1]$,$f_r:f_r(x)=x(r)$为 $\overline{C}[0,1]$上的连续线性泛函. 所以由(3)知$\forall r\in[0,1]$,$\underline{F}(t)(r)$,$\overline{F}(t)(r)$均 L 可积.

(4)⇒(3). 由引理 6.3.7,不妨先证对 $\overline{C}[0,1]$的任一连续线性泛函 f,$f^c(\underline{F}(t))$,$f^l(\underline{F}(t))$,$f^r(\underline{F}(t))$均 L 可积.

对 $f^c(\underline{F}(t))$,由定理 6.3.6 的证明,对任意连续有界变差函数 $v(r)$,有简单函数列$\{S_n(r)\}$使

$$\lim_{n\to\infty}\int_0^1 x(r)dS_n(r) = \int_0^1 x(r)dv(r)$$

对 $\overline{C}[0,1]$上任何连续线性泛函 $x(r)$均成立. 再由$\underline{F}(t)(r)$的 L 可积性易见

$$f_n(F(t)) = \int_0^1 F(t)(r)dS_n(r)$$

均 L 可积. 另外,不难选取

$$\| f_n \| \leqslant \| f^c \|,$$

则因

$$\| \underline{F}(t) \| = \max\{|\underline{F}(t)(0)|, |\underline{F}(t)(1)|\},$$

有

$$|f_n(\underline{F}(t))| \leqslant \| f^c \| \| \underline{F}(t) \|.$$

注意到$\| F(t) \|$是可积函数,所以由 Lebesgue 控制收敛定理即知

$$f^c(\underline{F}(t)) = \int_0^1 \underline{F}(t)(r)dv(r)$$

可积.

对 $f^l(F(t))$,由于

$$S_n(\underline{F}(t)) = \sum_{i=0}^{n} \underline{F}(t)(b_i)(u(b_i) - u(b_i^-))$$

收敛于 $f^l(F(t))$,而$\underline{F}(t)(b_i)$均 L 可积,知 $S_n(F(t))$也 L 可积. 考虑到

$$|S_n(F(t))| \leqslant \bigvee_0^1(u(t))\max\{|\underline{F}(t)(0)|, |\underline{F}(t)(1)|\},$$

因此由 Lebesgue 控制收敛定理知 $f^l(F(t))$是 L 可积的. 此处 $\bigvee\limits_0^1(u(t))$为 $u(t)$

在[0,1]上的全变差.

对 $f^r(\underline{F}(t))$,由于对任何递减收敛于 b_i 的 $r_n\in[0,1]$,有 $\lim_{n\to\infty}\underline{F}(t)(r_n)=\underline{F}(t)(b_i^+)$.再由$\underline{F}(t)(r)$对 $r\in[0,1]$的单调性又有

$$|\underline{F}(t)(r_n)|\leqslant\max\{|\underline{F}(t)(0)|,|\underline{F}(t)(1)|\},$$

于是由 Lebesgue 控制收敛定理知$\underline{F}(t)(b_i^+)L$ 可积.从而类似于 $f^d(\underline{F}(t))$的情形,再次利用 Lebesgue 控制收敛定理即知 $f^r(\underline{F}(t))L$ 可积.

另外,记 $x=(x_1,x_2)=j(\int_a^b F(t)dt)$,则

$$f_r(x_1)=x_1(r)=\int_a^b\underline{F}(t)(r)dt=\int_a^b f_r(F(t))dt,$$

于是

$$f^d(x_1)=\int_a^b f^d(\underline{F}(t))dt,f^r(x_1)=\int_a^b f^r(\underline{F}(t))dt.$$

取

$$S_n(0)=v(0),S_n(1)=v(1),$$

则

$$\begin{aligned}f^c(x_1)&=\int_0^1 x_1(r)dv(r)=\lim_{n\to\infty}\int_0^1 x_1(r)dS_n(r)\\&=\lim_{n\to\infty}\int_0^1 S_n(r)dx_1(r)=\lim_{n\to\infty}\int_a^b f_n(\underline{F}(t))dt\\&=\int_a^b\lim_{n\to\infty}f_n(F(t))dt=\int_a^b f^c(\underline{F}(t))dt.\end{aligned}$$

于是对 $\overline{C}[0,1]$的任一个连续线性泛函 f 均有

$$f(x_1)=\int_a^b f(\underline{F}(t))dt,$$

类似地也有

$$f(x_2)=\int_a^b f(\overline{F}(t))dt.$$

故知$\underline{F}(t)$与 $\overline{F}(t)$是 P 可积的,且有

$$\left(\int_a^b\underline{F}(t)dt,\int_a^b\overline{F}(t)dt\right)=j\left(\int_a^b F(t)dt\right).$$

综上,定理得证.证毕.

注 6.3.16　对一般的可测模糊集值映射 $F(t)$,可积性并不与 $j\circ F(t)$的 B 可积性等价.例如,对 $t\in[0,1]$,定义 $F(t)(0)=1,F(t)(s)=t,s\in(0,1]$,则 $[F(t)]^r=[0,\overline{F}(t)(r)]$,$\overline{F}(t)(r)=0$,当 $t<r$ 时,$\overline{F}(t)(r)=1$,当 $t\geqslant r$ 时,于是由定理 6.3.15 知 $F(t)$可积.但 $\|j\circ F(t_1)-j\circ F(t_2)\|=1$ 对任何 $t_1\neq t_2$ 成立,于是 $j\circ F(t)$不是几乎可分值的抽象函数,所以 $j\circ F(t)$不是 B 可积的.

但当限制可测模糊集值映射 F 取值在 E^1 的某些子类时,F 可积性与 $j\circ F(t)$ 的 B 可积性等价.

6.3.3 模糊集值映射的微分

设 $u,v\in E^1$,若存在 $w\in E^1$ 使 $u=v+w$,则称 w 为 u,v 的(H)差,简记为 $u-v$.

定义 6.3.17 $F:[a,b]\to E^1$ 称为在 $t_0\in[a,b]$ 处可微,若存在 $F^1(t_0)\in E^1$,使得

$$\lim_{h\to 0^+}\frac{F(t_0+h)-F(t_0)}{h},\ \lim_{h\to 0^+}\frac{F(t_0)-F(t_0-h)}{h}$$

关于 E^1 中的度量 D 存在且均等于 $F^1(t_0)$,此时称 $F^1(t_0)$ 为 $F(t)$ 在 t_0 处的导数.当然对于 $t=a,t=b$,仅考虑其单侧导数,而

$$F(t_0+h)-F(t_0),F(t_0)-F(t_0-h)$$

均为(H)差.

注 6.3.18 从定义可直接看出 $F:[a,b]\to E^1$ 可微蕴含着 $\forall r\in[0,1]$,$[F(t)]^r$ 均 Hukuhara 可微(即 $\lim\limits_{h\to 0^+}([F(t_0+h)]^r-[F(t_0)]^r)/h$, $\lim\limits_{h\to 0^+}([F(t_0)]^r-[F(t_0-h)]^r)/h$ 关于 Hausdorff 度量 d 存在且相等)并且 $D[F(t)]^r=[F'(t)]^r$,此处 $D[F(t)]^r$ 为$[F(t)]^r$ 的 Hukuhara 导数.反之,有如下的结论.

定理 6.3.19 设 $F:[a,b]\to E^1$ 满足如下条件(a)和(b),则 $F(t)$ 可微,且其导数满足$[F'(t)]^r=D[F(t)]^r$:

(a) $\forall t\in[a,b]$, $\exists\beta>0$,使 $\forall h\in[0,\beta)$ 均有(H)差 $F(t+h)-F(t)$,$F(t)-F(t-h)$存在.

(b) $[F(t)]^r,r\in[0,1]$一致 Hukuhara 可微,即

$$\forall t\in[a,b],\forall\varepsilon>0,\exists\delta>0,$$

使

$$d(([F(t+h)]^r-[F(t)]^r)/h,D[F(t)]^r)<\varepsilon,$$
$$d(([F(t)]^r-[F(t-h)]^r)/h,D[F(t)]^r)<\varepsilon,$$

对任何 $r\in[0,1]$及 $0\leqslant h\leqslant\delta$ 成立.此处 d 是 Hausdorff 度量,$D[F(t)]^r$ 为$[F(t)]^r$的 Hukuhara 导数.

证明 $\forall r\in[0,1]$,由 $D[F(t)]^r$ 的定义可知它为$\boldsymbol{R}$ 中的非空紧凸集,即有界闭区间.设 $r_1\leqslant r_2$,则由条件(a),$\exists\beta>0$,使$\forall h\in[0,\beta)$,

$$[F(t_1+h)]^{r_1}-[F(t)]^{r_1}\supset[F(t+h)]^{r_2}-[F(t)]^{r_2},$$

因此 $D[F(t)]^{r_1}\supset D[F(t)]^{r_2}$.

设正数 r_n 递增收敛于 $r\in(0,1]$，则由条件(b)，$\forall\varepsilon>0$ 可选取 $h>0$ 使

$$d(([F(t+h)]^r-[F(t)]^r)/h,D[F(t)]^r)<\varepsilon$$

对任何 $r\in[0,1]$ 成立. 于是由三角不等式得到：

$$d(D[F(t)]^r,D[F(t)]^{r_n})\leqslant 2\varepsilon+\frac{1}{h}D([F(t+h)]^r-[F(t)]^r,$$
$$[F(t+h)]^{r_n}-[F(t)]^{r_n}).$$

再由条件(a)便有

$$\lim_{n\to\infty}d(D[F(t)]^r,D[F(t)]^{r_n})=0.$$

因此由 $D[F(t)]^r$ 关于 r 的单调性知

$$D[F(t)]^r=\bigcap_{n=1}^{\infty}D[F(t)]^{r_n}.$$

若 $r=0,r_n\in(0,1]$，有 r_n 递减收敛于 0，则

$$D[F(t)]^0\supset\bigcup_{n=1}^{\infty}D[F(t)]^{r_n},$$

进而

$$D[F(t)]^0\supset\overline{\bigcup_{n=1}^{\infty}D[F(t)]^{r_n}}.$$

另外，由

$$\underline{F}'(t)(0)=\lim_{n\to\infty}\underline{F}'(t)(r_n),\overline{F}'(t)(0)=\lim_{n\to\infty}\overline{F}'(t)(r_n),$$

便知

$$D[F(t)]^0=\overline{\bigcup_{n=1}^{\infty}D[F(t)]^{r_n}}.$$

综上，知存在 $u\in E^1$ 使

$$[u]^r=D[F(t)]^r,r\in[0,1],$$

从而由(b)即知

$$\lim_{h\to0^+}D\left(\frac{F(t+h)-F(t)}{h},u\right)=0.$$

同理可证

$$\lim_{h\to0^+}D\left(\frac{F(t)-F(t-h)}{h},u\right)=0.$$

定理得证. 证毕.

定理 6.3.20 设 $F:[a,b]\to E^1$ 可微，则

(1) $\forall r\in[0,1]$，$\underline{F}(t)(r)$，$\overline{F}(t)(r)$ 均可微；

(2) $j\circ F(t)$ 是 Fréchet 可微的，且 $(j\circ F)'(t)\in j(E^1)$.

证明 (1)由

$$[F(t+h)-F(t)]^r=[\underline{F}(t+h)(r)-\underline{F}(t)(r),\overline{F}(t+h)(r)-\overline{F}(t)(r)]$$

及

$$[F(t)-F(t-h)]^r=[\underline{F}(t)(r)-\underline{F}(t-h)(r),\overline{F}(t)(r)-\overline{F}(t-h)(r)]$$

知结论为真.

(2)注意到,由

$$F(t+h)-F(t),F(t)-F(t-h)\in E^1,$$

有

$$j(F(t+h)-F(t))=j\circ F(t+h)-j\circ F(t),j(F(t)-F(t-h))$$
$$=j\circ F(t)-j\circ F(t-h).$$

记 $A=j(F'(t))$,便有

$$\left\|\frac{j\circ F(t+h)-j\circ F(t)}{h}-A\right\|=\left\|\frac{j(F(t+h)-F(t))}{h}-A\right\|$$
$$=D\left(\frac{F(t+h)-F(t)}{h},F'(t)\right).$$

再由 $F(t)$的可微性知 $j\circ F(t)$ Fréchet 可微,且$(j\circ F)'(t)=j(F'(t))\in j(E^1)$.证毕.

定理 6.3.21 设 $F:[a,b]\to E^1$,若 $j\circ F(t)$ Fréchet 可微,且$(j\circ F)'(t)\in j(E^1)$,则 $F(t)$满足定理 6.3.19 中的条件(a),且 $F(t)$可微.

证明 由$(j\circ F)'(t)\in j(E^1)$,有$\underline{F}'(t)(r)$关于 r 单调递增,$\overline{F}'(t)(r)$关于 r 单调递减,因此对 $r\geqslant r'$有

$$\underline{F}'(t)(r)-\underline{F}'(t)(r')\geqslant 0,\overline{F}'(t)(r)-\overline{F}'(t)(r')\leqslant 0,$$

于是有 $\beta>0$ 使 $0<h<\beta$ 时

$$\underline{F}(t+h)(r)-\underline{F}(t+h)(r')\geqslant\underline{F}(t)(r)-\underline{F}(t)(r'),$$
$$\overline{F}(t+h)(r)-\overline{F}(t+h)(r')\leqslant\overline{F}(t)(r)-\overline{F}(t)(r').$$

因此 $h>0$ 有

$$\underline{T_h}(r)=(\underline{F}(t+h)(r)-\underline{F}(t)(r))/h$$

关于 r 单调递增,

$$\overline{T_h}(r)=(\overline{F}(t+h)(r)-\overline{F}(t)(r))/h$$

关于 r 单调递减,此外由于

$$\overline{F}(t+h)(r),\underline{F}(t+h)(r),\overline{F}(t)(r),\underline{F}(t)(r)\in\overline{C}[0,1],$$

所以

$$\underline{T_h}(r),\overline{T_h}(r)\in\overline{C}[0,1],$$

特别是

$$\overline{F}'(t)(1)\geqslant\underline{F}'(t)(1),$$

即

$$(\overline{F}(t)(1)-\underline{F}(t)(1))'\geqslant 0,$$

存在 $\beta>0$,使当 $0<h<\beta$ 时

$$\overline{F}(t+h)(1)-\underline{F}(t+h)(1)\geqslant\overline{F}(t)(1)-\underline{F}(t)(1),$$

整理后得

$$\overline{T}_h(1)\geqslant\underline{T}_h(1),$$

从而由定理 6.2.6 知 $\overline{T}_h,\underline{T}_h$ 确定 $-u_h\in E^1$. 注意到

$$j(hu_h+F(t))=j(F(t+h)),$$

便有

$$u_h=(F(t+h)-F(t))/h,$$

即

$$F(t+h)-F(t)\in E^1.$$

同理 $\exists\beta>0$, 使当 $0<h<\beta$ 时

$$F(t)-F(t-h)\in E^1,$$

即 $F(t)$ 满足条件(a).

另外, 由 $(j\circ F)'(t)\in j(E^1)$ 知有

$$u=j^{-1}((j\circ F)'(t))\in E^1,$$

因此当 $0<h<\beta$ 时

$$\begin{aligned}D\left(\frac{F(t+h)-F(t)}{h},u\right)&=\left\|j\left(\frac{F(t+h)-F(t)}{h}\right)-j(u)\right\|\\&=\left\|\frac{j\circ F(t+h)-j\circ F(t)}{h}-(j\circ F)'(t)\right\|.\end{aligned}$$

从而由 $j\circ F(t)$ 的 Fréchet 可微性知 $F(t)$ 可微且 $F'(t)=j^{-1}((j\circ F)'(t))$. 证毕.

最后给出模糊集值映射微分的一些性质.

定理 6.3.22 设 $F:[a,b]\to E^1$ 在 $[a,b]$ 上可微, 则 $\forall t_1,t_2\in[a,b],t_1\leqslant t_2$, $\exists u\in E^1$ 使 $F(t_2)=F(t_1)+u$.

证明 $\forall s\in[t_1,t_2]$, $\exists\delta(s)>0$ 使当 $0<h<\delta(s)$ 时, (H) 差

$$F(s+h)-F(s),F(s)-F(s-h)$$

存在. 选

$$t_1=s_1<s_2<\cdots<s_n=t_2$$

使

$$\{(s_i-\delta(s_i),s_i+\delta(s_i))\mid i=1,\cdots,n\}$$

覆盖 $[t_1,t_2]$, 且

$$(s_i-\delta(s_i),s_i+\delta(s_i))\cap(s_{i+1}-\delta(s_{i+1}),s_{i+1}+\delta(s_{i+1}))\neq\varnothing,$$

再选取

$$\alpha_i\in(s_i-\delta(s_i),s_i+\delta(s_i))\cap(s_{i+1}-\delta(s_{i+1}),s_{i+1}+\delta(s_{i+1})),$$
$$i=1,\cdots,n-1,$$

使 $s_i<\alpha_i<s_{i+1}$, 则

$F(s_{i+1}) = F(\alpha_i) + u_1 = F(s_i) + u_1 + u_2 = F(s_i) + v_i, v_i = u_1 + u_2 \in E^1$.
因此

$$F(t_2) = F(t_1) + \sum_{i=1}^{n-1} v_i = F(t_1) + u.$$

证毕.

定理 6.3.23 设 $F, G: [a, b] \to E^1$ 可微, $\lambda \in R$, 则 $(F + G)$, λF 均可微, 且 $(F + G)'(t) = F'(t) + G'(t)$, $(\lambda F)'(t) = \lambda F'(t)$.

证明 由定理 6.3.20, 定理 6.3.21 即得.

定理 6.3.24 设 $F: [a, b] \to E^1$ 可微, 则 $F: [a, b] \to (E^1, D)$ 连续.

证明 由定理 6.3.20, $j \circ F(t)$ Fréchet 可微, 因此 $j \circ F(t)$ 连续, 注意到 j 是等距同构嵌入算子, 知 $F(t)$ 连续. 证毕.

定理 6.3.25 设 $F: [a, b] \to E^1$ 连续, 则 $\forall t \in [a, b]$, $G(t) = \int_a^t F(s) ds$ 可微且 $G'(t) = F(t)$.

证明 显然 $\forall t \in [a, b]$, $G(t)$ 有定义, 且 $\forall h > 0$ 均有

$$G(t + h) - G(t) = \int_t^{t+h} F(s) ds.$$

再由定理 6.3.15,

$$\begin{aligned} D\left(\frac{G(t + h) - G(t)}{h}, F(t)\right) &= \left\| j\left(\frac{G(t + h) - G(t)}{h}\right) - j(F(t)) \right\| \\ &= \left\| \frac{1}{h} j\left(\int_t^{t+h} F(s) ds\right) - j \circ F(t) \right\| \\ &= \left\| \frac{1}{h} \int_t^{t+h} j \circ F(s) ds - j \circ F(t) \right\|. \end{aligned}$$

所以由 $F(t)$ 的连续性及抽象函数的微分定义, 有

$$\lim_{h \to 0^+} \frac{G(t + h) - G(t)}{h} = F(t).$$

同理可证

$$\lim_{h \to 0^+} \frac{G(t) - G(t - h)}{h} = F(t).$$

定理得证. 证毕.

定理 6.3.26 设 $F: [a, b] \to E^1$ 在 $[a, b]$ 上可微, 且其导数 $F'(t)$ 在 $[a, b]$ 上可积, 则 $\forall s \in [a, b]$ 均有

$$F(s) = F(a) + \int_a^s F'(t) dt.$$

证明 由定理 6.2.8, 只需证明

$$j(F(s)) = j\left(F(a) + \int_a^s F'(t)dt\right).$$

由定理 6.2.8,定理 6.3.15,定理 6.3.20 知

$$\begin{aligned} j(F(a) + \int_a^s F'(t)dt) &= j(F(a)) + j\left(\int_a^s F'(t)dt\right) \\ &= j(F(a)) + \int_a^s j(F'(t))dt \\ &= j \circ F(a) + \int_a^s (j \circ F)'(t)dt, \end{aligned}$$

而对抽象函数 $j \circ F(t)$有

$$j \circ F(a) + \int_a^s (j \circ F)'(t)dt = j \circ F(s),$$

由此定理得证. 证毕.

这个定理是微积分基本定理在模糊集值映射中的推广. 下一个定理便是 Rolle 定理的一个推广形式.

定理 6.3.27 设 $F:[a,b] \to E^1$ 在$[a,b]$上可微,且 $F(a)=F(b)$,则$\exists\, t_0 \in [a,b]$使 $F'(t_0)=\hat{0}$. 此处 $\hat{r}$ 表示$\hat{r}(r)=1, \hat{r}(s)=0(s \neq r)$.

证明 由定理 6.3.22, $\forall t \in [a,b]$, $\exists R(t) \in E^1$ 使 $F(t)=F(a)+R(t)$, 于是有

$$\overline{F}(t)(r) - \underline{F}(t)(r) \geqslant \overline{F}(a)(r) - \underline{F}(a)(r).$$

类似地

$$\overline{F}(b)(r) - \underline{F}(b)(r) \geqslant \overline{F}(t)(r) - \underline{F}(t)(r).$$

再由 $F(a)=F(b)$知

$$\overline{F}(t)(r) - \underline{F}(t)(r) = \overline{F}(a)(r) - \underline{F}(a)(r),$$

进而

$$\overline{R}(t)(r) - \underline{R}(t)(r) = 0,$$

所以$\exists\, r(t) \in \boldsymbol{R}$ 使$R(t)=\hat{r}(t)$,从 $F(a)=F(b)$可推得

$$r(a) = r(b) = 0.$$

由定理 6.3.15 可知 $r(t)$可微,于是由 Rolle 定理,$\exists\, t_0 \in [a,b]$使 $r'(t_0)=0$,从而

$$F'(t_0) = (F(a) + \hat{r}(t))' \mid_{t=t_0} = \hat{r}'(t_0) = \hat{0}.$$

证毕.

参考文献

[1] Ageev, S. M.. An equivalaint generalization of Michael's selection theorem. Mat. Zametki, 1995, 57, 498 - 508

[2] Artstein, Z.. Set valued measures. Tran. Amer. Math. Soc., 1972, 165, 103 - 125

[3] Aubin, J. P., Frankowska, H.. Set-valued Analysis. Birkhäuser, Boston, 1990

[4] Aubin, J. P., Ekeland, I.. Applied Nonlinear Analysis. Wiley-Interscience, 1984

[5] Aubin, J. P., Cellina, A.. Differential Inclusions. Springer-Verlag, Berlin, 1984

[6] Aubin, J. P.. Mathematical Methods of Game and Economic Theory. North-Holland (Studies in Mathematics and its Applications). 1979, 7, 1 - 619

[7] Aumann, R. J.. Integrals of set-valued maps. J. Math. Anal. Appl., 1965, 12, 1 - 12

[8] Aumann, R. J.. Measurable utility and the measurable choice theorem, La Décision, Actes Coll. Int. du CNRS, Aix en Provence, 1967, 15 - 26

[9] Ben-El-Mechaiekh, H., Oudadess, M.. Some Selection theorems without convexity. J. Math. Anal. Appl., 1995, 195: 614 - 618

[10] Berge, C., Espaces Topologiques et Fonctions Multivoques. Dunod, Paris, 1959

[11] Bouligand, G.. Sur les surfaces dépourvues de points hyper limites. Ann. Soc. Polon. Math., 1930, 9, 32 - 41

[12] Bouligand, G.. Introduction à la géométrie infinitésimale directe. Gauthier-Villars, 1932

[13] Bouligand, G.. Sur la semi-continuité d'inclusions et quelques sujets connexes. Enseignement Mathematique, 1932, 31, 14 - 22

[14] Browder, F.. Nonlinear Operators and nonlinear equations of evolution in Banach spaces. Am. Math. Soc. Proc. Symp., 1976, 18, 2

[15] Castaing, CH., Valadier, M.. Convex analysis and measurable multifunctions. Springe-Verlag, Lecture Notes in Math., 580, 1977

[16] Cellina, A.. A theorem on the approximation of set-valued mappings. Rend. Ac, Na. Lincei, 1969, 47, 429 - 433

[17] Cellina, A.. Approximation of set-valued functions and fixed point theorems. Annali Mat. Pura. Appl., 1969, 82, 17 - 24

[18] Cellina, A., Colombo R. M.. On the representation of measurable set valued maps through selections. Preprint SISSA, 1989

[19] Choquet, G.. Convergences. Annales de l' Univ. de Grenoble, 1947, 23, 55 - 112

[20] Clarke, F. H.. Generalized gradients and applications, Trans. Am. Math. Soc., 1975, 205, 247 - 262

[21] Clarke, F. H.. Optimization and Nonsmooth Analysis. Wiley-Interscience, 1983

[22] Chang, S. S. L.. Zadeh L. A.. On fuzzy mapping and control. IEEE. Trans. Systems Man Cybernet, 1972, 2 (1): 30 - 34

[23] Coban, M. M., Kenderov P. S.. Densely selections of multivalued mappings. Trans. Am. Math. Soc., 1994, 344, 533 - 552

[24] Curtis, D. W.. Application of a selection theorem to hyperspace contractibility. Canadian J. Math, 1985, 37, 747 - 759

[25] De Blasi, F. S., Myjak, J.. Sur l' existence de selections continues. C. R. Acad. Sci. Paris Sér. I. 1983, 296, 737 – 739
[26] De Blasi, F. S., Myjak J.. Continuous selections for weakly Hausdorff lower semicontiuous multifunctions. Proc. Am. Math. Soc., 1985, 93, 369 – 372
[27] Debreu, G.. Integration of correspondances. 5th Berkeley Symposium on Math Stat. Prob., Ⅱ, Part Ⅰ, 1967, 351 – 372
[28] Deimling, K.. Nonlinear Functional Analysis. Springer-Verlag, 1985
[29] Deutsch, E.. Kenderov P.. Continuous selections and approximate selections for set-valued mappings and applications to metric projections. SIAM J. Math. Anal., 1983, 14, 185 – 194
[30] Ekeland, I.. On the variational principle. J. Math. Anal. Appl. 1974, 47, 324 – 353
[31] Ekeland, I.. The ε-variational principle revisited. CIME, Varena, 1992
[32] Fan Ky. Sur un théoreme minimax. C. R. Acad. Sci., 1964, 259, 3925 – 3928
[33] Fan Ky. Extension of two fixed-point theorems of F. E. Browder. Math. Z., 1969, 112, 234 – 240
[34] Fan Ky. Aminimax inequality and applications. Inequalities Ⅲ, 103 – 113, Shisha Ed. Academic Press, 1972
[35] Fan Ky. Fixed point theorems and related theorems for non-compact convex sets. In Game theory and related topics, 151 – 156, North-Holland, 1979
[36] Fan Ky. Some properties of convex set related to fixed point theorem. Math. Ann., 1984, 266, 519 – 537
[37] Fischer, T.. A continuity condition for the existence of a continuous selection for a set-valued mappings. J. Approx. Theory, 1987, 49, 340 – 345
[38] Fryszkowski, A.. Carathéodory type selections of Aumann integrals. Moelen Optimal Control, Leacture Notes in Pure and Appl. Math. 119, New York, 1989, 105 – 113
[39] Fryszkowski, A.. Continuous selections of Aumann integrals. J. Math. Anal. Appl., 1990, 145, 431 – 446
[40] Frankowska, H.. Set-valued Analysis and Control Theory. Birkhäuser, 1992
[41] Goetsehel, R., Voxman W.. Elementary calculus. FSS., 1986, 18(1), 31 – 43
[42] Goetsehel, R., Voxman W.. A pseudometric for fuzzy sets and certain related result. JMAA, 1981, 81(2), 507 – 523
[43] Gutev, V., Nedev, S., Pelant, J., Valov, V.. Cantor set selectors. Topo. Appl., 1992, 44, 163 – 166
[44] Gutev V.. Selection theorems under an assumption weaker than lower semicontinuity. Topo. Appl., 1993, 50, 129 – 138
[45] 哈明虎,吴从炘.模糊测度与模糊积分理论.北京:科学出版社,1998
[46] Hestenes, M. R.. Calculus of variations and optimal control theory. Wiley, 1966
[47] Hiai, F.. Radon-Nikodym theorem for set valued measures. J. Multivar Anal., 1978, 8, 96 – 118
[48] 胡毓达,孟志青.凸分析与非光滑分析.上海:上海科学技术出版社,2000
[49] Ioffe, A. D.. Survey of measurable selection theorems: Russian literature supplement. SIAM J. Contr. Opt., 1978, 16, 728 – 723
[50] Ioffe, A. D.. Nonsmooth analysis: differential calculus of nondifferentiable mappings. Trans. Am. Math. Soc., 1981, 266, 1 – 56
[51] Ioffe, A. D.. On the theory of subdifferential. Math for Opt. North-Holland. 1986
[52] Kakutani, S.. A generalization of Brouwer's fixed point theorem. Duke Math. J., 1941, 8, 457 – 459
[53] Kelley, J. L..一般拓扑学.吴从炘,吴让泉译.北京:科学出版社,1982
[54] Kuratowski, K.. Ryll-Nardzewski C., A general theorem on selectors. Bull. Acad. Pol. Sc., 1965, 13, 397 –

403

[55] Kuratowski, K.. Les fonctions semi-continues dans l' espace des ensembles fermés. Fund. Math., 1932, 18, 148 - 159

[56] Kuralowski, K.. Topologie, Ⅰ, Ⅱ, 4th. Academic Press, New York, 1966

[57] 李雷.连续选择存在性理论及其应用.哈尔滨工业大学博士论文,1997

[58] 李雷,吴从炘.凸结构空间上拟下半连续映射的连续选择与超空间的可缩性.科学通报,1997,42(5),781 - 782

[59] 李雷,吴从炘.集值映射的连续选择与线性算子的齐性右逆.数学学报,2001,44(6),1051 - 1062

[60] 李雷,吴从炘.关于多值函数的逼近问题.系统科学与数学,2001,21(4),429 - 435

[61] 李雷,吴从炘.对 Aubin 与 Frankowska 关于闭凸集值映射最小选择的一个结果的讨论.数学研究与评论,2000,20(1),153 - 156

[62] 李雷,吴从炘.可数仿紧性的 Michael 选择理论及其扩张子.哈工大学报,1997,5

[63] Li Lei, Wu Congxin. Characterizations of τ-paracompactness. J. Harbin Inst. Tech., 1997, E-4(1), 123 - 126

[64] Li Lei. On problems about continuous approximations of multifunctions. ICM 2002 sessions of short communictions, Beijing, 2002

[65] 孟志青.集值映射 Hahn-Banach 定理.应用数学与力学,1998,19(1),55 - 61

[66] 孟志青,唐勇.集值映射的一种广义微分的存在性.应用数学,1998,11(4),99 - 101

[67] Michael, E.. Continuous selections Ⅰ. Ann, Math. 1956, 63, 361 - 381

[68] Michael, E.. Continuous selections Ⅱ. Ann. Math., 1956, 64, 562 - 580

[69] Michael, E.. Continuous selections Ⅲ. Ann. Math., 1957, 65, 375 - 390

[70] Michael, E.. Convex structures and continuous selections. Canadian J. Math., 1959, 11, 556 - 575

[71] Michael, E.. Pixley C., A unified theorem on continuous selections. Pacific J. Math., 1980, 87, 187 - 188

[72] Minty, G.. A theorem on monotone sets in Hilbert spaee, J. Math. Anal. Appl., 1967, 11, 434 - 439

[73] Mägerl, G.. A unified approach to measurable and continuous selections. Trans. Am. Math. Soc., 1978, 245, 443 - 452

[74] Negoita, C. V., Ralescu D. A.. Application of fuzzy sets to system analysis. New York. Wiley, 1975

[75] Neustadt, L. W.. Optimization, Princeton Univ. Press, Princetor N. J., 1976

[76] Olech, C., A note concerning set-valued measurable functions. Bull. Acad. Pol. Sc., 1965, 13, 317 - 321

[77] Olech, C.. Lexicographical order, range of integral and bang-bang principle, Mathematical theory of control, Academic press, New York, 1967

[78] Olech, C.. Existence theory in optimal control, In control theory and topics in functional analysis, International Atom. Energy, Ayency, 1976, 291 - 328

[79] Olech, C.. Lectures on the integration of set-valued functions. Prepoint, SISSA, 1987

[80] Painleve, P.. C. R. A. S. paris. 1909, 148, 1156

[81] Parthasarathy, T.. Selection theorems and their applications. Lecture Notes in Math., 263, Springer-Verlag, 1972

[82] Phelps, R. R.. Convex functions, differentiability and monotone operators, Lecture Notes in Math., 1364, Springer-Verlag, 1989

[83] Przeslawski, K.. Rybinski L. E.. Micheal selection theorem under weak lower semicontinuity assumption, proc. Am. math. Soc., 1990, 109, 537 - 543

[84] Przeslawski, K., Rybinski L. E.. Concepts of lower semicontinuity and continuous selections for convex val-

ued multifunctions. J. Approx. Theory, 1992, 68, 262 - 282

[85] Repovs, D., Semenov P. V.. An application of the selections in analysis. Rand. Igtit. Mat. Univ. Trieste, 1994, 25, 441 - 446

[86] Robinson, S. M.. Perturbed Kuhn-Tucker points and rates of convergence for a class of nonlinear-programming algorithms. Math. Programming, 1974, 7, 1 - 16

[87] Robinson, S. M.. Regularity and stability for convex multivalued functions. Math. Op. Res., 1976, 1, 130 - 143

[88] Robinson, S. M.. Stability theory for systems of inequalities, part Ⅱ: differentiable nonlinear systems. SIAM J. on Numerical Analysis, 1976, 13, 497 - 513

[89] Rochafellar, R. T.. Monotone processes of convex and concave type, Mem. of AMS 77, 1967

[90] Rochafellar, R. T.. Convex analysis. Princeton Univ. Press, 1970

[91] Rochafellar, R. T.. Clarke's tangent cones and the boundaries of closed sets in R^n, Nonlinear Anal. Theor. Math. Appl., 1979, 3, 145 - 154

[92] Rochafellar, R. T.. Maximal monotone relations and the second derivative of nonsmooth functions. Ann. Inst. H. Poincaré, Anal. Nonlineaire, 1985, 2, 167 - 184

[93] Shi Shuzhong. Remarques sur le gradient généralisé. C. R. Acad. Série Paris 291, 1980, 443 - 446

[94] Shi Shuzhong. Choquet theorem and nonsmooth analysis. J. Math. pures et Appl., 1988, 67, 432 - 441

[95] 史树中. 凸分析. 上海科学技术出版社, 1990

[96] 史树中. 凸性. 湖南教育出版社, 1991

[97] Siegel, J. A new proof of Caristi's fixed point theorem. Proc. Am. Math. Soc., 1977, 66, 54 - 56

[98] Simons, S.. Cyclical coincidence of multivalued maps. J. Math Soc. Japan, 1986, 38, 516 - 525

[99] Tolstonogov, A. A.. Extreme continuous selections of multivalued maps and their applications, J. Diff. Equa., 1995, 122, 161 - 180

[100] Uhl, J. J.. The rage of a vector-valued measure. Proc. A. M. S., 1969, 23, 158 - 163

[101] Ursescu, C.. Multifunctions with closed convex graph, Czechoslovakia Math. J., 1975, 25, 438 - 441

[102] Van de Vel, M.. A selection theorem for topological convex structures. Trans. Am. Math. Soc., 1993, 336, 463 - 496

[103] Wagner, D. M.. Survey of measurable selection theorems, SIAM J. Contr. Opt., 1977, 15, 859 - 903

[104] Wu Congxin, Xue Xiaoping. Representation theorem for set valued measures in Banach spaces. J. Math. Research and Exposition, 1994, 14, 411 - 416

[105] 吴从炘, 马明. 模糊分析学基础. 北京: 国防工业出版社, 1991

[106] 吴从炘, 马明, 方锦暄. 模糊分析学的结构理论. 贵阳: 贵州科技出版社, 1994

[107] 吴从炘. 不分明拓扑线性空间Ⅰ. 哈工大学报, 1979(1), 1—19

[108] 吴从炘, 方锦暄. (QL)型 Fuzzy 拓扑线性空间. 数学年刊, 1985, 6A(3), 355—364

[109] 吴从炘, 马明. An embedding operator of fuzzy numbers and its application for fuzzy integrals. Sys. Sci. and Math. Sci., 1990, 3(3), 193—199

[110] 吴从炘, 李雷, 王晓敏. 关于 A. Cellina 逼近定理的注记. 科学通报, 1997, 42(3), 332—333

[111] 向淑文. 关于上半连续集值映象的连续选择问题. 数学学报, 2000, 43(2), 329—336

[112] Xue Xiaoping, Wang Xiaomin, Ha Minghu. Introduction on Set Valued Analysis. Harbin Press, 1997

[113] Xue Xiaoping, Cheng Bin. Some properties of Pettis-Auinann integrals. Mathematica Applicata, 1993, 6, 219 - 221

[114] Xue Xiaoping, Cheng Lixin. Set valued measures and integral representation. Comment. Math. Unio. Carolinae, 1996, 37, 269 - 284

[115] Zadeh, L. A.. Fuzzy set. Information and Control, 1965, 8(3), 338 - 353

[116] Zarantonello, E. H.. Conical spectral theory. Topics in functional analysis, 1975, 37 - 116

[117] 张文修,李腾.集值测度的表示定理.数学学报,1988,31,200—208

索　　引

十三画

十四画

十五画以上

其　他

《现代数学基础丛书》已出版书目

1 数理逻辑基础(上册) 1981.1 胡世华 陆钟万 著
2 数理逻辑基础(下册) 1982.8 胡世华 陆钟万 著
3 紧黎曼曲面引论 1981.3 伍鸿熙 吕以辇 陈志华 著
4 组合论(上册) 1981.10 柯 召 魏万迪 著
5 组合论(下册) 1987.12 魏万迪 著
6 数理统计引论 1981.11 陈希孺 著
7 多元统计分析引论 1982.6 张尧庭 方开泰 著
8 有限群构造(上册) 1982.11 张远达 著
9 有限群构造(下册) 1982.12 张远达 著
10 测度论基础 1983.9 朱成熹 著
11 分析概率论 1984.4 胡迪鹤 著
12 微分方程定性理论 1985.5 张芷芬 丁同仁 黄文灶 董镇喜 著
13 傅里叶积分算子理论及其应用 1985.9 仇庆久 陈恕行 是嘉鸿 刘景麟 蒋鲁敏 编
14 辛几何引论 1986.3 J.柯歇尔 邹异明 著
15 概率论基础和随机过程 1986.6 王寿仁 编著
16 算子代数 1986.6 李炳仁 著
17 线性偏微分算子引论(上册) 1986.8 齐民友 编著
18 线性偏微分算子引论(下册) 1992.1 齐民友 徐超江 编著
19 实用微分几何引论 1986.11 苏步青 华宣积 忻元龙 著
20 微分动力系统原理 1987.2 张筑生 著
21 线性代数群表示导论(上册) 1987.2 曹锡华 王建磐 著
22 模型论基础 1987.8 王世强 著
23 递归论 1987.11 莫绍揆 著
24 拟共形映射及其在黎曼曲面论中的应用 1988.1 李 忠 著
25 代数体函数与常微分方程 1988.2 何育赞 萧修治 著
26 同调代数 1988.2 周伯壎 著
27 近代调和分析方法及其应用 1988.6 韩永生 著
28 带有时滞的动力系统的稳定性 1989.10 秦元勋 刘永清 王 联 郑祖庥 著
29 代数拓扑与示性类 1989.11 [丹麦] I.马德森 著
30 非线性发展方程 1989.12 李大潜 陈韵梅 著

31 仿微分算子引论 1990.2 陈恕行 仇庆久 李成章 编
32 公理集合论导引 1991.1 张锦文 著
33 解析数论基础 1991.2 潘承洞 潘承彪 著
34 二阶椭圆型方程与椭圆型方程组 1991.4 陈亚浙 吴兰成 著
35 黎曼曲面 1991.4 吕以辇 张学莲 著
36 复变函数逼近论 1992.3 沈燮昌 著
37 Banach 代数 1992.11 李炳仁 著
38 随机点过程及其应用 1992.12 邓永录 梁之舜 著
39 丢番图逼近引论 1993.4 朱尧辰 王连祥 著
40 线性整数规划的数学基础 1995.2 马仲蕃 著
41 单复变函数论中的几个论题 1995.8 庄圻泰 杨重骏 何育赞 闻国椿 著
42 复解析动力系统 1995.10 吕以辇 著
43 组合矩阵论(第二版) 2005.1 柳柏濂 著
44 Banach 空间中的非线性逼近理论 1997.5 徐士英 李 冲 杨文善 著
45 实分析导论 1998.2 丁传松 李秉彝 布 伦 著
46 对称性分岔理论基础 1998.3 唐 云 著
47 Gel'fond-Baker 方法在丢番图方程中的应用 1998.10 乐茂华 著
48 随机模型的密度演化方法 1999.6 史定华 著
49 非线性偏微分复方程 1999.6 闻国椿 著
50 复合算子理论 1999.8 徐宪民 著
51 离散鞅及其应用 1999.9 史及民 编著
52 惯性流形与近似惯性流形 2000.1 戴正德 郭柏灵 著
53 数学规划导论 2000.6 徐增堃 著
54 拓扑空间中的反例 2000.6 汪 林 杨富春 编著
55 序半群引论 2001.1 谢祥云 著
56 动力系统的定性与分支理论 2001.2 罗定军 张 祥 董梅芳 著
57 随机分析学基础(第二版) 2001.3 黄志远 著
58 非线性动力系统分析引论 2001.9 盛昭瀚 马军海 著
59 高斯过程的样本轨道性质 2001.11 林正炎 陆传荣 张立新 著
60 光滑映射的奇点理论 2002.1 李养成 著
61 动力系统的周期解与分支理论 2002.4 韩茂安 著
62 神经动力学模型方法和应用 2002.4 阮 炯 顾凡及 蔡志杰 编著
63 同调论——代数拓扑之一 2002.7 沈信耀 著
64 金兹堡-朗道方程 2002.8 郭柏灵 黄海洋 蒋慕容 著

65　排队论基础　2002.10　孙荣恒　李建平　著
66　算子代数上线性映射引论　2002.12　侯晋川　崔建莲　著
67　微分方法中的变分方法　2003.2　陆文端　著
68　周期小波及其应用　2003.3　彭思龙　李登峰　谌秋辉　著
69　集值分析　2003.8　李　雷　吴从炘　著
70　强偏差定理与分析方法　2003.8　刘　文　著
71　椭圆与抛物型方程引论　2003.9　伍卓群　尹景学　王春朋　著
72　有限典型群子空间轨道生成的格(第二版)　2003.10　万哲先　霍元极　著
73　调和分析及其在偏微分方程中的应用(第二版)　2004.3　苗长兴　著
74　稳定性和单纯性理论　2004.6　史念东　著
75　发展方程数值计算方法　2004.6　黄明游　编著
76　传染病动力学的数学建模与研究　2004.8　马知恩　周义仓　王稳地　靳　祯　著
77　模李超代数　2004.9　张永正　刘文德　著
78　巴拿赫空间中算子广义逆理论及其应用　2005.1　王玉文　著
79　巴拿赫空间结构和算子理想　2005.3　钟怀杰　著
80　脉冲微分系统引论　2005.3　傅希林　闫宝强　刘衍胜　著
81　代数学中的 Frobenius 结构　2005.7　汪明义　著
82　生存数据统计分析　2005.12　王启华　著
83　数理逻辑引论与归结原理(第二版)　2006.3　王国俊　著
84　数据包络分析　2006.3　魏权龄　著
85　代数群引论　2006.9　黎景辉　陈志杰　赵春来　著
86　矩阵结合方案　2006.9　王仰贤　霍元极　麻常利　著
87　椭圆曲线公钥密码导引　2006.10　祝跃飞　张亚娟　著
88　椭圆与超椭圆曲线公钥密码的理论与实现　2006.12　王学理　裴定一　著
89　散乱数据拟合的模型、方法和理论　2007.1　吴宗敏　著
90　非线性演化方程的稳定性与分歧　2007.4　马　天　汪宁宏　著
91　正规族理论及其应用　2007.4　顾永兴　庞学诚　方明亮　著
92　组合网络理论　2007.5　徐俊明　著
93　矩阵的半张量积:理论与应用　2007.5　程代展　齐洪胜　著
94　鞅与 Banach 空间几何学　2007.5　刘培德　著
95　非线性常微分方程边值问题　2007.6　葛渭高　著
96　戴维-斯特瓦尔松方程　2007.5　戴正德　蒋慕蓉　李栋龙　著
97　广义哈密顿系统理论及其应用　2007.7　李继彬　赵晓华　刘正荣　著
98　Adams 谱序列和球面稳定同伦群　2007.7　林金坤　著

99　矩阵理论及其应用　2007.8　陈公宁　编著
100　集值随机过程引论　2007.8　张文修　李寿梅　汪振鹏　高　勇　著
101　偏微分方程的调和分析方法　2008.1　苗长兴　张　波　著
102　拓扑动力系统概论　2008.1　叶向东　黄　文　邵　松　著
103　线性微分方程的非线性扰动(第二版)　2008.3　徐登洲　马如云　著
104　数组合地图论(第二版)　2008.3　刘彦佩　著
105　半群的 S-系理论(第二版)　2008.3　刘仲奎　乔虎生　著
106　巴拿赫空间引论(第二版)　2008.4　定光桂　著
107　拓扑空间论(第二版)　2008.4　高国士　著
108　非经典数理逻辑与近似推理(第二版)　2008.5　王国俊　著
109　非参数蒙特卡罗检验及其应用　2008.8　朱力行　许王莉　著
110　Camassa-Holm 方程　2008.8　郭柏灵　田立新　杨灵娥　殷朝阳　著
111　环与代数(第二版)　2009.1　刘绍学　郭晋云　朱　彬　韩　阳　著
112　泛函微分方程的相空间理论及应用　2009.4　王　克　范　猛　著
113　概率论基础(第二版)　2009.8　严士健　王隽骧　刘秀芳　著
114　自相似集的结构　2010.1　周作领　瞿成勤　朱智伟　著
115　现代统计研究基础　2010.3　王启华　史宁中　耿　直　主编
116　图的可嵌入性理论(第二版)　2010.3　刘彦佩　著
117　非线性波动方程的现代方法(第二版)　2010.4　苗长兴　著
118　算子代数与非交换 L_p 空间引论　2010.5　许全华　吐尔德别克　陈泽乾　著
119　非线性椭圆型方程　2010.7　王明新　著
120　流形拓扑学　2010.8　马　天　著
121　局部域上的调和分析与分形分析及其应用　2011.4　苏维宜　著
122　Zakharov 方程及其孤立波解　2011.6　郭柏灵　甘在会　张景军　著
123　反应扩散方程引论(第二版)　2011.9　叶其孝　李正元　王明新　吴雅萍　著
124　代数模型论引论　2011.10　史念东　著
125　拓扑动力系统——从拓扑方法到遍历理论方法　2011.12　周作领　尹建东　许绍元　著
126　Littlewood-Paley 理论及其在流体动力学方程中的应用　2012.3　苗长兴　吴家宏　章志飞　著
127　有约束条件的统计推断及其应用　2012.3　王金德　著
128　混沌、Mel′nikov 方法及新发展　2012.6　李继彬　陈凤娟　著
129　现代统计模型　2012.6　薛留根　著
130　金融数学引论　2012.7　严加安　著
131　零过多数据的统计分析及其应用　2013.1　解锋昌　韦博成　林金官　著

132　分形分析引论　2013.6　胡家信　著
133　索伯列夫空间导论　2013.8　陈国旺　编著
134　广义估计方程估计方程　2013.8　周　勇　著
135　统计质量控制图理论与方法　2013.8　王兆军　邹长亮　李忠华　著
136　有限群初步　2014.1　徐明曜　著
137　拓扑群引论(第二版)　2014.3　黎景辉　冯绪宁　著
138　现代非参数统计　2015.1　薛留根　著